故宫南薰殿彩画对比分析及保护技术研究

李 静 吴玉清 王菊琳 著

中国纺织出版社有限公司

内容摘要

南薰殿彩画为明代早期遗存，是宫殿类建筑明代彩画唯一保存较好的实例。在南薰殿修缮之际，通过勘测和评估室内外彩画保存状况、病害类型和位置等，分析和比较室内外彩画在制作技法、组分及形制上的异同，结果表明内檐为明代早中期彩画，外檐为清中晚期彩画。同时针对南薰殿彩画的具体保存状况，通过实验室及现场试验筛选出适合南薰殿彩画的保护材料及保护技术，为后续其他建筑彩画修缮工程实践提供参考。

图书在版编目(CIP)数据

故宫南薰殿彩画对比分析及保护技术研究 / 李静，吴玉清，王菊琳著. -- 北京：中国纺织出版社有限公司，2022.3

ISBN 978-7-5180-9339-7

Ⅰ. ①故… Ⅱ. ①李… ②吴… ③王… Ⅲ. ①故宫—古建筑—彩绘—修缮加固 Ⅳ. ①TU-87

中国版本图书馆CIP数据核字（2022）第024473号

责任编辑：郭　婷　责任校对：高　涵　责任印制：储志伟

中国纺织出版社有限公司出版发行

地址：北京市朝阳区百子湾东里A407号楼　邮政编码：100124

销售电话：010—67004422　传真：010—87155801

http://www.c-textilep.com

中国纺织出版社天猫旗舰店

官方微博 http://weibo.com/2119887771

北京京华虎彩有限公司印刷　各地新华书店经销

2022年3月第1版第1次印刷

开本：787×1092　1/16　印张：19

字数：300千字　定价：198.00元

凡购本书，如有缺页、倒页、脱页，由本社图书营销中心调换

前言

　　北京故宫博物院占地 72 万平方米，建筑面积高达 16.7 万平方米，是世界上现存规模最大、保存最为完整的木质古建筑群。故宫作为古代宫殿建筑的集大成者，是官式建筑艺术的精华，在政治、经济、装饰艺术、建筑材料、技术等方面，皆是研究官式建筑的珍贵遗产，在建筑史上具有重要地位。

　　古建彩画，是指绘制在木结构表面的装饰画，不仅对建筑起到装饰美化作用，还对木构起到保护作用，此外还可体现出建筑等级。我国现代建筑学家林徽因先生曾在《中国建筑彩画图案》一书的序中有精辟论述："在高大的建筑物上施以鲜明的色彩，取得豪华富丽的效果，是中国古代建筑的重要特征之一，也是建筑艺术加工方面特别卓越的成就之一。最初的彩画多为了实用，图案比较简洁。为了适应木结构上防腐防蠹的实际需要，普遍地用矿物原料的丹或朱，以及黑漆、桐油等涂料敷饰在木结构上；后来逐渐与美术的要求统一起来，变得复杂丰富，成为中国建筑装饰艺术中特有的一种方法。"

　　由于受自然环境物理风化作用，彩画胶结砖灰、颜料的骨胶、桐油、面粉、猪血等高分子材料极易老化，新绘的外檐彩画一般二三十年开始变色显旧，五十年左右颜料基本剥落、地仗开始脱落，因此重要的古建筑一般不到百年即需进行彩画维修、保护等相关工作。传统的古建彩画维修方法一般分为两种，一种针对保存较差、地仗脱落严重或重要位置的彩画，先进行斩砍见木，再重新制作地仗及绘制彩画；另一种针对颜料剥落严重但地仗保存较为完好的彩画，进行细灰抹平或直接钻生油后再新绘彩画。第二种修缮方式留存下来的彩画内部残留有少量早期彩画，保留有早期的珍贵颜料、地仗等材料信息及施工工艺信息。古建筑内檐环境相对稳定，彩画保存相对较好，少量建筑遗存有珍贵的明代和清初、中期彩画。

　　南薰殿由于地处故宫西南偏僻角，明代为皇帝召见阁臣及撰写金宝、金册之地，清初期为皇子夏日纳凉、值宿及翰詹诸臣篆书之地，清中期以后为收藏历代帝后和贤臣画像之地。因此该建筑内人迹活动相对较少，档案资料中也无火灾、重建等相关信息，多数学者也推测其主体建筑结构为明代遗构，如潘谷西先生曾在《中国古代建筑史》中指出"北京故宫南薰殿是宫殿类建筑彩画唯一保存较好的实例"。因此对南薰殿的研究具有极为重要的意义和价值，可填补明代官式建筑彩画的研究空白。

1

本书对故宫南薰殿室内外彩画原材料、原工艺、原形制及最佳保护工艺展开系列研究，以践行不改变原状、真实性、完整性、最低限度干预、使用恰当的保护技术等文物保护原则，以及研究性修缮理念。本书所涉内容不仅是工程需要，也是研究教学的需要，对工程实践、研究教学具有重要的现实意义和参考价值。

著者

2022 年 1 月

目　录

第1章 绪论

北京故宫是中国明清两代的皇家宫殿，旧称紫禁城，位于北京中轴线的中心，是中国古代宫廷建筑之精华，被誉为世界五大宫之首，1987年被列为世界文化遗产。

1.1 建筑概述

南薰殿，位于紫禁城前朝西路，西华门内，武英殿南面偏西，为一处独立的院落（图1-1），四周有院墙围绕，占地面积约1400㎡。据清代万经《分隶偶存》记载，"张端，将乐人，少有才名，景泰间（1450—1456年）以荐授铸印局使，直南薰殿"；明代黄佐《翰林记》也有"天顺四年（1460年）四月十六，辰刻，上御南薰殿召尚书王翱、李贤、马昂，学士五人入侍"；明代陆深《俨山集》"嘉靖十五年（1536年），八月，南薰殿书太祖、成祖、睿宗三圣王册宝，赐银币"。由此可见，明代时，南薰殿为皇帝召见阁臣及阁臣撰写金宝、金册文的地方。清康熙年间，南薰殿已有正殿五间，西边配殿六间，西殿后配房五间，大门一间，且此时为皇子夏日纳凉、值宿及翰詹诸臣篆书之地。清乾隆十四年（1749年）后，改为收藏历代帝后和贤臣画像之地。1914年在南薰殿创办古物陈列所，1936—1938年，故宫博物院修缮南薰殿，主要对外檐油饰彩画依旧样做新，内檐彩画局部脱落处重绘。因此结合各文献档案资料及现存大木构架保存状态，推测南薰殿大部分构件为明代原构，且内檐彩画极有可能为初建时绘制。

1.2 研究意义

北京故宫是官式建筑艺术的精华，无论在政治、经济、建筑装饰艺术、建筑材料和技术等方面皆是研究北京官式建筑的珍贵遗产，在我国建筑史上具有重要地位。南薰殿主体建筑结构为明代遗构，内檐彩画并未进行改变，彩画图案和样式应为修缮前原物，根据现有的少量修缮历史档案，只有局部脱落的部分根据原貌进行了重绘，且判断南薰殿彩画为明代早期遗存，是宫殿类建筑明代彩画唯一保存较好的实例，为研究明代彩画提供了实物资料，具有一定的研究意义。

在南薰殿修缮之际，通过勘测和评估其保存状况、病害类型和位置等，分析和比较室内外彩画在制作技法、组成成分及形制上的异同，可对室内外彩画的绘制年代、制作技法等给出准确判断，为后续原材料、原工艺修缮原则的体现提供依据，为修缮设计和施工提供依据，为南薰殿的展示和利用提供素材，实践研究性修缮工程的理念，为南薰殿彩画档案的建立提供数据基础。同时针对南薰殿彩画的具体保存状况，对其保护技术进行研究，通过实验室及现场试验筛选出适合南薰殿彩画的保护材料及保护技术，为后续彩画修缮工程实践提供参考。

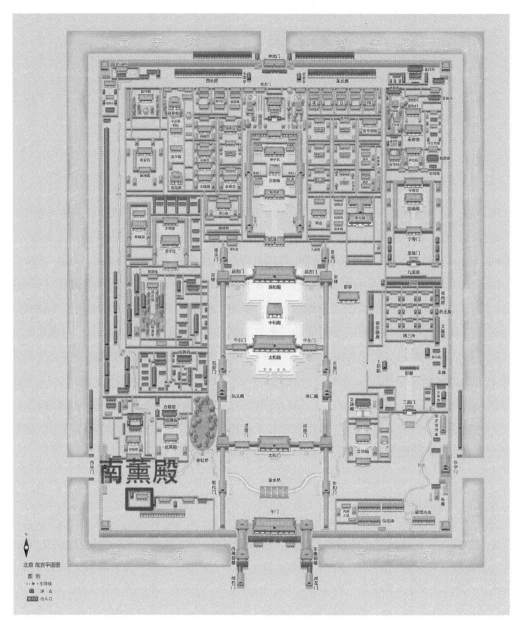

图1-1　故宫南薰殿古建筑地理位置图

第2章　南薰殿彩画形制特征

为获得故宫南薰殿内外檐彩画形制特征，分别对南薰殿内外檐各构件彩画进行现场拍摄，结合相关文献档案资料，汇总得出南薰殿内外檐彩画的具体形制特征及年代初判。

2.1　内檐

2.1.1　额枋

（1）明间

南薰殿明间内檐额枋为金琢墨石碾玉旋子彩画（图2-1、图2-2a）。方心为青地沥粉贴金行龙，图案是二龙戏珠，方心头为一坡三折外挑内弧式画法（图2-2b）。找头部分为一整两破式的旋花图案（即由完整的一朵旋花和两个半朵旋花组成），整破旋花间加如意头，旋花图案由旋眼和旋瓣构成，旋眼样式为坐在莲花座上面的石榴头，四周布置八个旋瓣，旋花为青绿两色，无退晕（图2-2c）；盒子绘四合云图案（图2-2d）。

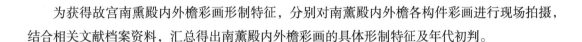

图2-1　南薰殿内檐明间前檐额枋彩画

（a）整体

（b）方心

图2-2

（c）找头　　　　　　　　　　　　（d）盒子

图2-2　南薰殿内檐明间后檐额枋彩画

（2）次间

南熏殿内檐东、西次间额枋彩画皆为旋子彩画，无盒子图案，有副箍头（图 2-3、图 2-4）。找头为一整两破式的旋花图案，旋花由旋眼和旋瓣构成，其中旋眼为如意头状，花心四周布置八个旋瓣；方心为青地沥粉贴金行龙，方心头为一坡三折外挑内弧式画法。

（a）前檐

（b）后檐

图2-3　南薰殿内檐东次间额枋彩画

（a）前檐

（b）后檐

图2-4　南薰殿内檐西次间额枋彩画

（3）梢间

南熏殿内檐东、西梢间前后檐额枋为旋子彩画（图2-5a、图2-5b、图2-6a、图2-6b）。箍头无盒子图案；找头为一朵整旋花图案，旋花图案由旋眼和旋瓣构成，旋眼样式为如意头状，花心四周布置八个旋瓣；方心为青地沥粉贴金行龙，方心头为一坡三折外挑内弧式画法。

南熏殿内檐东、西山面明间额枋为旋子彩画图（图2-5c、图2-5d、2-6c）。箍头无盒子图案；找头为一整两破式的旋花图案，旋花图案由旋眼和旋瓣构成，旋眼样式为坐在莲花座上面的石榴纹，花心四周布置八个旋瓣，石榴纹和旋花间隙部分贴金；方心为青地沥粉贴金行龙，方心头为一坡三折外挑内弧式画法。

南熏殿内檐东、西山面次间额枋为旋子彩画（2-5d、图2-5e、图2-6d、图2-6e）。箍头无盒子图案，找头无整旋花，由一个整旋眼和两个半旋眼下方四个旋瓣构成；方心为青地沥粉贴金行龙，方心头为一坡三折外挑内弧式画法。

（a）前檐　　　　　　　　　　　　　　　　（b）后檐

（c）东山面—明间

（d）东山面—南次间　　　　　　　　　　　（e）东山面—北次间

图2-5　南熏殿内檐东梢间额枋彩画

（a）前檐　　　　　　　　　　　　　　　　（b）后檐

（c）西山面—明间

图2-6

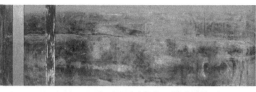

（d）西山面—南次间 　　　　　　　　　　　（e）西山面—北次间

图2-6　南薰殿内檐西梢间额枋彩画

2.1.2　柱头

南薰殿内檐各柱头为沥粉贴金整旋花彩画，花心四周布置六个旋瓣，头路瓣的六个花瓣头为蓝色合云（图 2-7）。

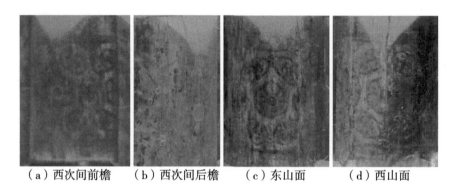

（a）西次间前檐　　（b）西次间后檐　　（c）东山面　　（d）西山面

图2-7　南薰殿内檐柱头彩画

2.1.3　平板枋

南薰殿内檐各间平板枋均为由升降云纹组成的三整两破降魔云图案（即相邻两斗栱中线之间有三个完整的和两个半个的降魔云图案），升为青色，降为绿色，采用片金做法（图2-8、图 2-9）。

（a）明间前檐

（b）东次间前檐

（c）西次间前檐

（d）东梢间山面北次间

（e）西梢间山面南次间

图2-8 南薰殿内檐平板枋彩画

（a）明间前檐　　　　　　　　　　（b）明间后檐

图2-9 南薰殿内檐平板枋彩画贴金做法

2.1.4 斗栱、垫栱板

南熏殿内檐为平金斗栱，无沥粉，无加晕，其中三福云的红色、绿色、蓝色云气纹处采用叠晕做法。垫栱板为沥粉金边，朱红油，内部无纹饰（图2-10）。

（a）整体　　　　　　　　　　　　（b）斗栱局部

图2-10 南薰殿内檐明间后檐斗栱、垫栱板彩画

2.1.5　七架梁

南薰殿内檐各间七架梁皆为金琢墨石碾玉旋子彩画（图2-11、图2-12）。盒子绘四合云图案，旋花图案由旋眼和旋瓣构成，旋眼纹饰是由八瓣莲花纹加如意云纹组成，花心四周布置六个旋瓣，抱瓣单层结构，旋花为青绿两色，无退晕（图2-11b）；方心为青地沥粉贴金行龙，图案是二龙戏珠，方心头为一坡三折外挑内弧式画法（图2-11c）。

（a）整体

（b）盒子+找头

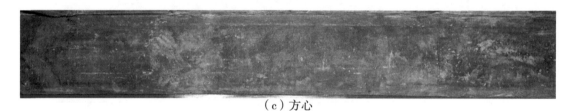

（c）方心

图2-11　南薰殿内檐明间东七架梁彩画

（a）明间西七架梁

（b）东次间东七架梁

（c）东次间西七架梁

（d）西次间东七架梁

（e）西次间西七架梁

图2-12　南薰殿内檐各间七架梁彩画

2.1.6　天花、支条

南薰殿内檐采用井口天花做法，天花为二龙（升降龙）戏珠彩画：方光线、圆光线采用片金做法（即沥粉贴金）；圆光心基底色有蓝绿两种（火焰珠边缘及最外一圈基底色为蓝色，龙身周围基底色为绿色），龙身、火焰珠采用片金做法；方光心为绿色基底色；岔角云轮廓线为沥粉贴金，设色为"戗绿顺青"（即每个岔角沿顺时针方向上云腿的颜色为青色，沿逆时针方向的云腿设色为绿色）及如意头红色退晕；老金边平涂大绿色（图2-13）。支条井口线沥粉贴金，主要为轱辘纹彩画，各轮廓线贴金，轱辘纹正中为六瓣太阳花，花心贴金，花瓣外围靠金线吃小晕；少部分位置为浑金轱辘纹彩画（图2-14）。

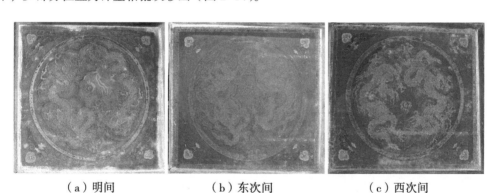

（a）明间　　　　　　　（b）东次间　　　　　　　（c）西次间

图2-13　南薰殿内檐各间天花彩画

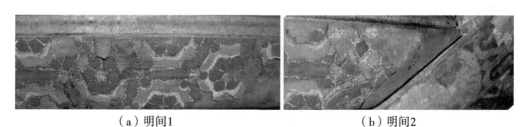

（a）明间1　　　　　　　　　　　　（b）明间2

（c）明间3

图2-14

（d）东次间

（e）西次间

图2-14　南薰殿内檐各间支条彩画

2.1.7　藻井

南熏殿室内明间安置一口龙蟠纹浑金藻井（图2-15）。藻井结构由上、中、下三层组成。下层为方井，中层为八角井，上层为圆井。下层方井搭架于四条天花支条上，内设装饰斗栱，斗栱内四条支撑枋，上搭抹角枋构成正八边形角井。中层八角井外围角蝉内亦设装饰斗栱，八角井内雕刻云纹。最上层为圆井，上置周圈装饰斗栱，内设明镜蟠龙木雕。蟠龙、斗栱、支撑枋等表面皆贴金，蟠龙底部隐蔽未贴金处为青地（即蓝色）彩画。

（a）整体　　　　　　　　　　　　（b）局部

图2-15　南薰殿内檐藻井彩画

2.1.8　脊檩、脊垫板

南薰殿内檐各间仅明间脊部（脊檩和脊垫板）施绘彩画。明间脊檩为五彩祥云玉作彩画，祥云呈麻叶头状，由彩画正中向两侧滚动，底部设云层，祥云即云层皆退晕；祥云由中间向两侧的设色顺序为：黄色（3朵）、红色（3朵）、蓝色（3朵）、绿色（3朵）、黄色（1朵），其中黄色、红色为压红彩老，蓝色、绿色彩画压黑彩老（图2-16）。脊垫板遍施纯青彩画无任何纹饰（图2-17）。

（a）整体

（b）局部一

（c）局部二　　　　　　　　　　　　　　　（d）局部三

图2-16　南薰殿内檐明间脊檩彩画

图2-17　南薰殿内檐明间脊垫板彩画

2.2　外檐

2.2.1　额枋

（1）正立面

南熏殿外檐正立面明间额枋为雅伍墨旋子彩画，盒子为破栀花图案，副箍头为黑色，找头为一整两破式的旋花图案，整旋花的外轮廓为正六边形，旋眼为蝉状，花心四周布置十二个旋瓣，旋花青绿两色，黑色轮廓线以里只做白色（图2-18b）；方心为青地一字方心，方心头为一坡二折内扣外弧式（即花瓣状）画法（图2-18）。

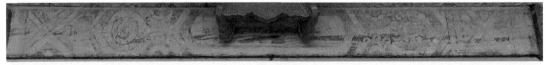

（a）整体

（b）找头+盒子

图2-18　南薰殿外檐正立面明间额枋彩画

南熏殿外檐正立面东、西次间额枋为雅伍墨旋子彩画，无盒子图案，有黑色副箍头，找头部分为一整两破式的旋花图案，整旋花的外轮廓为正六边形，旋眼为蝉状，花心四周布置十二个旋瓣，旋花青绿两色，黑色轮廓线以里只做白色；方心为绿地一字方心，方心头为一坡二折内扣外弧式（即花瓣状）画法（图2-19）。

（a）东次间

（b）西次间

图2-19　南薰殿外檐正立面东、西次间额枋彩画

南熏殿外檐正立面梢间额枋为雅伍墨旋子彩画，无盒子图案，有黑色副箍头，找头部分为双路瓣旋花，旋花青绿两色，黑色轮廓线以里只做白色；方心为青地一字方心，方心头为一坡二折内扣外弧式（即花瓣状）画法（图2-20）。

（a）东梢间

（b）西梢间

图2-20　南薰殿外檐正立面东、西梢间额枋彩画

（2）背立面

南薰殿外檐背立面外檐明间额枋为雅伍墨旋子彩画，盒子为整栀花图案，有黑色副箍头，找头部分为一整两破式旋花图案，整旋花的外轮廓为正六边形，旋眼为蝉状，花心四周布置十二个旋瓣，旋花青绿两色，黑色轮廓线以里只做白色；方心为青地一字方心，方心头为一坡二折内扣外弧式（即花瓣状）画法（图2-21）。

图2-21　南薰殿外檐背立面明间额枋彩画

南薰殿外檐背立面东、西次间额枋为雅伍墨旋子彩画，无盒子图案，有黑色副箍头，找头部分为一整两破式旋花图案，整旋花的外轮廓为正六边形，旋眼为蝉状，花心四周布置十二个旋瓣，旋花青绿两色，黑色轮廓线以里只做白色；方心为绿地一字方心，方心头为一坡二折内扣外弧式（即花瓣状）画法（图2-22）。

（a）东次间

（b）西次间

图2-22　南薰殿外檐背立面东、西次间额枋彩画

南薰殿外檐背立面西梢间额枋为雅伍墨旋子彩画，无盒子图案，有黑色副箍头，找头部分为勾丝咬旋花图案，旋花青绿两色，黑色轮廓线以里只做白色；方心为青地一字方心，方心头

为一坡二折内扣外弧式（即花瓣状）画法（图2-23）。

图2-23　南薰殿外檐背立面西梢间额枋彩画

（3）东、西山面

南熏殿外檐东、西山面明间额枋为雅伍墨旋子彩画，盒子为整栀花图案，有黑色副箍头，找头部分为勾丝咬旋花图案，旋花青绿两色，黑色轮廓线以里只做白色；方心为绿地一字方心，方心头为一坡二折内扣外弧式（即花瓣状）画法。东、西山面次间额枋为雅伍墨旋子彩画，无盒子图案，有黑色副箍头，找头由两个1/4的旋花构成，旋花青绿两色，黑色轮廓线以里只做白色；方心为青地一字方心，方心头为一坡二折内扣外弧式（即花瓣状）画法（图2-24、图2-25）。

（a）明间

（b）南次间

（c）北次间

图2-24　南薰殿外檐东山面额枋彩画

（a）明间

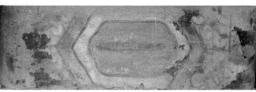

（b）南次间

（c）北次间

图2-25　南薰殿外檐西山面额枋彩画

2.2.2　柱头

南熏殿外檐各立面柱头彩画为整旋花彩画，旋眼为蝉状，花心四周布置八个旋瓣，头路瓣为绿色，二路瓣为蓝色（背立面柱头旋花含绿色三路瓣），黑色轮廓线以里只做白色（图2-26）。

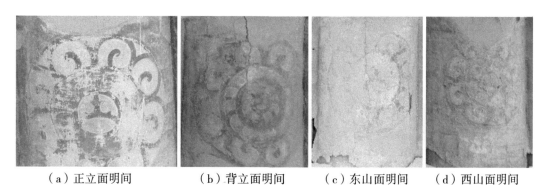

（a）正立面明间　　　（b）背立面明间　　　（c）东山面明间　　　（d）西山面明间

图2-26　南熏殿外檐柱头彩画

2.2.3　平板枋

南熏殿外檐平板枋均为由升降云纹组成的三整两破降魔云彩画（即两个相邻坐斗中线之间有完整的三朵降魔云图案），升为青色，降为绿色，黑色轮廓线以里只做白色（图2-27）。

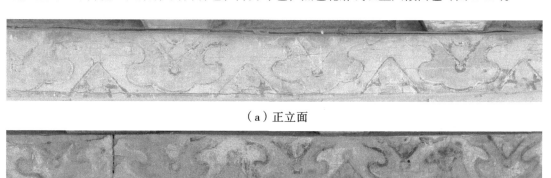

（a）正立面

（b）背立面

（c）东山面

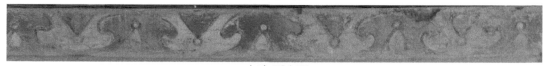

（d）西山面

图2-27　南熏殿外檐平板枋彩画

2.2.4 斗栱、垫栱板

南薰殿外檐为墨线斗栱，靠黑线画白线，各青绿色中间画细墨线。素垫栱板，朱红油，内部无纹饰，大边涂绿边，无退晕，墨线勾轮廓，靠墨线加白粉（图2-28）。

图2-28　南薰殿外檐正立面明间斗栱、垫栱板彩画

2.2.5 挑檐枋

南薰殿外檐挑檐枋均为黑边纯青色彩画，不施任何纹饰（图2-29）。

图2-29　南薰殿外檐正立面明间挑檐枋彩画

2.2.6 挑檐檩

（1）正立面

南薰殿外檐正立面明间挑檐檩为雅伍墨旋子彩画（图2-30a），盒子为整栀花图案，副箍头为黑色（图2-30c）；找头为一整两破加喜相逢的旋花图案，旋眼为蝉状，花心四周布置八个旋瓣，旋花为青绿两色，黑色轮廓线以里只做白色（图2-30c）；绿地素方心，方心头为一坡二折内扣外弧式（即花瓣状）画法（图2-30b）。

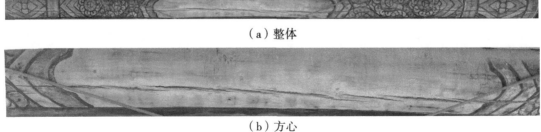

（a）整体

（b）方心

（c）找头+盒子

图2-30　南薰殿外檐正立面明间挑檐檩彩画

南熏殿外檐正立面东、西次间挑檐檩为雅伍墨旋子彩画，无盒子，黑色副箍头；找头为一整两破加喜相逢的旋花图案，旋眼为蝉状，青色退晕，旋花青绿两色退晕，花心四周布置八个旋瓣，旋花为青绿两色，黑色轮廓线以里只做白色；青地素方心，方心头为一坡二折内扣外弧式（即花瓣状）画法（图2-31）。

（a）东次间

（b）西次间

图2-31　南薰殿外檐正立面东、西次间挑檐檩彩画

南熏殿外檐正立面东、西梢间挑檐檩为雅伍墨旋子彩画，仅有靠山面侧有整栀花盒子；找头为勾丝咬旋花图案，旋花青绿两色，黑色轮廓线以里只做白色；绿地素方心，方心头为一坡二折内扣外弧式（即花瓣状）画法（图2-32）。

（a）东梢间

（b）西梢间

图2-32　南薰殿外檐正立面东、西梢间挑檐檩彩画

（2）背立面

南熏殿外檐背立面西次间挑檐檩彩画为雅伍墨旋子彩画，无盒子，找头为一整两破加喜相逢旋花图案，旋眼为蝉状，旋花为青绿两色，黑色轮廓线以里只做白色；青地素方心，方心头为一坡二折内扣外弧式（即花瓣状）画法（图2-33）。

图2-33　南薰殿外檐背立面西次间挑檐檩彩画

南熏殿外檐背立面西梢间挑檐檩为雅伍墨旋子彩画，仅有靠山面侧有整栀花盒子；找头为

喜相逢旋花图案，旋花青绿两色，黑色轮廓线以里只做白色；绿地素方心，方心头为一坡二折内扣外弧式（即花瓣状）画法（图2-34）。

图2-34　南薰殿外檐背立面西梢间挑檐檩彩画

（3）山面

南薰殿外檐东山面明间挑檐檩有两层彩画（图2-35a），其中外层为雅伍墨旋子彩画：盒子绘整栀花，找头为一整两破旋花图案，旋眼为蝉状，花心四周布置八个旋瓣，旋花为青绿两色，黑色轮廓线以里只做白色；青地素方心，方心头为一坡二折内扣外弧式（即花瓣状）画法。内层也为雅伍墨旋子彩画：盒子绘整栀花，黑色轮廓线以里只做白色（图2-35b）。

东山面南次间挑檐檩为雅伍墨旋子彩画，仅靠正立面侧有盒子，绘破栀花；找头由两个1/4的旋花构成，绿地素方心，方心头为一坡二折内扣外弧式（即花瓣状）画法（图2-35c）。

东山面北次间挑檐檩也有两层彩画，外层为雅伍墨旋子彩画：找头由两个1/4的旋花构成，旋花为青绿两色，黑色轮廓线以里只做白色；绿地素方心，方心头为一坡二折内扣外弧式（即花瓣状）画法。内层彩画为雅伍墨旋子彩画，仅靠背立面侧有破栀花盒子，找头由两个1/4的旋花构成，绿地素方心（图2-35d）。

南薰殿外檐东山面内外层彩画形制十分接近，推测外层彩画是依照内层彩画样式直接绘制而成。

（a）明间—整体

（b）明间—内层彩画

（c）南次间

（d）北次间

图2-35　南薰殿外檐东山面挑檐檩彩画

南熏殿外檐西山面明间挑檐檩为雅伍墨旋子彩画，盒子为整栀花图案，找头为一整两破旋花图案，旋眼为蝉状，花心四周布置八个旋瓣，旋花为青绿两色，黑色轮廓线以里只做白色；青地素方心，方心头为一坡二折内扣外弧式（即花瓣状）画法（图2-36a）。

西山面南次间挑檐檩有两层彩画，外层推测为雅伍墨旋子彩画，现残留绿地素方心。内层彩画为雅伍墨旋子彩画，仅靠正立面侧有整栀花盒子，找头由两个1/4的旋花构成，绿地素方心（图2-36b）。

西山面北次间挑檐檩为雅伍墨旋子彩画，仅靠背立面侧有整栀花盒子，找头由两个1/4的旋花构成，方心为绿地素方心，方心头为一坡二折内扣外弧式（即花瓣状）画法（图2-36c）。

南熏殿外檐西山面内外层彩画形制十分接近，推测外层彩画是依照内层彩画样式直接绘制而成。

（a）明间

（b）南次间

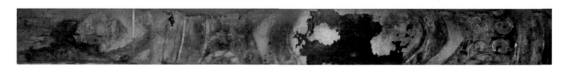

（c）北次间

图2-36　南薰殿外檐西山面挑檐檩彩画

2.3　本章小结

南薰殿内檐和外檐各构件彩画形制汇总（见表2-1）。

表2-1　南薰殿彩画形制汇总

名称	内檐		外檐	
	彩画类别	形制特征	彩画类别	形制特征
额枋	金琢墨石碾玉旋子彩画	方心为青地沥粉贴金行龙，方心头为一坡三折式；旋花由旋眼和旋瓣构成，旋眼为如意纹或石榴纹，花心四周布置八个旋瓣；盒子绘四合云	雅伍墨旋子彩画	一字方心，方心头为一坡二折式；整旋花的外轮廓为正六边形，旋眼为蝉状，花心四周布置十二个旋瓣；盒子为破栀花或整栀花图案，副箍头为黑色
柱头	沥粉贴金整旋花彩画	花心四周布置六个旋瓣，头路瓣的六个花瓣头为蓝色合云	整旋花彩画	旋眼为蝉状，花心四周布置八个旋瓣，头路瓣为绿色，二路瓣为蓝色（背立面柱头旋花含绿色三路瓣），黑色轮廓线以里只做白色
平板枋	片金降魔云彩画	升降云纹组成，升为青色，降为绿色	降魔云彩画	升为青色，降为绿色，黑色轮廓线以里只做白色
斗栱	平金边彩画	无沥粉，无加晕，其中三福云的红色、绿色、蓝色云气纹处采用叠晕做法	墨线彩画	靠黑线画白线，各青绿色中间画细墨线
垫栱板	沥粉金边彩画	沥粉金边，朱红油，内部无纹饰	素垫栱板彩画	朱红油，内部无纹饰，大边涂绿边，无退晕，墨线勾轮廓，靠墨线加白粉
七架梁	金琢墨石碾玉旋子彩画	方心为青地沥粉贴金行龙，方心头为一坡三折式；旋花由旋眼和旋瓣构成，旋眼由八瓣莲花纹加如意云纹组成，花心四周布置六个旋瓣；盒子绘四合云	—	—
挑檐枋	—	—	黑边纯青色彩画	纯蓝色，黑边，不施任何纹饰
挑檐檩	—	—	雅伍墨旋子彩画（双层）	素方心，方心头为一坡二折内扣外弧式；旋眼为蝉状，花心四周布置八个旋瓣；盒子绘整栀花
天花	二龙戏珠彩画	方光线、圆光线采用片金做法；圆光心基底色有蓝绿两种，龙身、火焰珠采用片金做法；方光心为绿色基底色；岔角云轮廓线为沥粉贴金，设色为"䤵绿顺青"，如意头红色退晕；老金边平涂大绿色	—	—
支条	轱辘纹彩画（少部分为浑金轱辘纹彩画）	井口线沥粉贴金，各轮廓线贴金，轱辘纹正中为六瓣太阳花，花心贴金，花瓣外围靠金线吃小晕	—	—
藻井	浑金龙蟠纹彩画	蟠龙、斗栱、支撑枋等表面皆贴金，蟠龙底部隐蔽未贴金处为青地彩画	—	—

故宫南薰殿彩画对比分析及保护技术研究

020

名称	内檐		外檐	
	彩画类别	形制特征	彩画类别	形制特征
脊檩	五彩祥云玉作彩画	祥云呈麻叶头状，由彩画正中向两侧滚动，底部设云层，退晕做法	—	—
脊垫板	纯青彩画	纯蓝色，无任何纹饰	—	—

南薰殿内檐额枋、七架梁旋子彩画一波三折式方心头，石榴纹或如意纹旋眼，四合云图案盒子，皆为明代早中期彩画特征。外檐额枋、挑檐檩蝉状旋眼为清中期后旋子彩画特征。

第3章　南薰殿彩画保存现状

为获得故宫南熏殿彩画具体保存现状，2018年6月及8月对该建筑部分构件进行现场调研，根据文物保护行业标准WW/T 0030—2010《古代建筑彩画病害与图示》确定病害类型及现状，采用无损检测方法采集南熏殿内檐和外檐现存彩画表面的颜色色度值、光泽度、硬度、附着力、显微形貌等。

3.1　内檐

3.1.1　整体病害现状

为获得南熏殿彩画的整体病害现状，分别对南熏殿内檐各间彩画拍摄照片，根据文物保护行业标准WW/T 0030—2010《古代建筑彩画病害与图示》绘制病害图（使用说明如图3-1所示，病害图详见附录）。

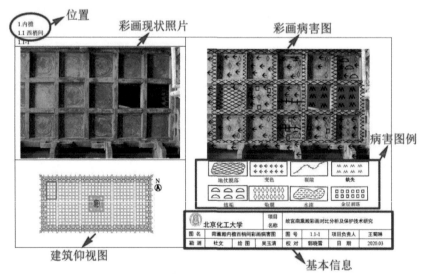

图3-1 南薰殿彩画病害图使用说明

结合各间彩画病害图，以病害面积占构件表面积比例（其中裂隙病害以裂隙长度占构件总长度的比例）分别统计和计算各间彩画的病害程度，将主要病害类型及程度汇总至表3-1。

由表3-1可见，南熏殿内檐各构件彩画基本含积尘、变色、结垢、粉化、龟裂、酥解、金层剥落、颜料剥落等病害，部分构件表面含裂隙、水渍、起翘、地仗脱落、微生物损害、人为损害、油烟污损等病害。

表3-1 南薰殿内檐彩画病害现状调查统计表

位置	构件名称	地仗层病害							颜料层病害				表层积尘物和污染物								
		裂隙	龟裂	起翘	酥解	空鼓	剥离	地仗脱落	颜料剥落	金层剥落	粉化	变色	积尘	结垢	水渍	油烟污损	动物损害	微生物损害	其他污染	人为损害	缺失
西梢间	额枋	90%	80%	10%	80%	0	0	20%	20%	60%	80%	80%	100%	70%	20%	50%	0	10%	0	10%	0
	柱头	90%	80%	10%	80%	0	0	20%	20%	60%	80%	80%	100%	70%	20%	30%	0	10%	0	0	0
	平板枋	10%	80%	10%	80%	0	0	20%	40%	80%	80%	80%	100%	70%	30%	10%	0	15%	0	10%	0
	斗拱	10%	80%	10%	80%	0	0	10%	30%	90%	80%	90%	100%	80%	40%	90%	0	20%	0	0	0
	垫拱板	30%	80%	10%	80%	0	0	10%	40%	90%	80%	90%	100%	80%	50%	20%	0	25%	0	0	0
	七架梁	30%	80%	10%	80%	0	0	10%	20%	60%	80%	80%	40%	20%	20%	10%	0	10%	0	0	0
	天花	10%	80%	20%	80%	0	0	5%	40%	50%	80%	80%	40%	20%	50%	10%	0	25%	0	10%	13%
	支条	10%	0	10%	10%	0	0	90%	10%	10%	10%	10%	10%	10%	40%	0	0	20%	0	10%	0
西次间	额枋	75%	80%	10%	80%	0	0	10%	80%	60%	80%	80%	100%	80%	0	0	0	0	0	10%	0
	柱头	70%	80%	10%	80%	0	0	10%	80%	60%	80%	80%	80%	80%	0	0	0	0	0	0	0
	平板枋	20%	80%	10%	80%	0	0	10%	80%	80%	80%	80%	100%	80%	10%	10%	0	5%	0	0	0
	斗拱	10%	80%	10%	80%	0	0	10%	30%	80%	80%	80%	100%	80%	50%	40%	0	20%	0	0	0
	垫拱板	30%	80%	10%	80%	0	0	10%	40%	90%	80%	90%	100%	80%	50%	20%	0	25%	0	0	0
	七架梁	40%	80%	10%	80%	0	0	10%	40%	60%	80%	80%	40%	20%	0	20%	0	0	0	10%	0
	天花	27%	80%	10%	80%	0	10%	5%	40%	30%	80%	80%	40%	20%	50%	10%	0	25%	0	0	4%
	支条	10%	0	10%	10%	0	0	90%	10%	10%	10%	10%	10%	10%	40%	0	0	20%	0	10%	0
明间	额枋	40%	80%	10%	80%	0	0	20%	30%	60%	80%	80%	100%	70%	20%	50%	0	10%	0	10%	0
	柱头	60%	80%	10%	80%	0	0	20%	30%	60%	80%	80%	100%	70%	20%	50%	0	10%	0	5%	0
	平板枋	20%	80%	10%	80%	0	0	10%	50%	80%	80%	80%	100%	80%	10%	10%	0	5%	0	5%	0
	斗拱	10%	80%	10%	80%	0	0	10%	30%	90%	80%	90%	100%	80%	40%	90%	0	20%	0	0	0
	垫拱板	30%	80%	10%	80%	0	0	10%	40%	90%	80%	90%	100%	80%	50%	20%	0	25%	0	5%	0

故宫南薰殿彩画对比分析及保护技术研究

位置	构件名称	地仗层病害							颜料层病害				表层积尘物和污染物								缺失
		裂隙	龟裂	起翘	酥解	空鼓	剥离	地仗脱落	颜料剥落	金层剥落	粉化	变色	积尘	结垢	水渍	油烟污损	动物损害	微生物损害	其他污染	人为损害	
明间	七架梁	30%	80%	10%	80%	0	0	20%	20%	60%	80%	80%	40%	40%	20%	10%	0	0	0	5%	0
	天花	24%	80%	10%	80%	0	5%	5%	40%	40%	80%	80%	40%	20%	55%	5%	0	30%	0	0	11%
	支条	10%	0	10%	10%	0	0	90%	10%	10%	10%	10%	10%	10%	50%	0	0	20%	0	10%	0
	藻井	20%	80%	10%	80%	0	0	20%	20%	90%	0	90%	90%	40%	20%	15%	0	20%	0	0	0
	脊檩	60%	60%	5%	30%	0	0	0	30%	0	60%	70%	60%	60%	30%	0	0	10%	0	0	0
	脊垫板	60%	60%	5%	60%	0	0	5%	30%	0	60%	70%	60%	60%	30%	0	0	10%	0	0	0
	额枋	50%	80%	10%	80%	0	0	10%	80%	60%	80%	80%	100%	80%	10%	0	0	5%	0	5%	0
	柱头	70%	80%	10%	80%	0	0	10%	80%	60%	80%	80%	80%	80%	0	10%	0	0	0	0	0
东次间	平板枋	20%	80%	10%	80%	0	0	10%	80%	80%	80%	80%	100%	80%	10%	10%	0	5%	0	0	0
	斗拱	10%	80%	10%	80%	0	0	10%	30%	80%	80%	80%	100%	80%	50%	40%	0	20%	0	0	0
	垫拱板	30%	80%	10%	80%	0	0	10%	40%	90%	80%	90%	100%	80%	50%	20%	0	25%	0	0	0
	七架梁	40%	80%	10%	80%	0	0	10%	40%	60%	80%	80%	40%	20%	20%	20%	0	10%	0	10%	0
	天花	32%	80%	10%	80%	0	5%	15%	40%	30%	80%	80%	40%	20%	80%	10%	0	50%	0	0	5%
	支条	10%	0	10%	10%	0	0	90%	10%	10%	10%	10%	10%	10%	80%	0	0	50%	0	10%	0
东梢间	额枋	50%	80%	10%	80%	0	0	20%	20%	60%	80%	80%	100%	70%	20%	50%	0	10%	0	5%	0
	柱头	30%	80%	10%	80%	0	0	20%	20%	60%	80%	80%	100%	70%	20%	30%	0	10%	0	0	0
	平板枋	20%	80%	10%	80%	0	0	20%	40%	80%	80%	80%	100%	70%	30%	10%	0	15%	0	5%	0
	斗拱	10%	80%	10%	80%	0	0	10%	30%	90%	80%	90%	100%	80%	40%	40%	0	20%	0	0	0
	垫拱板	30%	80%	10%	80%	0	0	10%	40%	90%	80%	90%	100%	80%	50%	20%	0	25%	0	5%	0
	七架梁	90%	80%	10%	80%	0	0	10%	20%	60%	80%	80%	40%	20%	20%	10%	0	10%	0	0	0
	天花	13%	80%	20%	80%	0	0	5%	40%	50%	80%	80%	40%	20%	70%	10%	0	30%	0	0	0
	支条	10%	0	10%	10%	0	0	90%	10%	10%	10%	10%	10%	10%	70%	0	0	30%	0	0	0

注：裂隙病害程度为裂隙总长度占构件总长度的比例，其他病害程度为病害面积占构件总表面积的比例。

3.1.2 保存现状具体勘测

现场选取南薰殿内檐明间额枋、平板枋、斗栱、七架梁、天花、支条上颜色保存相对较为完好的彩画进行具体调研，分别采用色差计（JZ-300）、光泽度计（XGP）、邵氏硬度计、附着力测试条、视频显微镜（3R-WM401PC）进行彩画表面色度值、光泽度、硬度、附着力、显微形貌的无损检测，获得彩画具体保存现状，同时为后续修缮及补绘提供数据参考。

色差计作为一种最简单的颜色偏差测试仪器，其测量原理为采用 CIELAB 色空间，所有颜色均可用 L、a、b 表示，L 轴表示明度，底端为黑，顶端为白；$+a$ 为红色，$-a$ 为绿色；$+b$ 为黄色，$-b$ 为蓝色。C 为颜色饱和度，H 为色调。

由于光照中短波辐射的氧化作用、大气环境和降尘中相应化学成分的作用等，古建筑油饰彩画光油中桐油等油质成分丧失，表面光反射特性发生变化，镜面反射程度降低，均匀漫反射程度提高，视觉效果变得暗涩，从而光泽度降低。颜料层发生褪色，当褪色到一定程度油饰彩画表面光泽度也会发生相应变化。不同颜色间的光泽度值也有一定的区别。

硬度是指材料局部抵抗硬物压入其表面的能力。在古建筑油饰彩画中，地仗层局部脱离基底层所形成的空鼓或起翘现象，将导致在其表面测得的硬度值明显偏小，地仗酥解也导致硬度值偏小，而当油饰彩画层底部的地仗层较为坚实牢固时，其硬度值将相对偏高。

附着力是指涂层与被涂物体表面通过物理或化学力的作用结合在一起的牢固程度。涂层附着力是评价一个涂层或涂层体系最重要的一项指标。胶带结合力试验方法是一种常用的附着力测试方法，在国外被广泛应用。在前期故宫大高玄殿、南三所、曲阜三孔彩画现场调研中，以胶带测试条质量的增加作为涂层脱落的定量指标，总结实验数据发现胶带测试条的增加质量与涂层脱落物有如下关系（表3-2）。

表3-2　附着力测试条质量、涂层脱落物及彩画病害对应关系

脱落物描述	极少量颜料颗粒	少量颜料颗粒	较多的颜料颗粒	较多的颜料颗粒+少量地仗层	较多的颜料颗粒和地仗层
测试条质量/mg	0~2	2~4	4~10	10~20	>20
彩画病害	无	轻微颜料粉化	颜料粉化	颜料粉化、剥落，地仗酥解	颜料粉化、剥落，地仗酥解严重

当测试条质量为 0~2mg 时，脱落物为极少量的颜料颗粒，说明彩画保存完好，基本无病害；当测试条质量为 2~4mg 时，脱落物为少量的颜料颗粒，说明彩画发生轻微的颜料粉化病害；当测试条质量为 4~10mg 时，脱落物为较多的颜料颗粒，彩画发生颜料粉化病害；当测试条质量 10~20 mg 时，脱落物为较多的颜料颗粒，并含少量地仗层，说明彩画发生颜料粉化、剥落、地仗酥解等病害；当测试条质量 >20 mg 时，脱落物为较多的颜料颗粒和地仗层，说明彩画发生颜料粉化、剥落，地仗酥解严重。

3.1.2.1 额枋

南薰殿内檐额枋调研处的绿色、蓝色颜料层保存状况相对较为完好，在微观形貌中，表面有大量颜料颗粒（图3-2、图3-3），后续若对该构件进行补绘，建议参考该色度值。金层表面仅有极少量金箔附着（图3-4），部分位置露出底部的红色金胶油层（图3-5）。金胶油层在传统贴金彩画中有两大作用，一是黏接金箔，二是增强金箔的鲜亮度（桐油中添加银朱、章丹、土黄等颜料，金箔极薄，底层颜色可透过）。

南薰殿内檐明间额枋各色彩画表层指标测试结果见表3-3。各调研处彩画的光泽度在0.4~0.5Gu范围内，说明该构件彩画光泽度整体较低，均发生一定的老化、褪色等病害。各彩画的硬度值在88~92HA之间，现场勘测发现内檐额枋地仗较薄，采用单批灰制作工艺，说明该构件各调研处的彩画地仗层皆发生一定程度的酥解。

内檐额枋绿色、蓝色彩画的附着力测试条质量分别为24.9mg、40.6mg，而金层底部的金胶油层的为7.3 mg，说明该构件绿色、蓝色彩画发生颜料粉化、剥落、地仗酥解等病害，而金胶油层仅发生颜料粉化现象。

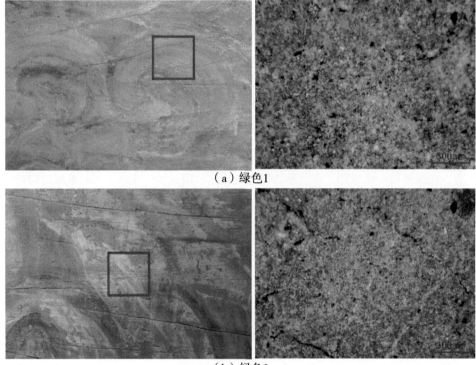

（a）绿色1

（b）绿色2

图3-2　南薰殿内檐明间额枋绿色彩画及其显微形貌

（a）蓝色1

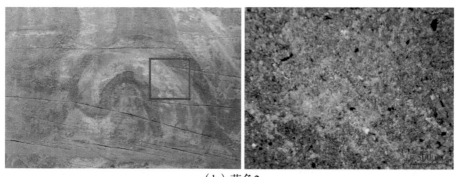

（b）蓝色2

图3-3　南薰殿内檐明间额枋蓝色彩画及其显微形貌

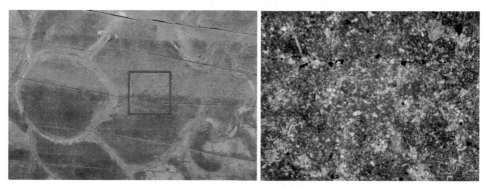

图3-4　内檐明间后檐额枋金层及其显微形貌（×200）

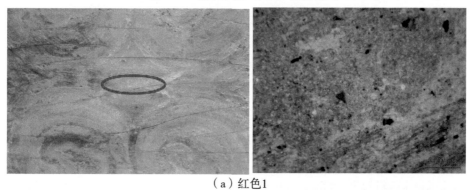

（a）红色1

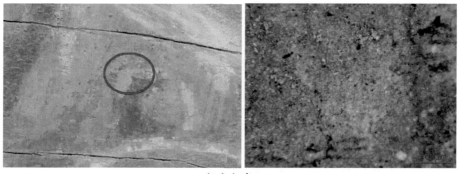

（b）红色2

图3-5　南薰殿内檐明间额枋红色金胶油及其显微形貌

表3-3　南薰殿内檐明间额枋各色彩画表层指标测试结果

类别	色度值					光泽度/Gu	硬度/HA	附着力条质量/mg
	L	a	b	C	H			
绿色1	45.6	1.1	9.5	9.5	83.2	0.4	92	24.9
绿色2	42.3	1	11.2	11.2	84.2	—	—	—
蓝色1	43.7	1.4	5.3	6.2	77.6	0.4	88	40.6
蓝色2	43	1.2	3.5	2	68.2	—	—	—
金层	33.7	4.8	5.9	7.6	52.3	0.5	92	7.3
红色1	44.7	6.4	8.2	11.2	45.2	0.5	88	7.3
红色2	46.3	8.3	10.7	13.6	44	—	—	—

注：L—亮度，a—红绿色，b—黄蓝色，C—饱和度，H—色调。

南薰殿内檐额枋调研处的绿色彩画发生颜料粉化、剥落、地仗酥解等病害，测试获得的色度值（L：42.3~45.6，a：1~1.1，b：9.5~11.2，C：9.5~11.2，H：83.2~84.2）和光泽度值（0.4Gu）；蓝色彩画发生颜料粉化、剥落、地仗酥解当病害，测试获得的色度值（L：43~43.7，a：1.2~1.4，b：3.5~5.3，C：2~6.2，H：68.2~77.6）和光泽度值（0.4Gu）；贴金处金箔基本脱落，露出底部的红色金胶油层，测试获得的色度值（L：44.7~46.3，a：6.4~8.3，b：8.2~10.7，C：11.2~13.6，H：44~45.2）。这些数据可为后续修缮制作金胶油时提供参考。

3.1.2.2　平板枋

南薰殿内檐平板枋调研处的绿色、蓝色颜料层保存状况相对较为完好，在微观形貌中，表面有大量颜料颗粒（图3-6、图3-7），后续若对该构件进行补绘，可参考该色度值。金层基本脱落完全，露出底部的红色金胶油层（图3-8）。

南薰殿内檐明间平板枋各色彩画表层指标测试结果见表3-4。各调研处彩画的光泽度在0.5~0.7Gu范围内，说明该构件彩画光泽度整体较低，均发生一定的老化、褪色等病害。各彩画的硬度值在90~94HA之间，说明该构件各调研处的彩画地仗层皆发生一定程度的酥解。绿色、蓝色彩画的附着力测试条质量分别为38.3mg、17.1mg，而金胶油层的为7.4 mg，说明该构件绿色、蓝色彩画发生颜料粉化、剥落、地仗酥解等病害，而金胶油层仅发生颜料粉化现象。

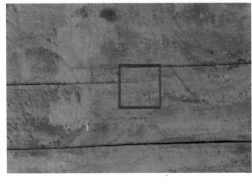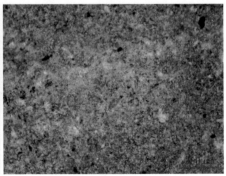

图3-6　南薰殿内檐明间平板枋绿色彩画及其显微形貌

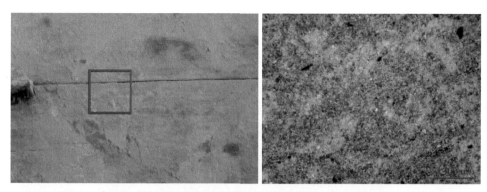

图3-7　南薰殿内檐明间平板枋蓝色彩画及其显微形貌

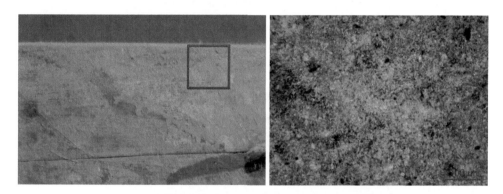

图3-8　南薰殿内檐明间平板枋红色金胶油及其显微形貌

表3-4　南薰殿内檐明间平板枋各色彩画表层指标测试结果

类别	色度值					光泽度/Gu	硬度/HA	附着力条质量/mg
	L	a	b	C	H			
绿色	44.6	0.2	9.2	9.2	88.3	0.7	90	38.3
蓝色	47.4	1.7	4.1	1.8	89.7	0.5	90	17.1
红色	50.1	8	8.7	11.7	48.2	0.6	94	7.4

注：L—亮度，a—红绿色，b—黄蓝色，C—饱和度，H—色调。

南薰殿内檐平板枋调研处的绿色彩画发生粉化、颜料剥落、地仗酥解等病害，测试获得色度值（L：44.6，a：0.2，b：9.2，C：9.2，H：88.3）和光泽度值（0.7Gu）；蓝色彩画发生颜料剥落，测试获得色度值（L：47.4，a：1.7，b：4.1，C：1.8，H：89.7）和光泽度值（0.5Gu）；红色金胶油层发生粉化病害，测试获得色度值（L：50.1，a：8，b：8.7，C：11.7，H：48.2）和光泽度值（0.6Gu），这些数据可为后续修缮制作金胶油提供参考。

3.1.2.3　斗栱

南薰殿内檐明间斗栱表面蓝色彩画及金层的各项测试结果如图3-9、图3-10及表3-5所示。其中蓝色彩画颜色整体偏暗，表面积尘、龟裂严重（图3-9）；光泽度为0.2Gu，硬度值为 85HA，附着力测试条质量为 24.1mg，说明该蓝色彩画发生颜料粉化、剥落，地仗酥解较为严重；色度值（L：30.8，a：3.4，b：7.5，C：8.0，H：65.3）中的 L 值也相对额枋、平板枋蓝色彩画的低，说明该处彩画可能发生轻微烟熏病害。斗栱平金边处的贴金表面有一层黑色的烟熏层，色度值（L：24.3，a：1.5，b：2，C：2.5，H：53.4）中的亮度明显偏低，光泽度为 0.2 Gu，硬度值为 94HA，附着力测试条质量为 8.9 mg，说明该贴金处发生颜料粉化病害，但未发展到颜料剥落、地仗酥解的程度，推测该现象可能与烟熏有关。

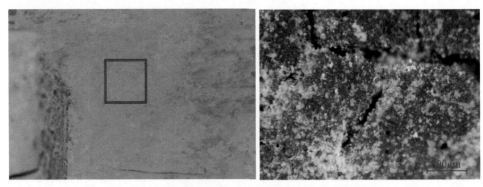

图3-9　南薰殿内檐明间斗栱蓝色彩画及其显微形貌

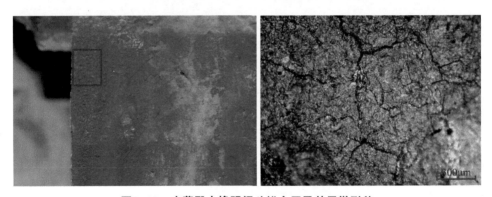

图3-10　南薰殿内檐明间斗栱金层及其显微形貌

表3-5　南薰殿内檐明间斗栱各色彩画表层指标测试结果

类别	色度值					光泽度/Gu	硬度/HA	附着力条质量/mg
	L	a	b	C	H			
蓝色	30.8	3.4	7.5	8.0	65.3	0.2	85	24.1
金层	24.3	1.5	2.0	2.5	53.4	0.2	94	8.9

注：L—亮度，a—红绿色，b—黄蓝色，C—饱和度，H—色调。

3.1.2.4　七架梁

南薰殿内檐七架梁调研处的绿色、蓝色颜料层保存状况相对较为完好，在微观形貌中，表面有大量颜料颗粒（图 3-11、图 3-12），后续若对该构件进行补绘，可参考该色度值。贴金处金箔基本完全脱落，露出底部的红色金胶油层（图 3-13a）；沥粉贴金处也大量脱落，露出底部的白色沥粉层（图 3-13b）。

南薰殿内檐明间七架梁各色彩画表层指标测试结果见表 3-6。各调研处彩画的光泽度在 0.2~0.4Gu 范围内，说明该构件彩画光泽度整体较低，均发生一定的老化、褪色等病害。除沥粉层硬度值为 83HA 外，其他彩画的硬度值在 91~96HA 之间，说明该构件各调研处的彩画地仗层皆发生一定程度的酥解，沥粉层酥解最为严重。绿色、蓝色彩画的附着力测试条质量分别为 2.5mg、11.4mg，而金胶油层的为 1.4mg，说明该构件绿色彩画和金胶油层发生轻微的颜料粉化，而蓝色彩画发生颜料粉化、剥落、地仗酥解等病害。

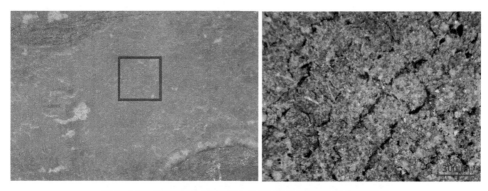

图3-11　南薰殿内檐明间七架梁绿色彩画及其显微形貌

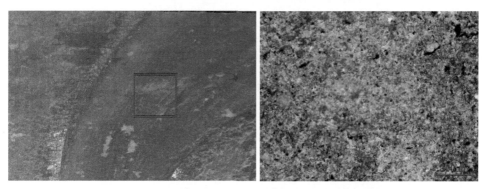

图3-12　南薰殿内檐明间七架梁蓝色彩画及其显微形貌

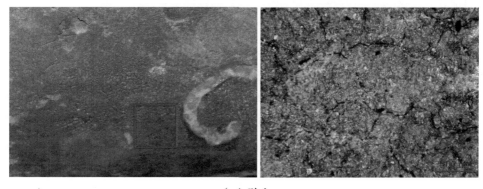

（a）贴金

图3-13

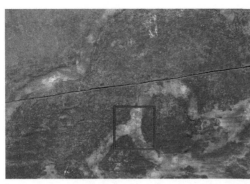

（b）沥粉贴金

图3-13　南薰殿内檐明间七架梁贴金及其显微形貌

表3-6　南薰殿内檐明间七架梁各色彩画表层指标测试结果

类别	色度值					光泽度/Gu	硬度/HA	附着力条质量/mg
	L	a	b	C	H			
绿色	25.4	2.5	3	4.5	54.8	0.2	94	2.5
蓝色	32.7	1.6	4.9	3.9	78.3	0.2	91	11.4
贴金层	29.8	7.9	6.7	10.5	37.8	0.4	96	1.4
沥粉贴金	33.5	6.5	9.5	9.8	56.4	0.3	83	7.3

注：L—亮度，a—红绿色，b—黄蓝色，C—饱和度，H—色调。

南薰殿内檐七架梁调研处的绿色彩画发生粉化、褪色等病害，测试获得色度值（L：25.4，a：2.5，b：3，C：4.5，H：54.8）和光泽度值（0.2Gu）；蓝色彩画发生颜料粉化、剥落、地仗酥解等病害，测试获得色度值（L：32.7，a：1.6，b：4.9，C：3.9，H：78.3）和光泽度值（0.2Gu）；红色金胶油层发生粉化病害，测试获得的色度值（L：29.8，a：7.9，b：6.7，C：1.5，H：37.8）和光泽度值（0.4Gu）。这些数据可为后续修缮制作金胶油提供参考；沥粉层发生酥解病害，大量脱落。

3.1.2.5　天花

南薰殿内檐天花调研处的各色彩画均发生龟裂，但颜料基本未脱落（图3-14~图3-17），保存状况相对较为完好。南薰殿内檐明间天花各色彩画表层指标测试结果见表3-7。各调研处彩画的光泽度在0.1~0.6Gu范围内，说明该构件彩画光泽度整体较低，均发生一定的老化、褪色等病害。金层和红色彩画硬度值为76HA、78HA，绿色、蓝色彩画的硬度值为96HA、92HA，说明该构件各调研处的彩画地仗层发生不同程度的酥解，其中贴金底部的沥粉层酥解最为严重。绿色、蓝色、红色彩画的附着力测试条质量分别为18.8mg、83.9mg、296.4mg，而金层的为2.2mg，说明该构件金层无脱落现象，而绿色、蓝色、红色彩画发生颜料粉化、剥落、地仗酥解等病害。

图3-14 南薰殿内檐明间天花绿色彩画及其显微形貌

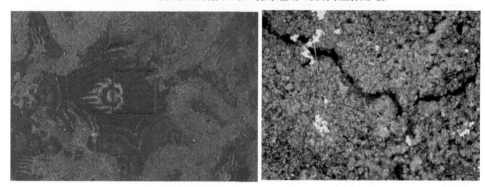

图3-15 南薰殿内檐明间天花蓝色彩画及其显微形貌

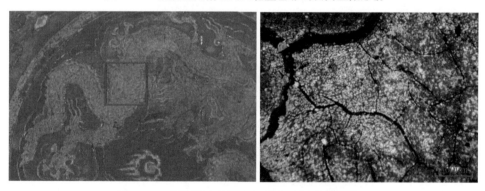

图3-16 南薰殿内檐明间天花金层及其显微形貌

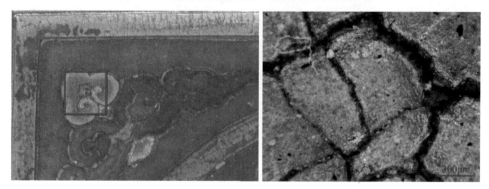

图3-17 南薰殿内檐明间天花红色彩画及其显微形貌

表3-7　南薰殿内檐明间天花各色彩画表层指标测试结果

类别	色度值					光泽度/Gu	硬度/HA	附着力条质量/mg
	L	a	b	C	H			
绿色	23.7	0.8	4.0	5.9	50.2	0.5	96	18.8
蓝色	26.1	8.3	3.7	14.6	23.9	0.1	92	83.9
金层	27.5	5.4	6.6	10.6	52.5	0.2	76	2.2
红色	34.2	9.6	5.8	12.2	27.3	0.6	78	296.4

注：L—亮度，a—红绿色，b—黄蓝色，C—饱和度，H—色调。

南薰殿内檐天花调研处的绿色彩画发生粉化、褪色等病害，测试获得色度值（L：23.7，a：0.8，b：4.0，C：5.9，H：50.2）和光泽度值（0.5Gu）；蓝色彩画发生颜料粉化、剥落、严重地仗酥解等病害，测试获得色度值（L：26.1，a：8.3，b：3.7，C：14.6，H：23.9）和光泽度值（0.1Gu）；红色彩画发生颜料粉化、剥落、严重地仗酥解等病害，测试获得色度值（L：34.2，a：9.6，b：5.8，C：12.2，H：27.3）和光泽度值（0.6Gu）；金层无脱落，测试获得色度值（L：27.5，a：5.4，b：6.6，C：10.6，H：52.5）和光泽度值（0.2Gu），这些数据可为后续修缮提供参考。

3.1.2.6　支条

南薰殿内檐支条调研处的各色彩画均发生龟裂，但颜料基本未脱落（图3-18~图3-22），保存状况相对较为完好。南薰殿内檐明间支条各色彩画表层指标测试结果见表3-8。各调研处彩画的光泽度在0.4Gu左右，说明该构件彩画光泽度整体较低，均发生一定的老化、褪色等病害。绿色、蓝色、红色彩画的硬度值为94HA、94HA、89HA，说明该构件各调研处的彩画地仗层发生不同程度的酥解。绿色、蓝色、红色彩画的附着力测试条质量分别为6.8mg、26.8mg、236.1mg，说明该构件绿色彩画发生颜料粉化，而蓝色、红色彩画发生颜料粉化、剥落、严重地仗酥解等。

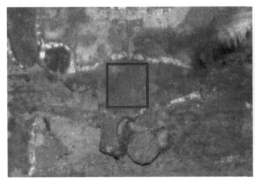

（a）绿色1

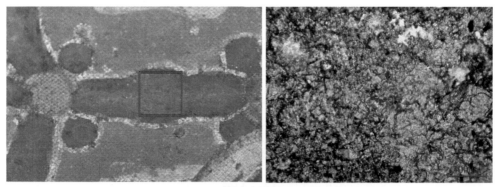

（b）绿色2

图3-18 南薰殿内檐明间支条绿色彩画及其显微形貌

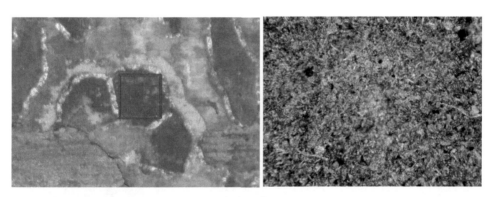

（a）蓝色1

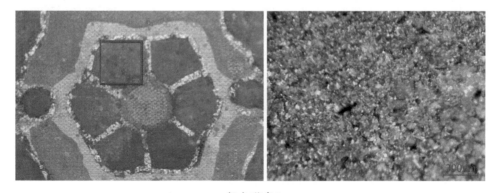

（b）蓝色2

图3-19 南薰殿内檐明间支条蓝色彩画及其显微形貌

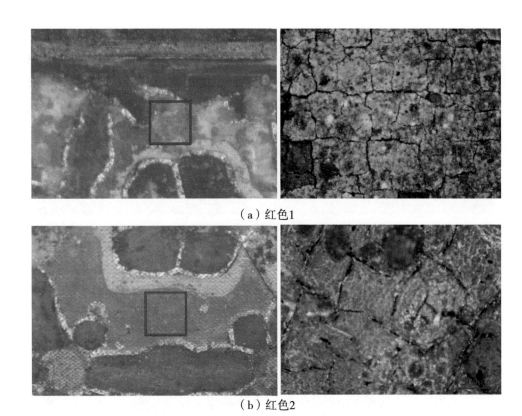

（a）红色1

（b）红色2

图3-20　南薰殿内檐明间支条红色彩画及其显微形貌

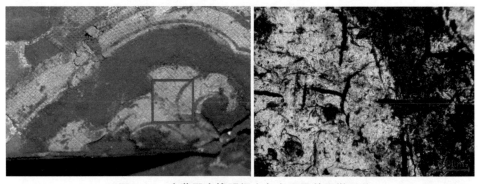

图3-21　南薰殿内檐明间支条金层及其显微形貌

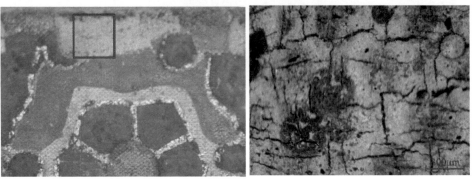

图3-22　南薰殿内檐明间支条白色彩画及其显微形貌

表3-8　南薰殿内檐明间支条各色彩画表层指标测试结果

类别	色度值					光泽度/Gu	硬度/HA	附着力条质量/mg
	L	a	b	C	H			
绿色1	31.2	3	9.7	10.7	70	0.4	94	6.8
绿色2	26.3	1.6	4.1	6.2	65.8	—	—	—
蓝色1	27	3	5	7.1	42.8	0.4	94	26.8
蓝色2	25	4.6	4.3	6.8	40.2	—	—	—
红色1	38.1	17.5	13.2	19.3	33.5	0.4	89	236.1
红色2	33.7	11.9	8.3	14.5	29.7	—	—	—
金层	39.7	6.3	13.8	8.9	55	—	—	—
白色	37.4	7.5	5.8	12.7	25.6	—	—	—

注：L—亮度，a—红绿色，b—黄蓝色，C—饱和度，H—色调。

南薰殿内檐支条调研处的绿色彩画发生颜料粉化、褪色等病害，测试获得色度值（L：26.3~31.2，a：1.6~3，b：4.1~9.7，C：6.2~10.7，H：65.8~70）和光泽度值（0.4Gu）；蓝色彩画发生颜料粉化、剥落、严重地仗酥解等病害，测试获得色度值（L：25~27，a：3~4.6，b：4.3~5，C：6.8~7.1，H：40.2~42.8）和光泽度值（0.4Gu）；红色彩画发生颜料粉化、剥落、严重地仗酥解等病害，测试获得色度值（L：33.7~38.1，a：11.9~17.5，b：8.3~13.2，C：14.5~19.3，H：29.7~33.5）和光泽度值（0.4Gu）；金层无脱落，测试获得色度值（L：39.7，a：6.3，b：13.8，C：8.9，H：55）；白色彩画发生龟裂等病害，测试获得色度值（L：37.4，a：7.5，b：5.8，C：12.7，H：25.6），这些数据可为后续修缮提供参考。

3.2　外檐

3.2.1　整体病害现状

南薰殿外檐正立面、背立面、东山面、西山面各间彩画病害图如附录所示，结合各间彩画病害图，各立面彩画病害类型及病害程度如表3-9~表3-12所示。南薰殿外檐各立面各构件表面彩画基本含裂隙、龟裂、酥解、粉化、颜料剥落、变色、积尘等病害，部分构件表面含地仗脱落、空鼓、起翘、剥离、水渍、结垢、动物损害、人为损害等病害。

故宫南薰殿彩画对比分析及保护技术研究

表3-9 南薰殿外檐正立面彩画病害现状调查统计表

位置	构件名称	地仗层病害						颜料层病害					表层积尘和污染物							
		裂隙	龟裂	起翘	酥解	空鼓	剥离	地仗脱落	颜料剥落	金层剥落	粉化	变色	积尘	结垢	水渍	油烟污损	动物损害	微生物损害	其他污染	人为损害
西梢间	额枋	90%	80%	10%	80%	0	0	5%	60%	0	90%	90%	90%	50%	0	0	5%	0	0	0
	平板枋	0	80%	10%	80%	0	0	5%	60%	0	90%	90%	90%	50%	0	0	5%	0	0	0
	斗拱	90%	40%	5%	40%	0	0	60%	20%	0	40%	80%	80%	30%	0	0	5%	0	0	0
	垫拱板	10%	80%	40%	40%	0	0	10%	20%	0	40%	80%	80%	20%	0	0	0	0	0	0
	挑檐枋	50%	80%	10%	80%	0	0	10%	70%	0	80%	80%	60%	20%	0	0	0	0	0	0
	挑檐檩	100%	60%	5%	60%	0	0	5%	40%	0	60%	80%	40%	20%	0	0	10%	0	0	0
西次间	额枋	100%	80%	10%	80%	0	0	5%	60%	0	90%	90%	90%	50%	0	0	0	0	0	0
	柱头	100%	80%	10%	80%	0	0	5%	60%	0	90%	90%	90%	50%	0	0	5%	0	0	0
	平板枋	90%	80%	10%	40%	0	0	20%	60%	0	80%	80%	80%	30%	0	0	5%	0	0	0
	斗拱	90%	80%	40%	40%	0	0	60%	20%	0	60%	80%	80%	20%	5%	0	5%	0	0	0
	垫拱板	10%	80%	70%	80%	0	0	0	20%	0	40%	80%	60%	20%	0	0	0	0	0	0
	挑檐枋	70%	60%	5%	60%	0	0	20%	40%	0	60%	80%	40%	20%	0	0	0	0	0	0
	挑檐檩	90%	80%	10%	80%	0	0	10%	60%	0	70%	70%	90%	50%	0	0	0	0	0	5%
明间	额枋	100%	80%	10%	80%	0	0	5%	60%	0	90%	90%	90%	50%	0	0	5%	0	0	0
	柱头	100%	80%	10%	80%	0	0	5%	60%	0	90%	90%	90%	50%	0	0	0	0	0	0
	平板枋	90%	80%	10%	40%	0	0	20%	60%	0	80%	80%	80%	30%	0	0	5%	0	0	0
	斗拱	90%	80%	40%	40%	0	0	60%	20%	0	60%	80%	80%	20%	0	0	5%	0	0	0
	垫拱板	20%	80%	70%	80%	0	0	0	20%	0	40%	80%	60%	20%	0	0	0	0	0	0

位置	构件名称	地仗层病害							颜料层病害				表层积尘生物和污染物							
		裂隙	龟裂	起翘	酥解	空鼓	剥离	地仗脱落	颜料剥落	金层剥落	粉化	变色	积尘	结垢	水渍	油烟污损	动物损害	微生物损害	其他污染	人为损害
明间	挑檐枋	70%	60%	5%	60%	0	0	20%	40%	0	60%	80%	40%	20%	0	0	0	0	0	0
	挑檐檩	100%	80%	10%	80%	0	0	10%	60%	0	70%	70%	90%	50%	0	0	2%	0	0	5%
	额枋	100%	80%	10%	80%	0	0	5%	60%	0	90%	90%	90%	50%	0	0	0	0	0	0
东次间	柱头	100%	80%	10%	80%	0	0	5%	60%	0	90%	90%	90%	50%	0	0	0	0	0	0
	平板枋	90%	80%	10%	40%	0	0	20%	60%	0	80%	80%	80%	30%	0	0	0	0	0	0
	斗栱	90%	80%	40%	40%	0	0	60%	20%	0	60%	80%	80%	20%	0	0	5%	0	0	0
	垫栱板	10%	80%	70%	80%	0	0	0	20%	0	40%	80%	60%	20%	0	0	0	0	0	0
	挑檐枋	70%	60%	5%	60%	0	0	20%	40%	0	60%	80%	40%	20%	0	0	0	0	0	0
	挑檐檩	90%	80%	10%	80%	0	0	30%	60%	0	70%	70%	90%	50%	0	0	0	0	0	5%
东梢间	额枋	90%	80%	10%	80%	0	0	5%	60%	0	90%	90%	90%	50%	0	0	5%	0	0	0
	平板枋	0	80%	10%	80%	0	0	5%	60%	0	90%	90%	90%	50%	0	0	5%	0	0	0
	斗栱	90%	40%	5%	40%	0	0	60%	20%	0	40%	80%	80%	30%	0	0	5%	0	0	0
	垫栱板	10%	80%	40%	40%	0	0	10%	20%	0	40%	80%	80%	20%	0	0	0	0	0	0
	挑檐枋	50%	80%	10%	80%	0	0	10%	70%	0	80%	80%	60%	20%	50%	0	0	0	0	0
	挑檐檩	100%	60%	5%	60%	0	0	5%	40%	0	60%	80%	40%	20%	0	0	10%	0	0	0

注：裂隙病害程度为裂隙长度占构件总长度的比例，其他病害程度为病害面积占构件总表面积的比例。

表3-10　南薰殿外檐背立面彩画病害现状调查统计表

位置	构件名称	地仗层病害							颜料层病害				表层积尘物和污染物							
		裂隙	龟裂	起翘	酥解	空鼓	剥离	地仗脱落	颜料剥落	金层剥落	粉化	变色	积尘	结垢	水渍	油烟污损	动物损害	微生物损害	其他污染	人为损害
东梢间	额枋	—	—	—	—	—	—	—	—	—	—	—	—	—	—	—	—	—	—	—
	平板枋	—	—	—	—	—	—	—	—	—	—	—	—	—	—	—	—	—	—	—
	斗栱	100%	10%	5%	40%	0	0	90%	10%	0	10%	10%	90%	50%	0	0	5%	0	0	0
	垫栱板	100%	90%	40%	40%	0	0	10%	20%	0	40%	80%	90%	60%	0	0	0	0	0	0
	挑檐枋	—	—	—	—	—	—	—	—	—	—	—	—	—	—	—	—	—	—	—
	挑檐檩	—	—	—	—	—	—	—	—	—	—	—	—	—	—	—	—	—	—	—
东次间	额枋	10%	80%	5%	80%	5%	0	5%	60%	0	80%	90%	60%	30%	10%	0	0	0	0	0
	柱头	30%	80%	5%	80%	0	0	5%	60%	0	80%	90%	60%	30%	0	0	0	0	0	0
	平板枋	10%	80%	5%	80%	5%	0	10%	60%	0	80%	90%	60%	30%	10%	0	0	0	0	0
	斗栱	100%	10%	5%	40%	0	0	90%	10%	0	10%	10%	90%	50%	0	0	5%	0	0	0
	垫栱板	80%	90%	40%	40%	0	0	10%	20%	0	40%	80%	90%	60%	0	0	0	0	0	0
	挑檐枋	—	—	—	—	—	—	—	—	—	—	—	—	—	—	—	—	—	—	—
	挑檐檩	—	—	—	—	—	—	—	—	—	—	—	—	—	—	—	—	—	—	—
明间	额枋	80%	80%	5%	80%	5%	0	5%	60%	0	80%	90%	60%	30%	10%	0	3%	0	0	0
	柱头	30%	80%	5%	80%	0	0	5%	60%	0	80%	90%	60%	30%	0	0	0	0	0	0
	平板枋	40%	80%	5%	80%	5%	0	20%	60%	0	80%	90%	60%	30%	10%	0	3%	0	0	0
	斗栱	100%	10%	5%	40%	0	0	90%	10%	0	10%	10%	90%	50%	0	0	5%	0	0	0
	垫栱板	80%	90%	40%	40%	0	0	10%	20%	0	40%	80%	90%	60%	5%	0	0	0	0	0

位置	构件名称	地仗层病害							颜料层病害				表层积尘生物和污染物							
		裂隙	龟裂	起翘	酥解	空鼓	剥离	地仗脱落	颜料剥落	金层剥落	粉化	变色	积尘	结垢	水渍	油烟污损	动物损害	微生物损害	其他污染	人为损害
明间	挑檐枋	—	—	—	—	—	—	—	—	—	—	—	—	—	—	—	—	—	—	—
	挑檐檩	—	—	—	—	—	—	—	—	—	—	—	—	—	—	—	—	—	—	—
西次间	额枋	70%	80%	5%	90%	5%	3%	5%	60%	0	80%	80%	80%	40%	20%	0	0	0	0	0
	柱头	80%	80%	5%	90%	3%	3%	5%	60%	0	80%	80%	80%	40%	0	0	0	0	0	0
	平板枋	70%	80%	5%	90%	5%	3%	5%	60%	0	80%	80%	80%	40%	20%	0	0	0	0	0
	斗拱	100%	10%	5%	40%	0	0	90%	10%	0	10%	10%	90%	50%	0	0	5%	0	0	0
	垫拱板	30%	90%	40%	40%	0	0	10%	20%	0	40%	80%	90%	60%	5%	0	0	0	0	0
	挑檐枋	—	—	—	—	—	—	—	—	—	—	—	—	—	—	—	—	—	—	—
	挑檐檩	70%	70%	5%	70%	5%	5%	30%	60%	0	70%	70%	60%	30%	0	0	0	0	0	0
西梢间	额枋	90%	80%	10%	80%	0	0	5%	60%	0	90%	90%	90%	50%	20%	0	5%	0	0	0
	平板枋	30%	80%	10%	80%	0	0	5%	60%	0	90%	90%	90%	50%	20%	0	5%	0	0	0
	斗拱	90%	40%	5%	40%	0	0	60%	20%	0	40%	80%	80%	30%	0	0	5%	0	0	0
	垫拱板	60%	80%	40%	40%	0	0	10%	20%	0	40%	80%	80%	60%	0	0	0	0	0	0
	挑檐枋	50%	80%	10%	80%	0	0	10%	70%	0	80%	80%	60%	20%	50%	0	0	0	0	0
	挑檐檩	100%	60%	5%	60%	0	0	30%	40%	0	60%	80%	40%	20%	0	0	10%	0	0	0

注：裂隙病害程度为裂隙长度占构件总长度的比例，其他病害程度为病害面积占构件总表面面积的比例。

第3章 南薰殿彩画保存现状

041

表3-11 南薰殿外檐东山面彩画病害现状调查统计表

位置	构件名称	地仗层病害							颜料层病害				表层积尘物和污染物							
		裂隙	龟裂	起翘	酥解	空鼓	剥离	地仗脱落	颜料剥落	金层剥落	粉化	变色	积尘	结垢	水渍	油烟污损	动物损害	微生物损害	其他污染	人为损害
南次间	额枋	90%	80%	10%	80%	0	0	10%	60%	0	90%	90%	90%	50%	0	0	5%	0	0	5%
	平板枋	5%	80%	10%	80%	0	0	5%	60%	0	90%	90%	90%	50%	0	0	5%	0	0	0
	斗拱	90%	40%	5%	40%	0	0	60%	20%	0	40%	80%	80%	30%	0	0	5%	0	0	0
	垫拱板	10%	80%	40%	40%	0	0	10%	20%	0	40%	80%	80%	20%	0	0	0	0	0	0
	挑檐枋	50%	80%	10%	80%	0	0	10%	70%	0	80%	80%	60%	20%	0	0	10%	0	0	0
	挑檐檩	100%	60%	5%	60%	0	0	5%	40%	0	60%	80%	40%	20%	0	0	0	0	0	0
明间	额枋	100%	80%	10%	80%	0	0	5%	60%	0	90%	90%	90%	50%	0	0	0	0	0	0
	柱头	100%	80%	10%	80%	0	0	5%	60%	0	90%	90%	90%	50%	0	0	0	0	0	0
	平板枋	90%	80%	10%	40%	0	0	20%	60%	0	80%	80%	80%	30%	0	0	0	0	0	0
	斗拱	90%	80%	40%	40%	0	0	60%	20%	0	60%	80%	80%	20%	0	0	5%	0	0	0
	垫拱板	10%	80%	70%	80%	0	0	0	20%	0	40%	80%	60%	20%	0	0	0	0	0	0
	挑檐枋	70%	60%	5%	60%	0	0	20%	40%	0	60%	80%	40%	20%	0	0	0	0	0	0
	挑檐檩	20%	50%	10%	50%	0	0	0	50%	0	50%	50%	50%	20%	0	0	0	0	0	0
北次间	额枋	—	—	—	—	—	—	—	—	0	—	—	—	—	—	—	—	—	—	—
	平板枋	5%	30%	10%	30%	0	0	5%	10%	0	30%	30%	30%	30%	0	0	0	0	0	0
	斗拱	90%	40%	5%	40%	0	0	60%	20%	0	40%	80%	80%	30%	0	0	5%	0	0	0
	垫拱板	10%	80%	40%	40%	0	0	10%	20%	0	40%	80%	80%	20%	0	0	0	0	0	0
	挑檐枋	—	—	—	—	—	—	—	—	0	—	—	—	—	—	—	—	—	—	—
	挑檐檩	10%	50%	5%	50%	0	0	0	40%	0	50%	50%	40%	20%	0	0	0	0	0	0

注：裂隙病害程度为裂隙长度占构件总长度的比例，龟裂病害程度为裂隙面积占构件总表面积的比例，其他病害程度为病害面积占构件总表面积的比例。

表3-12　南薰殿外檐西山面彩画病害现状调查统计表

位置	构件名称	地仗层病害							颜料层病害				表层积尘生物和污染物							
		裂隙	龟裂	起翘	酥解	空鼓	剥离	地仗脱落	颜料剥落	金层剥落	粉化	变色	积尘	结垢	水渍	油烟污损	动物损害	微生物损害	其他污染	人为损害
北次间	额枋	20%	80%	5%	80%	5%	0	20%	60%	0	80%	80%	60%	20%	5%	0	5%	0	0	0
	平板枋	20%	80%	5%	80%	5%	0	20%	60%	0	80%	80%	60%	20%	5%	0	5%	0	0	0
	斗栱	100%	20%	0	20%	0	0	80%	20%	0	20%	20%	20%	10%	0	0	0	0	0	0
	垫栱板	50%	90%	5%	90%	0	0	5%	20%	0	60%	90%	90%	60%	20%	0	0	0	0	0
	挑檐枋	—	—	—	—	—	—	—	—	—	—	—	—	—	—	—	—	—	—	—
	挑檐檩	30%	50%	3%	50%	0	0	0	30%	0	50%	50%	50%	20%	0	0	0	0	0	0
明间	额枋	0	80%	5%	80%	5%	5%	5%	40%	0	80%	80%	60%	20%	5%	0	0	0	0	0
	柱头	20%	50%	3%	50%	3%	0	0	30%	0	50%	50%	30%	10%	0	0	0	0	0	0
	平板枋	0	80%	5%	80%	5%	5%	5%	40%	0	80%	80%	60%	20%	5%	0	5%	0	0	0
	斗栱	100%	20%	0	20%	0	0	80%	20%	0	20%	20%	20%	10%	0	0	0	0	0	0
	垫栱板	50%	90%	5%	90%	0	0	5%	20%	0	60%	90%	90%	60%	20%	0	0	0	0	0
	挑檐枋	70%	60%	5%	60%	0	0	20%	40%	0	60%	80%	40%	20%	0	0	0	0	0	0
	挑檐檩	20%	50%	10%	50%	10%	5%	30	50%	0	50%	50%	50%	20%	0	0	0	0	0	0
南次间	额枋	100%	80%	5%	80%	5%	0	20%	60%	0	80%	80%	60%	20%	0	0	5%	0	0	0
	平板枋	20%	80%	5%	80%	5%	0	20%	60%	0	80%	80%	60%	20%	0	0	5%	0	0	0
	斗栱	100%	20%	0	20%	0	0	80%	20%	0	20%	20%	20%	10%	5%	0	0	0	0	0
	垫栱板	50%	90%	5%	90%	0	0	5%	20%	0	60%	90%	90%	60%	20%	0	0	0	0	0
	挑檐枋	—	—	—	—	—	—	—	—	—	—	—	—	—	—	—	—	—	—	—
	挑檐檩	30%	50%	3%	50%	0	0	0	30%	0	50%	50%	50%	20%	0	0	0	0	0	0

注：裂隙病害程度为裂隙长度占构件总长度的比例，其他病害程度为病害面积占构件总表面积的比例。

3.2.2 保存现状具体勘测

3.2.2.1 正立面

（1）额枋

南薰殿外檐正立面额枋彩画均发生轻微的龟裂现象，有不同程度的颜料脱落现象，其中绿色、黑色彩画保存相对较为完好，部分位置发生颜料脱落（图3-23、图3-25）；而蓝色彩画颜料大量脱落，仅少量位置较为完好（图3-24）。南薰殿外檐正立面东梢间额枋彩画各色表层指标测试结果见表3-13，各调研处彩画的光泽度在1.1~1.6Gu之间，说明该构件彩画光泽度整体比内檐彩画的高，绘制时间明显晚于内檐彩画。绿色、蓝色、黑色彩画的硬度值为88HA、84HA、92HA，说明该构件各调研处的彩画地仗层发生不同程度的酥解。绿色、蓝色、黑色彩画的附着力测试条质量分别为44.3mg、17mg、9.3mg，说明该构件绿色彩画发生颜料粉化、剥落、严重地仗酥解等病害，蓝色、黑色彩画发生颜料粉化、剥落、地仗酥解等病害。

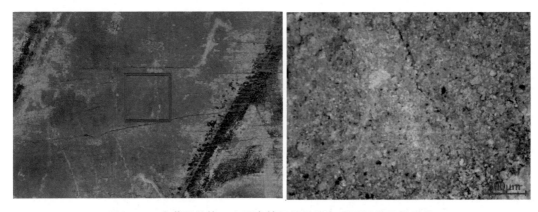

图3-23 南薰殿外檐正立面东梢间额枋绿色彩画及其显微形貌

图3-24 南薰殿外檐正立面东梢间额枋蓝色彩画及其显微形貌

故宫南薰殿彩画对比分析及保护技术研究

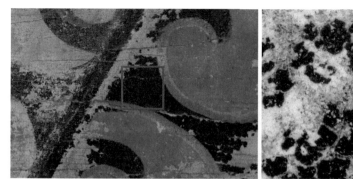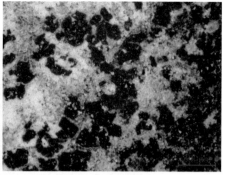

图3-25 南薰殿外檐正立面东梢间额枋黑色彩画及其显微形貌

表3-13 南薰殿外檐正立面东梢间额枋彩画各色表层指标测试结果

类别	色度值					光泽度/Gu	硬度/HA	附着力条质量/mg
	L	a	b	C	H			
绿色	47.3	-6.4	9.3	3.2	112	1.1	88	44.3
蓝色	54	1	-1.8	5.6	275.2	1.1	84	17
黑色	33	-0.7	3.2	3.2	112	1.6	92	9.3

注：L—亮度，a—红绿色，b—黄蓝色，C—饱和度，H—色调。

南薰殿外檐正立面额枋调研处的绿色彩画发生颜料粉化、剥落、严重地仗酥解等病害，测试获得色度值（L：47.3，a：-6.4，b：9.3，C：3.2，H：112）和光泽度值（1.1Gu）；蓝色彩画发生颜料粉化、剥落、地仗酥解等病害，测试获得色度值（L：54，a：1，b：-1.8，C：5.6，H：275.2）和光泽度值（1.1Gu）；黑色彩画发生颜料粉化、剥落、地仗酥解等病害，测试获得色度值（L：33，a：-0.7，b：3.2，C：3.2，H：112）和光泽度值（1.6Gu），这些数据可为后续修缮提供参考。

（2）平板枋

南薰殿外檐正立面平板枋彩画均发生轻微的龟裂现象，其中绿色、黑色彩画保存相对较为完好，部分位置发生颜料脱落（图3-26、图3-28）；而蓝色彩画颜料大量脱落，仅极少量位置较为完好（图3-27）。南薰殿外檐正立面东次间平板枋彩画各色表层指标测试结果见表3-14，各调研处光泽度在1.0~1.4Gu之间，说明该构件彩画光泽度整体比内檐彩画的高，绘制时间明显晚于内檐彩画。绿色、蓝色、黑色彩画的硬度值为92HA、80HA、92HA，说明该构件各调研处的彩画地仗层发生不同程度的酥解。绿色、蓝色、黑色彩画的附着力测试条质量分别为16.9mg、9mg、17.7mg，说明该构件绿色、黑色彩画发生颜料粉化、剥落、地仗酥解等病害，残存蓝色彩画发生颜料粉化等病害。

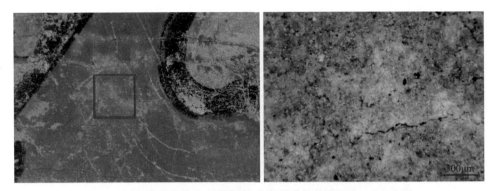

图3-26　南薰殿外檐正立面东次间平板枋绿色彩画及其显微形貌

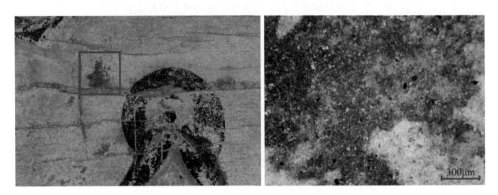

图3-27　南薰殿外檐正立面东次间平板枋蓝色彩画及其显微形貌

图3-28　南薰殿外檐正立面东次间平板枋黑色彩画及其显微形貌

表3-14　南薰殿外檐正立面东次间平板枋彩画各色表层指标测试结果

类别	色度值					光泽度/Gu	硬度/HA	附着力条质量/mg
	L	a	b	C	H			
绿色	46.8	−10	8.8	14.5	142.3	1.1	92	16.9
蓝色	43.2	1.1	−5.4	4	297.9	1.0	80	9
黑色	32.4	−1.4	4.4	5	89.5	1.4	92	17.7

注：L—亮度，a—红绿色，b—黄蓝色，C—饱和度，H—色调。

南薰殿外檐正立面平板枋调研处的绿色彩画发生颜料粉化、剥落、地仗酥解等病害，测试获得的色度值（L：46.8，a：−10，b：8.8，C：14.5，H：142.3）和光泽度值（1.1Gu）；蓝色彩画发生颜料剥落、粉化等病害，测试获得的残存彩画色度值（L：43.2，a：1.1，b：−5.4，C：4，H：297.9）和光泽度值（1.0Gu）；黑色彩画发生颜料粉化、剥落、地仗酥解等病害，测试获得色度值（L：32.4，a：−1.4，b：4.4，C：5.0，H：89.5）和光泽度值（1.4Gu），这些数据可为后续修缮提供参考。

（3）斗栱

南薰殿外檐正立面斗栱调研处各色彩画保存相对较为完好，均发生龟裂现象（图3-29～图3-32）。南薰殿外檐正立面西次间斗栱彩面各色表层指标测试结果见表3-15，光泽度在0.5~1.5Gu之间，说明该构件彩画光泽度整体比内檐彩画的高，绘制时间应明显晚于内檐彩画。绿色、蓝色、黑色、白色彩画的硬度值为64HA、80HA、78HA、90HA，说明该构件各调研处的彩画地仗层发生不同程度的酥解。绿色、蓝色、黑色、白色彩画的附着力测试条质量分别为3.4mg、6.2mg、4.0mg、6.7mg，说明该构件绿色、黑色彩画发生轻微颜料粉化，蓝色、白色彩画发生颜料粉化等病害。

图3-29　南薰殿外檐正立面西次间斗栱绿色彩画及其显微形貌

图3-30　南薰殿外檐正立面西次间斗栱蓝色彩画及其显微形貌

图3-31 南薰殿外檐正立面西次间斗栱黑色彩画及其显微形貌

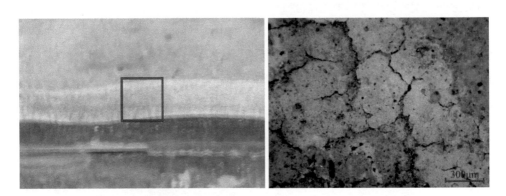

图3-32 南薰殿外檐正立面西次间斗栱白色彩画及其显微形貌

表3-15 南薰殿外檐正立面西次间斗栱彩画各色表层指标测试结果

| 类别 | 色度值 | | | | | 光泽度/Gu | 硬度/HA | 附着力条质量/mg |
	L	a	b	C	H			
绿色	41.9	−14.1	7.8	16.2	150	0.8	64	3.4
蓝色	22.2	1	−18.5	19	273.2	0.5	80	6.2
黑色	26.9	−2.6	0.9	3	129	1.5	78	4
白色	43	−3.1	11.6	12.1	103.2	0.7	90	6.7

注：L—亮度，a—红绿色，b—黄蓝色，C—饱和度，H—色调。

南薰殿外檐正立面斗栱调研处的绿色彩画发生轻微颜料粉化、龟裂等病害，测试获得色度值（L：41.9，a：−14.1，b：7.8，C：16.2，H：150）和光泽度值（0.8Gu）；蓝色彩画发生颜料粉化等病害，测试获得残存彩画色度值（L：43.2，a：1.1，b：−5.4，C：4，H：297.9）和光泽度值（1.0Gu）；黑色彩画发生颜料粉化、剥落、地仗酥解等病害，测试获得色度值（L：32.4，a：−1.4，b：4.4，C：5.0，H：89.5）和光泽度值（1.4Gu）；白色彩画发生颜料粉化等病害，测试获得色度值（L：43，a：−3.1，b：11.6，C：12.1，H：103.2）和光泽度值（0.7Gu）。这些数据可为后续修缮提供参考。

（4）垫栱板

南薰殿外檐正立面垫栱板调研处各色彩画均发生龟裂、颜料粉化、剥落、积尘等病害，其中红色彩画还有起翘病害（见图3-33~图3-36）。南薰殿外檐正立面明间垫栱板彩画各色表层指标测试结果见表3-16，各色彩画光泽度在0.3~0.7Gu之间，硬度值在80~92HA之间，说明该构件各调研处的彩画地仗层同时发生不同程度的酥解、变色现象。绿色、红色、黑色、白色彩画的附着力测试条质量分别为18.6mg、9.6mg、25.2mg、21.5mg，说明该构件绿色、黑色、白色彩画均发生颜料粉化、地仗酥解，红色彩画发生颜料粉化。

图3-33　南薰殿外檐正立面明间垫栱板绿色彩画及其显微形貌

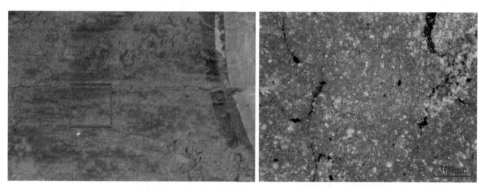

图3-34　南薰殿外檐正立面明间垫栱板红色彩画及其显微形貌

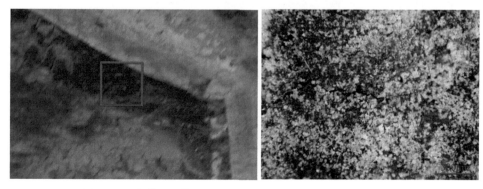

图3-35　南薰殿外檐正立面明间垫栱板黑色彩画及其显微形貌

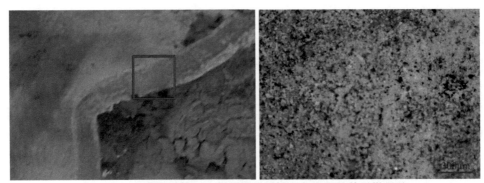

图3-36　南薰殿外檐正立面明间垫栱板白色彩画及其显微形貌

表3-16　南薰殿外檐正立面明间垫栱板彩画各色表层指标测试结果

类别	色度值					光泽度/Gu	硬度/HA	附着力条质量/mg
	L	a	b	C	H			
绿色	43.6	−11.5	7.8	13.3	142.8	0.3	84	18.6
红色	42.2	9.5	9	12.2	46.3	0.5	92	9.6
黑色	36.7	3.8	8.4	7	75	0.7	80	25.2
白色	46.9	1.4	10.8	10	86	0.7	90	21.5

注：L—亮度，a—红绿色，b—黄蓝色，C—饱和度，H—色调。

南薰殿外檐正立面垫栱板调研处的绿色彩画发生轻微颜料粉化、剥落、积尘、地仗酥解等病害，测试获得色度值（L：43.6，a：−11.5，b：7.8，C：13.3，H：142.8）和光泽度值（0.3Gu）；红色彩画发生颜料粉化、龟裂、起翘等病害，测试获得色度值（L：42.2，a：9.5，b：9，C：12.2，H：46.3）和光泽度值（0.5Gu）；黑色彩画发生颜料粉化、剥落、地仗酥解等病害，测试获得色度值（L：36.7，a：3.8，b：8.4，C：7.0，H：75）和光泽度值（0.7Gu）；白色彩画发生颜料粉化、剥落、地仗酥解等病害，测试获得色度值（L：46.9，a：1.4，b：10.8，C：10，H：86）和光泽度值（0.7Gu）。这些数据可为后续修缮提供参考。

（5）挑檐檩

南薰殿外檐正立面挑檐檩调研处绿色、黑色、白色彩画保存相对较为完好，蓝色彩画颜料脱落明显，各彩画均发生不同程度的龟裂现象（图 3-37 ~ 图 3-40）。南薰殿外檐正立面西次间挑檐檩彩画各色表层指标测试结果见表 3-17，各色彩画光泽度在 0.8~1.7Gu 之间，说明该构件彩画光泽度整体比内檐彩画的高，绘制时间应明显晚于内檐彩画。绿色、蓝色、黑色、白色彩画的硬度值为 86HA、100HA、90HA、94HA，说明该构件各调研处的彩画地仗层发生不同程度的酥解。绿色、蓝色、黑色、白色彩画的附着力测试条质量分别为 7.5mg、12.2mg、4.0mg、10.7mg，说明该构件绿色、黑色彩画发生颜料粉化，蓝色、白色彩画发生颜料粉化、剥落、地仗酥解等病害。

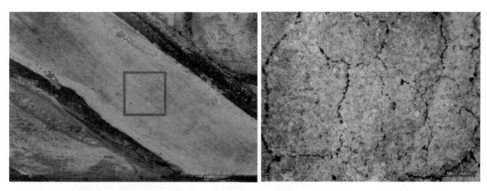

图3-37 南薰殿外檐正立面西次间挑檐檩绿色彩画及其显微形貌

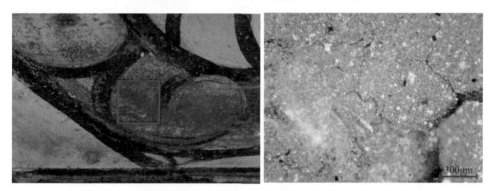

图3-38 南薰殿外檐正立面西次间挑檐檩蓝色彩画及其显微形貌

图3-39 南薰殿外檐正立面西次间挑檐檩黑色彩画及其显微形貌

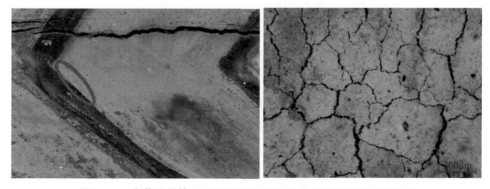

图3-40 南薰殿外檐正立面西次间挑檐檩白色彩画及其显微形貌

第3章 南薰殿彩画保存现状

表3-17　南薰殿外檐正立面西次间挑檐檩彩画各色表层指标测试结果

类别	色度值					光泽度/Gu	硬度/HA	附着力条质量/mg
	L	a	b	C	H			
绿色	43.9	−10.3	3.7	11.6	159.9	0.8	86	7.5
蓝色	29.7	0.7	−23	22.9	271.8	0.9	100	12.2
黑色	20	0	−0.3	0.6	296	0.4	90	4
白色	51	−3.2	8.8	9.5	109.2	1.7	94	10.7

注：L—亮度，a—红绿色，b—黄蓝色，C—饱和度，H—色调。

南薰殿外檐正立面挑檐檩调研处的绿色彩画发生颜料粉化、龟裂等病害，测试获得色度值（L：43.9，a：−10.3，b：3.7，C：11.6，H：159.9）和光泽度值（0.8Gu）；蓝色彩画发生颜料粉化、剥落等病害，测试获得残存彩画色度值（L：29.7，a：0.7，b：−23，C：22.9，H：271.8）和光泽度值（0.9Gu）；黑色彩画发生颜料粉化等病害，测试获得色度值（L：20，a：0，b：−0.3，C：0.6，H：296）和光泽度值（0.4Gu）；白色彩画发生颜料粉化、剥落、地仗酥解等病害，测试获得色度值（L：51，a：−3.2，b：8.8，C：9.5，H：109.2）和光泽度值（1.7Gu）。这些数据可为后续修缮提供参考。

3.2.2.2 背立面

（1）额枋

南薰殿外檐背立面额枋表面绿色彩画、蓝色彩画、黑色彩画、白色彩画均发生不同程度的龟裂、颜料剥落等现象（图3-41～图3-44）。南薰殿外檐背立面东次间额枋各色彩色表层指标测试结果见表3-18，各色彩画光泽度在0.3~0.5Gu之间，整体比正立面各构件彩画的低，该立面彩画绘制时间可能早于正立面彩画或该立面彩画老化环境相对更为恶劣。绿色彩画、蓝色彩画、黑色彩画、白色彩画的硬度值分别为80HA、70HA、90HA、80HA，说明该构件各调研处的彩画地仗层发生不同程度的酥解。绿色、蓝色、黑色彩画的附着力测试条质量分别为29.2mg、10.9mg、16.7mg，说明该构件绿色、蓝色、黑色彩画皆发生颜料粉化、剥落、地仗酥解等病害。

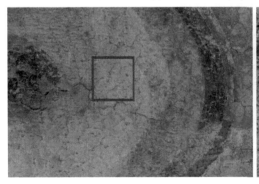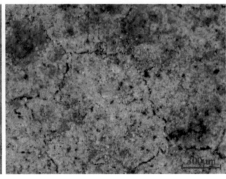

图3-41　南薰殿外檐背立面东次间额枋绿色彩画及其显微形貌

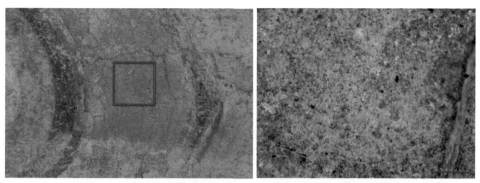
图3-42　南薰殿外檐背立面东次间额枋蓝色彩画及其显微形貌

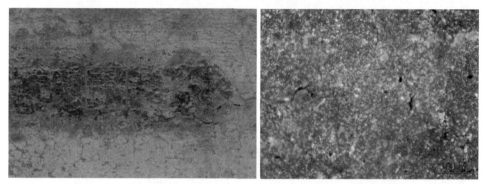
图3-43　南薰殿外檐背立面东次间额枋黑色彩画及其显微形貌

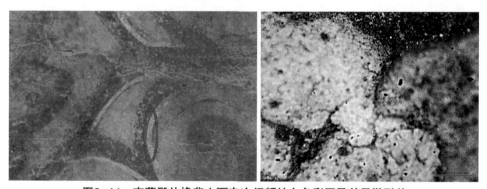
图3-44　南薰殿外檐背立面东次间额枋白色彩画及其显微形貌

表3-18　南薰殿外檐背立面东次间额枋各色彩画表层指标测试结果

类别	色度值					光泽度/Gu	硬度/HA	附着力条质量/mg
	L	a	b	C	H			
绿色	45.4	0.7	−4.4	4	280	0.4	80	29.2
蓝色	45.9	−3.8	7.3	9.6	100.7	0.5	70	10.9
黑色	31	0.2	1.7	0.9	83.4	0.3	90	16.7
白色	40.7	0.7	6.2	6.2	82.3	—	80	—

注：L—亮度，a—红绿色，b—黄蓝色，C—饱和度，H—色调。

南薰殿外檐背立面额枋调研处的绿色彩画发生颜料粉化、剥落、地仗酥解、龟裂等病害，测试获得色度值（L：45.4，a：0.7，b：–4.4，C：4，H：280）和光泽度值（0.4Gu）；蓝色彩画发生颜料粉化、剥落、地仗酥解、龟裂等病害，测试获得彩画色度值（L：45.9，a：–3.8，b：7.3，C：9.6，H：100.7）和光泽度值（0.5Gu）；黑色彩画发生颜料粉化、剥落等病害，测试获得色度值（L：31，a：0.2，b：1.7，C：0.9，H：83.4）和光泽度值（0.3Gu）；白色彩画发生颜料粉化、剥落、地仗酥解、龟裂等病害，测试获得色度值（L：40.7，a：0.7，b：6.2，C：6.2，H：82.3）。这些数据可为后续修缮提供参考。

（2）平板枋

南薰殿外檐背立面东次间平板枋绿色彩画及黑色彩画变色、粉化、颜料剥落、龟裂、积尘明显（图3-45、图3-46）。南薰殿外檐背立面东次间平板枋各色彩画表层指标测试结果见表3-19，各色彩画光泽度为0.7Gu和0.3Gu，硬度值为80HA和85HA，说明该构件发生不同程度的地仗酥解。绿色彩画色度值（L：45.5，a：–3.8，b：8.9，C：9.2，H：112.9）和黑色彩画色度值（L：43.9，a：–1.4，b：4.4，C：4.8，H：110.2）皆与额枋彩画有一定差异，说明该构件彩画变色明显。

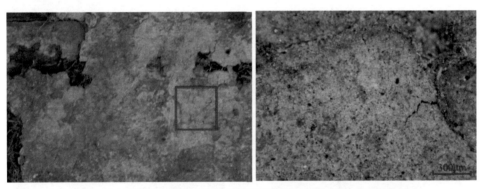

图3-45 南薰殿外檐背立面东次间平板枋绿色彩画及其显微形貌

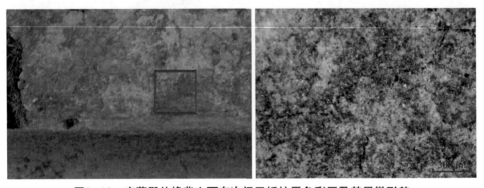

图3-46 南薰殿外檐背立面东次间平板枋黑色彩画及其显微形貌

表3-19　南薰殿外檐背立面东次间平板枋各色彩画表层指标测试结果

类别	色度值					光泽度/Gu	硬度/HA	附着力条质量/mg
	L	a	b	C	H			
绿色	45.5	−3.8	8.9	9.2	112.9	0.7	80	52.8
黑色	43.9	−1.4	4.4	4.8	110.2	0.3	85	40.1

注：L—亮度，a—红绿色，b—黄蓝色，C—饱和度，H—色调。

南薰殿外檐背立面平板枋调研处的黑色彩画及绿色彩画颜料粉化、剥落、地仗酥解、龟裂、积尘、变色明显，后续修缮若补绘可参考该立面额枋等构件的色度值进行补绘参考。

（3）斗栱

南薰殿外檐背立面斗栱调研处绿色、黑色彩画保存较为完好，微观形貌中有大量颜料颗粒物附着（图3-47、图3-49）；而蓝色、白色彩画均发生不同程度的龟裂、颜料剥落等现象（图3-48、图3-50）。南薰殿外檐背立面西次间斗栱各色彩画表层指标测试结果见表3-20，各色彩画光泽度在0.1~0.2Gu之间，整体比正立面各构件彩画的低。绿色、蓝色、黑色、白色彩画的硬度值为80HA、84HA、72HA、80HA，说明该构件各调研处皆发生不同程度的地仗酥解。绿色、蓝色、黑色、白色彩画的附着力测试条质量分别为83.8mg、79.1mg、106.3mg、107.5mg，说明该构件绿色、蓝色、黑色、白色彩画皆发生颜料粉化、剥落、严重地仗酥解等病害。

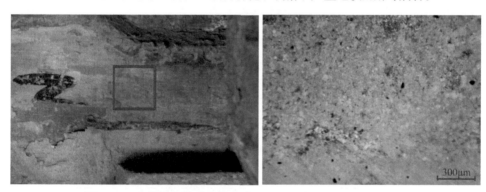

图3-47　南薰殿外檐背立面西次间斗栱绿色彩画及其显微形貌

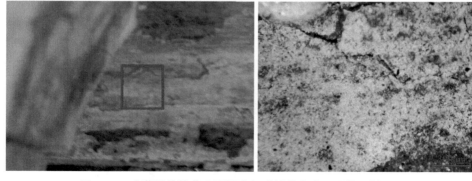

图3-48　南薰殿外檐背立面西次间斗栱蓝色彩画及其显微形貌

图3-49　南薰殿外檐背立面西次间斗栱黑色彩画及其显微形貌

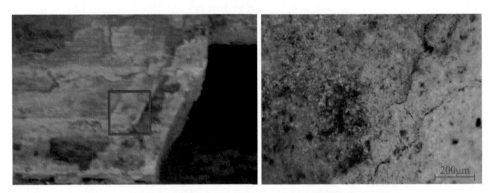

图3-50　南薰殿外檐背立面西次间斗栱白色彩画及其显微形貌

表3-20　南薰殿外檐背立面西次间斗栱各色彩画表层指标测试结果

类别	色度值					光泽度/Gu	硬度/HA	附着力条质量/mg
	L	a	b	C	H			
绿色	44.6	−7.8	6.5	10.5	139.9	0.2	80	83.8
蓝色	43.3	−0.1	−2.4	2	292.4	0.2	84	79.1
黑色	36.5	−0.5	5.3	5.3	82.2	0.1	72	106.3
白色	41.6	1.7	6.6	6.3	76.3	0.2	80	107.5

注：L—亮度，a—红绿色，b—黄蓝色，C—饱和度，H—色调。

　　南薰殿外檐背立面斗栱调研处的绿色彩画发生颜料粉化、剥落、地仗酥解、龟裂等病害，但颜色保存较为完好，测试获得色度值（L：44.6，a：−7.8，b：6.5，C：10.5，H：139.9）和光泽度值（0.2Gu）；蓝色彩画发生颜料粉化、剥落、地仗酥解、龟裂等病害，测试获得彩画色度值（L：43.3，a：−0.1，b：−2.4，C：2，H：292.4）和光泽度值（0.2Gu）；黑色彩画发生颜料粉化、剥落等病害，测试获得色度值（L：36.5，a：−0.5，b：5.3，C：5.3，H：82.2）和光泽度值（0.1Gu）；白色彩画发生颜料粉化、剥落、地仗酥解、龟裂等病害，测试获得色度值（L：41.6，a：1.7，b：6.6，C：6.3，H：76.3）。这些数据可为后续修缮提供参考。

3.2.2.3 东山面

（1）垫栱板

南薰殿外檐东山面正中垫栱板表面绿色彩画、红色彩画、黑色彩画及白色彩画均发生龟裂、颜料粉化、剥落、起翘、积尘等病害（图3-51～图3-54），南薰殿外檐东山面明间正中垫板各色彩画表层指标测试结果见表3-21，光泽度在0.4~0.6Gu之间，硬度值在50~80HA之间，说明该构件各调研处的彩画地仗层同时发生不同程度的酥解、变色现象。绿色、红色、黑色、白色彩画的附着力测试条质量分别为28.7mg、5.1mg、58.3mg、48.1mg，说明该构件绿色、黑色、白色彩画均发生颜料粉化、剥落、地仗酥解，红色彩画发生颜料粉化。

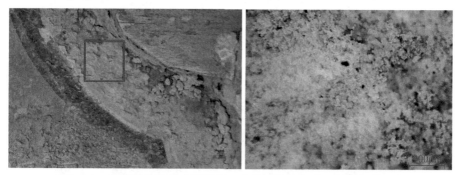

图3-51 南薰殿外檐东山面明间正中垫栱板绿色彩画及其显微形貌

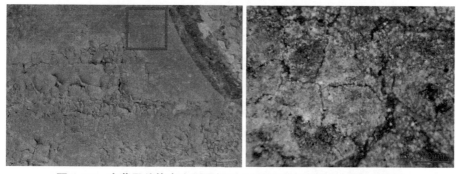

图3-52 南薰殿外檐东山面明间正中垫栱板红色彩画及其显微形貌

图3-53 南薰殿外檐东山面明间正中垫栱板黑色彩画及其显微形貌

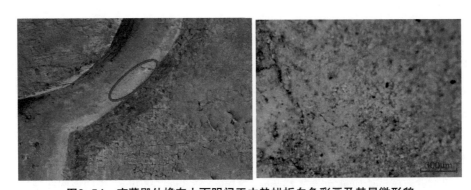

图3-54 南薰殿外檐东山面明间正中垫栱板白色彩画及其显微形貌

表3-21 南薰殿外檐东山面明间正中垫栱板各色彩画表层指标测试结果

类别	色度值					光泽度/Gu	硬度/HA	附着力条质量/mg
	L	a	b	C	H			
绿色	42.9	−0.6	10.8	11	93.4	0.4	72	28.7
红色	38.9	1.8	6.2	9.1	42.8	0.4	80	5.1
黑色	37.3	3.2	6.9	8.3	70.9	0.6	50	58.3
白色	49.2	1.6	11.6	11.4	82.7	0.4	70	48.1

注：L—亮度，a—红绿色，b—黄蓝色，C—饱和度，H—色调。

南薰殿外檐东山面垫栱板调研处的绿色彩画发生颜料粉化、剥落、龟裂、积尘、地仗酥解等病害，测试获得色度值（L：42.9，a：−0.6，b：10.8，C：11，H：93.4）和光泽度值（0.4Gu）；红色彩画发生颜料粉化、龟裂、起翘等病害，测试获得色度值（L：38.9，a：1.8，b：6.2，C：9.1，H：42.8）和光泽度值（0.4Gu）；黑色彩画发生颜料粉化、剥落、地仗酥解等病害，测试获得色度值（L：37.3，a：3.2，b：6.9，C：8.3，H：70.9）和光泽度值（0.6Gu）；白色彩画发生颜料粉化、剥落、地仗酥解等病害，测试获得色度值（L：49.2，a：1.6，b：11.6，C：11.4，H：82.7）和光泽度值（0.4Gu）。这些数据可为后续修缮提供参考。

（2）挑檐檩

南薰殿外檐东山面挑檐檩表面绿色彩画、蓝色彩画、黑色彩画及白色彩画均发生颜料粉化、剥、落龟裂、起翘、积尘等病害（图 3-55 ~ 图 3-58），南薰殿外檐东山面南次间挑檐檩各色彩画表层指标测试结果见表 3-22，光泽度在 0.5~1.2Gu 之间，硬度值在 70~92HA 之间，说明该构件各调研处的彩画地仗层同时发生不同程度的酥解、变色现象。绿色彩画的附着力测试条质量分别为 28.7mg、5.1mg、58.3mg、48.1mg，说明该构件各彩画均发生颜料粉化、剥落，地仗酥解严重。

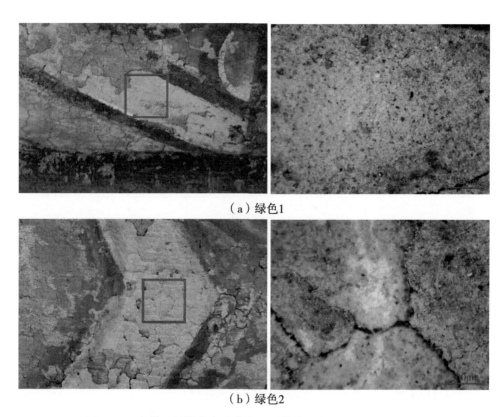

（a）绿色1

（b）绿色2

图3-55 南薰殿外檐东山面南次间挑檐檩绿色彩画及其显微形貌

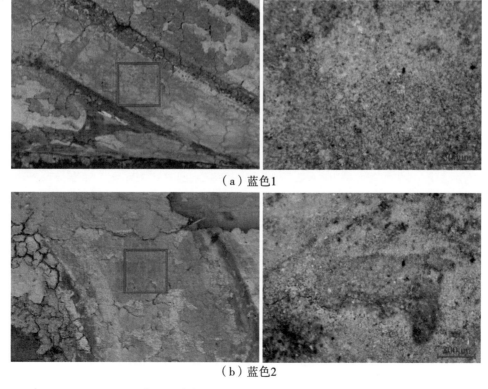

（a）蓝色1

（b）蓝色2

图3-56 南薰殿外檐东山面南次间挑檐檩蓝色彩画及其显微形貌

（a）黑色1

（b）黑色2

图3-57　南薰殿外檐东山面南次间挑檐檩黑色彩画及其显微形貌

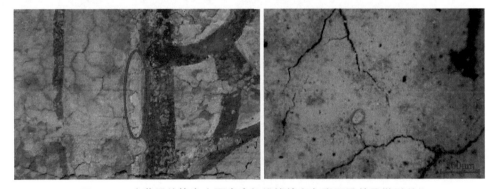

图3-58　南薰殿外檐东山面南次间挑檐檩白色彩画及其显微形貌

表3-22　南薰殿外檐东山面南次间挑檐檩各色彩画表层指标测试结果

类别	色度值					光泽度/Gu	硬度/HA	附着力条质量/mg
	L	a	b	C	H			
绿色1	36.9	−5.6	5.6	10.2	148.8	1	86	58.5
绿色2	48.4	−8.2	16.1	9.7	148.5	0.8	70	69.7
蓝色1	41.2	−0.8	−17	16.1	267.2	1.1	92	30.9
蓝色2	37.1	0.4	−2.6	2.7	282.2	0.6	82	11.5

类别	色度值					光泽度/Gu	硬度/HA	附着力条质量/mg
	L	a	b	C	H			
黑色1	27.2	−0.2	1.4	0.4	319.8	0.7	85	61.2
黑色2	30.1	−1.7	1.6	2.3	143.7	0.5	70	167.7
白色	33.3	−0.3	−4.1	0.5	302.5	1.2	88	79.2

注：L—亮度，a—红绿色，b—黄蓝色，C—饱和度，H—色调。

南薰殿外檐东山面挑檐檩调研处的绿色彩画发生颜料粉化、剥落、龟裂、起翘、地仗酥解等病害，测试获得色度值（L：36.9~48.4，a：−8.2~−5.6，b：5.6~16.1，C：9.7~10.2，H：148.5~148.8）和光泽度值（0.8~1.0Gu）；蓝色彩画发生颜料粉化、剥落、龟裂、起翘等病害，测试获得色度值（L：37.1~41.2，a：−0.8~0.4，b：−17~−2.6，C：2.7~16.1，H：267.2~282.2）和光泽度值（0.6~1.1Gu）；黑色彩画发生颜料粉化、剥落、地仗酥解等病害，测试获得色度值（L：27.2~30.1，a：−1.7~−0.2，b：1.4~1.6，C：0.4~2.3，H：143.7~319.8）和光泽度值（0.5~0.7Gu）；白色彩画发生颜料粉化、剥落、地仗酥解等病害，测试获得色度值（L：33.3，a：−0.3，b：−4.1，C：0.5，H：302.5）和光泽度值（1.2Gu）。这些数据可为后续修缮提供参考。

3.2.2.4 西山面

南薰殿外檐西山面明间挑檐枋表面蓝色彩画的各项测试结果如图3-59及表3-23所示。该蓝色彩画有变色、龟裂、颜料粉化、剥落等现象，光泽度为1Gu，硬度值为98HA，附着力测试条质量为2.4mg，颜色保存相对较为完好，在微观形貌中，表面有大量颜料颗粒，测试获得色度值（L：45.6，a：0，b：−13.2，C：12.4，H：270.4）和光泽度值（1.0Gu），可为后续修缮提供参考。

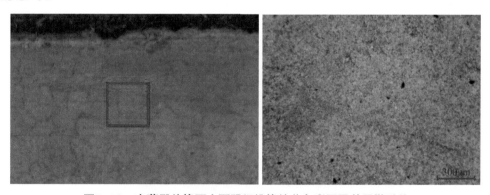

图3-59 南薰殿外檐西山面明间挑檐枋蓝色彩画及其显微形貌

表3-23 南薰殿外檐西山面明间挑檐枋各色彩画表层指标测试结果

类别	色度值					光泽度/Gu	硬度/HA	附着力条质量/mg
	L	a	b	C	H			
蓝色	45.6	0	−13.2	12.4	270.4	1	98	2.4

注：L—亮度，a—红绿色，b—黄蓝色，C—饱和度，H—色调。

3.3 本章小结

南薰殿内檐彩画主要病害为积尘、变色、结垢、粉化、龟裂、酥解、金层剥落、颜料剥落等，部分构件含裂隙、水渍、起翘、地仗脱落、微生物损害、人为损害、油烟污损等病害。南薰殿外檐彩画主要病害为裂隙、龟裂、酥解、粉化、颜料剥落、变色、积尘等，部分构件含地仗脱落、空鼓、起翘、剥离、水渍、结垢、动物损害、人为损害等病害。

南薰殿调研处绿色彩画颜色波动较大（图3-60），色度值范围为L：25~46，a：−14~3，b：−4~11，其中内檐绿色彩画的明暗度有一定差别，外檐现存绿色彩画的a值整体比内檐彩画小，说明外檐调研处绿色彩画比内檐绿色彩画偏绿。结合现场调研时绿色彩画颜料变色、剥落，地仗酥解严重，后续修缮时若补绘，其色度值需寻找周边完好绿色彩画色度值作为参考，同时根据现场状况与周边残留彩画进行不同程度的随色处理。

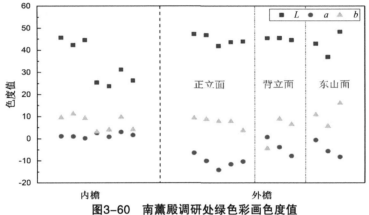

图3-60　南薰殿调研处绿色彩画色度值

南薰殿调研处蓝色彩画颜色波动较大（图3-61），色度值范围为L：25~54，a：−4~8，b：−19~8，外檐现存蓝色彩画的b值整体比内檐彩画小，说明外檐调研处蓝色彩画比内檐蓝色彩画偏蓝。结合现场调研时蓝色彩画颜料变色、剥落，地仗酥解严重，后续修缮时若补绘，其色度值需寻找周边完好蓝色彩画色度值作为参考，同时根据现场状况与周边残留彩画进行不同程度的随色处理。

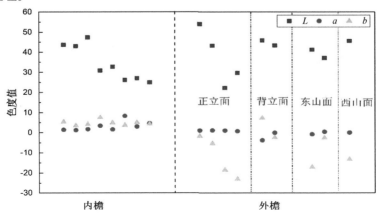

图3-61　南薰殿调研处蓝色彩画色度值

故宫南薰殿彩画对比分析及保护技术研究

南薰殿外檐调研处黑色彩画颜色波动较小（图3-62），色度值范围为 L：20~37，a：-3~4，b：0~8。结合现场调研时黑色彩画颜料变色、剥落，地仗酥解严重，后续修缮时若补绘，其色度值需寻找周边完好黑色彩画色度值作为参考，同时根据现场状况与周边残留彩画进行不同程度的随色处理。

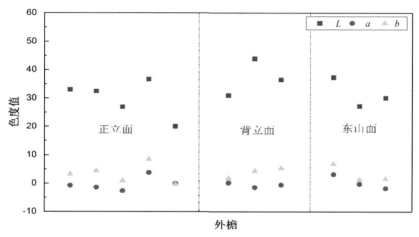

图3-62 南薰殿调研处黑色彩画色度值

南薰殿外檐调研处白色彩画颜色波动较大（图3-63），色度值范围为 L：33~51，a：-3~2，b：-4~12。结合现场调研时白色彩画颜料变色、剥落，地仗酥解严重，后续修缮时若补绘，其色度值需寻找周边完好白色彩画色度值作为参考，同时根据现场状况与周边残留彩画进行不同程度的随色处理。

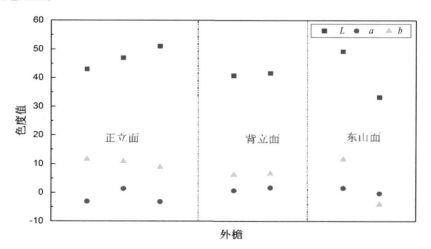

图3-63 南薰殿调研处白色彩画色度值

第4章 南薰殿彩画组成、含量及形貌剖析

获取南薰殿彩画脱落样品，利用实验内的偏光显微镜、扫描电子显微镜结合能谱仪、拉曼光谱仪、红外光谱仪和 X 射线衍射仪等对样品的彩画层及地仗层进行结构观察、成分分析，为南薰殿内檐和外檐彩画原真性的揭示、原制作材料和技术档案的建立、不改变古迹真实性的修缮原则的实践等提供依据。

4.1 分析方法

由于获取的文物样品量很少且部分样品受污染严重，分析检测遇到了困难。研究中用多种分析仪器测试，以弥补样品量的不足和相互补充、校验分析结果。

4.1.1 样品记录和观察

为了解颜料种类、颜料层厚度、地仗层结构、麻层纤维形貌等，用树脂包埋法制作剖面样品，采用偏光显微镜（MP–41）及体视显微镜（Anyty）对样品表面、颜料颗粒、剖面、纤维形貌等观察拍照。

4.1.2 X射线衍射分析

为获取地仗层中的无机矿物组成，采用 X 射线衍射仪（XRD）进行测试。仪器型号：RINT2000（日本理学制造），铜靶，管电压 40kV，管电流 40mA，测量范围 $2\theta=5\sim75\mathrm{deg}$，测量条件 5deg/min。

4.1.3 X射线荧光分析

为获取地仗层及颜料层、油饰层组分中各元素的组成及含量，采用日本岛津公司的 EDX–800HS X 射线荧光光谱仪（XRF）进行测试。

4.1.4 扫描电子显微镜分析

将小块颜料层样品贴至样品台的导电胶上，样品表面喷金（其中金层样品不喷金），用日本日立公司生产的 Hitachi S–3600N 型扫描电子显微镜（SEM）观察其显微结构，同时用能谱仪（EDS）对颜料层中所含元素进行半定量分析。

4.1.5 激光拉曼光谱分析

利用美国 Thermo Nicolet 公司的 ALMEGA 显微共焦激光拉曼光谱仪对颜料样品进行成分分析，激光波长 780nm 时能量为 50mW，532nm 时为 25mW。

4.1.6 热重分析

为获得地仗层质量与灼烧温度的关系，间接对地仗层中的成分及含量测定等，用日本岛津公司（DTG-60A）的热重差热分析仪对地仗层（研磨后）样品中的有机物和无机物进行定量分析。分析条件：温度为室温至 1000℃，升温速度 10℃ /min，气氛为 N_2。

4.1.7 纤维定性分析

为确定彩画拉结材料所用纤维的类别，采用下列方法进行综合鉴别。①燃烧法（FZ/T 01057—2007）。取少许纤维样品，用镊子夹住，缓慢靠近火焰，观察纤维对热的反应（如熔融、收缩）情况并作记录；将试样移入火焰中，使其充分燃烧，观察纤维在火焰中的燃烧情况并作记录；将试样撤离火焰，观察纤维离火后的燃烧状态并作记录；当试样燃烧的火焰熄灭时，嗅闻其气味并作记录；待试样冷却后观察残留物的状态，用手轻捻残留物并作记录。②显微观察法。纵向微观形貌：取少量纤维样品，用解析液（$V_{冰醋酸}$: $V_{过氧化氢}$ =1:1）对纤维进行解析后，置于载玻片上，用解剖针将纤维分散开，在偏光显微镜下观察微观形貌。横截面微观形貌：取少量纤维样品，用透明树脂固封，对其横截面打磨抛光，在偏光显微镜下观察横截面微观形貌。

4.1.8 淀粉定性分析

碘—淀粉显色为专一反应。用去离子水浸泡各地仗粉末样品，将碘液（3.5g 碘化钾溶解于 8mL 水中，加入 1.2g 碘，完全溶解后稀释至 100mL）滴入，若有蓝色物质生成则证明有面粉存在。取空白新砖灰及添加面粉的新砖灰作为参照对比。

4.1.9 血料定性分析

血料定性检测采用高山试剂进行测试，即依据法医学中对血痕鉴定的方法——血色原结晶试验，其原理是利用血迹中的血红蛋白在碱性溶液中分解成正铁血红素和变性珠蛋白，再与还原剂——高山试剂作用，正铁血红素还原成血红素后，与变性珠蛋白或其他含氮化合物结合可生成樱红色的血色原结晶，因此血色原结晶试验呈阳性，说明地仗样品中有血料存在。具体测试方法如下：取研细的地仗粉末样品少许置于载玻片上，压平后盖上盖玻片，在盖玻片的边缘滴加一滴放置过夜后的高山试剂（3g 葡萄糖 +3mL 吡啶 +3mL 10% NaOH +13mL 去离子水），在偏光显微镜下观察，若有樱红色的血色原结晶，说明地仗样品中有血料存在。取空白新砖灰及添加猪血的新砖灰作为参照对比。

4.2 分析结果

4.2.1 内檐

4.2.1.1 明间额枋

南薰殿内檐明间额枋上分别采集绿色、蓝色、贴金彩画样品进行测试（图4-1）。

贴金彩画
绿色彩画
蓝色彩画

图4-1 南薰殿内檐明间额枋各色彩画

（1）绿色彩画

额枋绿色彩画颜料层厚度约为 $220\mu m$（图4-2），主要由 $20\sim30\mu m$ 的绿色颗粒物组成。这些颜料颗粒边缘不清晰，呈颗粒堆积状（图4-3），折射率 >1.74（表4-1），为传统矿物颜料天然氯铜矿的光学特征。该彩画未观察到地仗层（推测现场取样时，彩画地仗层脱落）。

颜料层

100μm

图4-2 南薰殿内檐明间额枋绿色彩画的剖面显微形貌

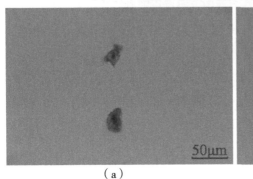
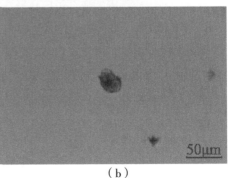

50μm

50μm

（a）

（b）

图4-3 南薰殿内檐明间额枋绿色彩画显色颜料颗粒的偏光显微形貌

表4-1　南薰殿内檐明间额枋绿色彩画显色颜料颗粒的光学参数

名称	颗粒大小	形状	折射率	具体描述
额枋绿色颜料	20~30μm	颗粒堆积状晶体，晶体边缘不清晰	>1.74	20~30μm的绿色晶体组成，边缘不清晰，呈颗粒堆积状

为进一步验证绿色彩画颜料成分，对绿色彩画表面进行微观形貌观察及SEM–EDS测试（图4-4、表4-2），主要含Cu、Cl、Pb、C、O元素，因此推测该绿色彩画显色颜料主要为氯铜矿$[Cu_2Cl(OH)_3]$，可能添加少量铅白$[2PbCO_3 \cdot Pb(OH)_2]$作为调色剂。

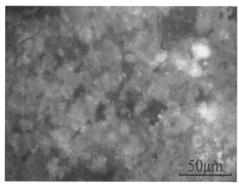 

（a）OM　　　　　　　　　　　（b）SEM

图4-4　南薰殿内檐明间额枋绿色彩画的表面微观形貌

表4-2　南薰殿内檐明间额枋绿色彩画的表面SEM-EDS测试结果

元素	C	O	Si	Cl	Cu	Pb
wt.%	7.05	2.26	0.53	14.29	65.39	10.48
at.%	26.32	6.33	0.84	18.08	46.16	2.27

南薰殿内檐额枋绿色彩画颜料层厚度在220μm左右，显色颜料为天然氯铜矿，可能添加铅白作为调色剂。

（2）蓝色彩画

南薰殿内檐额枋蓝色颜料层厚度约为100~150μm（由蓝色颜料颗粒物及少量红色颗粒物组成），地仗层约20~40μm（为单披灰制作工艺）（图4-5）。显色颜料为10~40μm的蓝绿色岩石状颗粒物（图4-6），折射率在1.47~1.66之间（表4-3），为传统矿物颜料石青的光学特征。

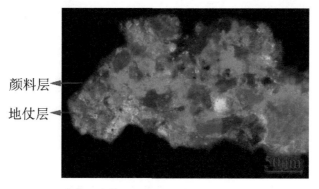

颜料层
地仗层

图4-5　南薰殿内檐明间额枋蓝色彩画的剖面显微形貌

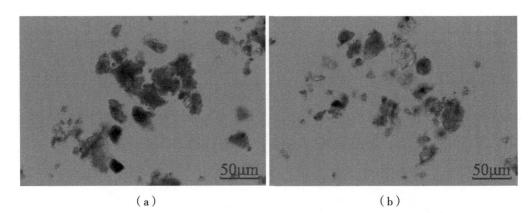

（a） （b）

图4-6 南薰殿内檐明间额枋蓝色彩画显色颜料颗粒的偏光显微形貌

表4-3 南薰殿内檐明间额枋蓝色彩画显色颜料颗粒的光学参数

名称	颗粒大小	形状	折射率	具体描述
额枋蓝色颜料	10~40μm	蓝绿色岩石状，表面有破碎感	1.47~1.66	10~40μm的蓝绿色岩石状颗粒物组成

　　为进一步验证蓝色彩画颜料成分，对蓝色彩画表面进行SEM-EDS测试（图4-7和表4-4、表4-5），蓝色彩画表面整体主要含Cu、C、O、Fe、Si元素，颗粒物（点A）主要含Cu、C、O元素，因此可判断该彩画中蓝色颜料为石青 $[2CuCO_3 \cdot Cu(OH)_2]$，红色颗粒物极有可能为铁红（Fe_2O_3）。

（a）OM （b）SEM

图4-7 南薰殿内檐明间额枋蓝色彩画的表面微观形貌

表4-4 南薰殿内檐明间额枋蓝色彩画的表面SEM-EDS测试结果（wt.%）

元素	C	O	As	Al	Si	K	Ca	Fe	Cu
整体	10.59	7.42	0.96	2.01	3.61	0.55	1.37	5.15	68.34
点A	4.88	4.44	0.00	0.00	0.00	0.00	0.00	0.00	90.69

表4-5 南薰殿内檐明间额枋蓝色彩画的表面SEM-EDS测试结果（at.%）

元素	C	O	As	Al	Si	K	Ca	Fe	Cu
整体	31.75	16.70	0.46	2.68	4.63	0.51	1.23	3.32	38.72
点A	19.23	13.14	0.00	0.00	0.00	0.00	0.00	0.00	67.63

南薰殿内檐额枋蓝色彩画颜料层厚度在 $100{\sim}150\mu m$，显色颜料为石青，含少量的铁红（推测可能为调色添加或绘制彩画时工具污染所致）；地仗层厚度为 $20{\sim}40\mu m$，采用单披灰制作工艺。

（3）贴金彩画

南薰殿内檐额枋贴金彩画金箔厚度约为 $2\mu m$；金胶油有两层（总厚度 $60{\sim}70\mu m$，推测制作时采用两道金胶油工艺），表层红色颜料相对较少，推测桐油成分相对更高，底层金胶油红色颜料分布均匀，厚度在 $30{\sim}50\mu m$ 之间；地仗层 $20{\sim}30\mu m$（为单披灰制作工艺）（图4-8）。金胶油主要由桐油添加银朱、章丹、土黄等颜料组成，在传统贴金彩画中起粘接金箔和增强金箔的鲜亮度（金箔极薄，底层金胶油颜色可透过）的作用。由于彩画颜料层主要由水性胶和颜料组成，干燥后易渗油，因此传统彩画制作时均打两道金胶油。

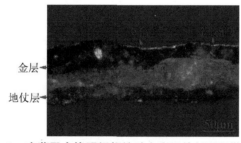

图4-8 南薰殿内檐明间额枋贴金彩画的剖面显微形貌

为获得额枋表面金箔的成分信息，对金层表面进行形貌及 SEM-EDS 测试（图 4-9、表 4-6）。贴金彩画呈金黄色，黄中透红，有裂纹，表面附着大量颗粒物（EDS 测试结果中有大量 C、Cu、O、Si 等元素检测出，推测其可能为颜料、积尘等附着物），将 EDS 测试结果仅保留 Au 和 Ag 元素，经计算发现 Au 含量为 96%（wt.%）。古建中常用的金箔为库金和赤金，含金量分别为 98% 和 74%，其中库金经久耐用不易变色和失去光泽，而赤金在自然环境中易变色和失去光泽。因此该处贴金采用的金箔为库金。

（a）OM　　　　　　　　（b）SEM

图4-9 南薰殿内檐明间额枋贴金彩画的表面微观形貌

表4-6 南薰殿内檐明间额枋贴金彩画表面的SEM-EDS测试结果

元素	处理前										处理后	
	C	O	Mg	Al	Si	Cl	Ag	Ca	Cu	Au	Au	Ag
wt.%	12.88	5.58	0.65	1.06	2.27	1.10	2.43	1.34	11.63	61.05	96.17	3.83
at.%	49.92	16.23	1.25	1.83	3.77	1.45	1.05	1.56	8.52	14.43	93.22	6.78

额枋贴金彩画制作工艺可能为：在制作完成的单披灰地仗基础上，先打第一道金胶油（30~50μm，红色颜料含量高），然后再打第二道金胶油（15~35μm，红色颜料含量低）；最后再贴上库金箔（金含量96%）。

南薰殿内檐明间额枋各色彩画测试结果汇总至表4-7，南薰殿内檐明间额枋彩画颜料层厚度在100~220μm，绿色显色颜料为天然氯铜矿，蓝色显色颜料为石青；金层采用96%金含量的库金箔（厚度约为2μm），贴金前打两道金胶油（厚度约60~70μm）；地仗层厚度在20~40μm，为单披灰制作工艺。

表4-7 南薰殿内檐明间额枋彩画测试结果汇总

	颜料层颜色	颜料层厚度	显色颜料颗粒形貌及粒径	显色颜料成分
颜料层	绿色	220μm	颗粒堆积状绿色晶体，20~30μm	氯铜矿
	蓝色	100~150μm	蓝绿色岩石状颗粒物，10~40μm	石青
金层	金箔厚度	金箔成分	金胶油厚度	
	2μm	96%库金	60~70μm（两道金胶油）	
地仗层	地仗厚度		地仗制作工艺	
	20~40μm		单披灰	

4.2.1.2 明间平板枋

南薰殿内檐明间平板枋上分别采集绿色、蓝色、贴金彩画（部分贴金彩画的金箔层脱落，露出底部的红色金胶油）样品进行测试（图4-10）。

图4-10 南薰殿内檐明间平板枋各色彩画

（1）绿色彩画

南薰殿内檐明间平板枋绿色颜料层厚度为100~150μm，地仗层20~40μm（图4-11）。显色颜料为20~50μm的绿色晶体，边缘不清晰，呈颗粒堆积状（图4-12），折射率大于1.74（表4-8），为传统矿物颜料天然氯铜矿的光学特征。

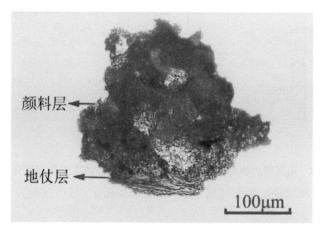

图4-11　南薰殿内檐明间平板枋绿色彩画的剖面显微形貌

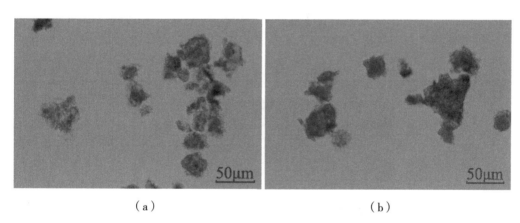

（a）　　　　　　　　　　　（b）

图4-12　南薰殿内檐明间平板枋绿色彩画显色颜料颗粒的偏光显微形貌

表4-8　南薰殿内檐明间平板枋绿色彩画显色颜料颗粒的光学参数

名称	颗粒大小	形状	折射率	具体描述
平板枋绿色颜料	20~50μm	颗粒堆积状晶体，晶体边缘不清晰	>1.74	20~50μm的绿色晶体组成，边缘不清晰，呈颗粒堆积状

为进一步验证绿色彩画颜料成分，对绿色颜料颗粒进行拉曼光谱测试（图4-13），结果表明该绿色颜料颗粒物的拉曼光谱与氯铜矿（Atacamite）吻合，因此平板枋绿色彩画中的显色颜料颗粒物为氯铜矿。

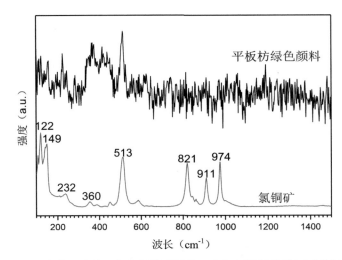

图4-13　南薰殿内檐明间平板枋彩画的绿色颜料拉曼光谱测试分析结果

南薰殿内檐平板枋绿色彩画颜料层厚度在 100~150μm，显色颜料为天然氯铜矿；地仗层厚度在 20~40μm。

（2）蓝色彩画

由于南薰殿内檐平板枋蓝色彩画十分脆弱，稍微触碰即酥解，仅采集到贴金彩画边缘处的蓝色彩画。蓝色颜料层厚度在 80μm 左右，地仗层 20~50μm（为单披灰制作工艺）（图4-14）。显色颜料为 5~50μm 的蓝绿色岩石状颗粒物（图4-15），折射率在 1.47~1.66（表4-9），为传统矿物颜料石青的光学特征。

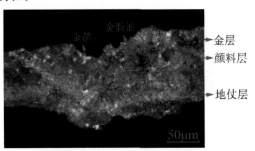

图4-14　南薰殿内檐明间平板枋蓝色彩画的剖面显微形貌

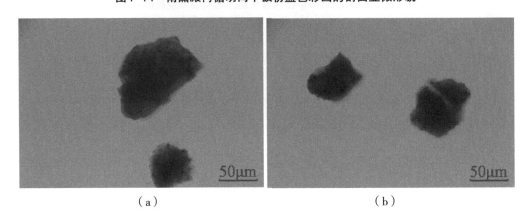

（a）　　　　　　　　　　　（b）

图4-15　南薰殿内檐明间平板枋蓝色彩画显色颜料颗粒的偏光显微形貌

表4-9　南薰殿内檐明间平板枋蓝色彩画显色颜料颗粒的光学参数

名称	颗粒大小	形状	折射率	具体描述
平板枋蓝色颜料	50~120μm	蓝绿色岩石状，表面有破碎感	1.47~1.66	50~120μm的蓝绿色岩石状颗粒物组成

综上可得，南薰殿内檐平板枋蓝色彩画颜料层厚度在80μm，显色颜料为石青；地仗层厚度20~50μm。

（3）贴金彩画

南薰殿内檐平板枋贴金彩画的金箔厚度小于1μm；金胶油有两层（总厚度约70~110μm，推测制作时采用两道金胶油工艺），表层红色颜料相对较少（推测桐油成分相对更高），底层金胶油红色颜料分布均匀（厚度在50~80μm）；地仗层20~60μm（为单披灰制作工艺）（图4-16）。

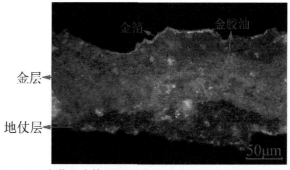

图4-16　南薰殿内檐明间平板枋贴金彩画的剖面显微形貌

为获得平板枋贴金彩画表面金箔的成分信息，对金层进行SEM-EDS测试（图4-17和表4-10），结果表明南薰殿内檐平板枋的金箔表面有大量颗粒物覆盖，为此在EDS测试结果中将其他元素进行移除处理，仅留下Au和Ag元素，其金的含量为95.98%（wt.%），说明该金箔层采用的是库金。

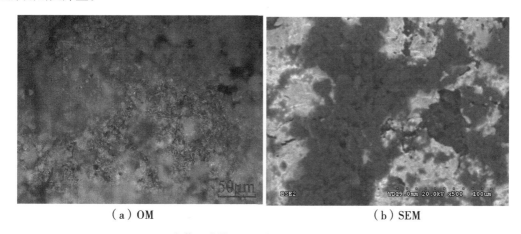

（a）OM　　　　　　　　　　（b）SEM

图4-17　南薰殿内檐明间平板枋贴金彩画表面微观形貌

表4-10　南薰殿内檐明间平板枋贴金彩画表面的SEM-EDS测试结果

元素	处理前										处理后	
	C	O	Mg	Al	Si	Cl	Ag	Ca	Cu	Au	Au	Ag
wt.%	9.05	3.32	0.78	0.56	2.01	1.47	2.81	1.04	11.83	67.13	95.98	4.02
at.%	44.17	12.15	1.89	1.22	4.20	2.43	1.52	1.52	10.92	19.98	92.93	7.07

平板枋贴金彩画表面金箔大部分脱落，露出底部红色金胶油，同时对金胶油层进行形貌及成分测试（图 4-18、表 4-11、表 4-12）。SEM-EDS 测试结果表明，金胶油表面整体主要含 Si、C、Fe、Cu、O、Al 等元素，颗粒物（点 A）主要含 Fe、O 元素，因此金胶油中显色物质极有可能为铁红（Fe_2O_3）。

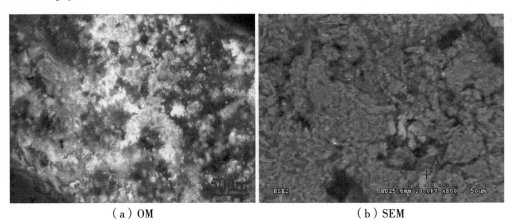

（a）OM　　　　　　　　　　　　（b）SEM

图4-18　南薰殿内檐明间平板枋金胶油表面微观形貌

表4-11　南薰殿内檐明间平板枋金胶油表面的SEM-EDS测试结果（wt.%）

元素	C	O	As	Al	Si	S	Cl	K	Ca	Fe	Cu
整体	21.35	11.10	1.65	8.72	24.02	1.92	0.93	4.40	2.25	12.08	11.57
点A	9.05	6.12	0.00	0.59	1.17	0.00	0.00	0.00	0.00	83.08	0.00

表4-12　南薰殿内檐明间平板枋金胶油表面的SEM-EDS测试结果（at.%）

元素	C	O	As	Al	Si	S	Cl	K	Ca	Fe	Cu
整体	41.10	16.04	0.51	7.47	19.78	1.38	0.61	2.60	1.30	5.00	4.21
点A	28.05	14.23	0.00	0.81	1.55	0.00	0.00	0.00	0.00	55.36	0.00

南薰殿内檐明间平板枋各色彩画测试结果汇总至表 4-13，颜料层厚度在 80~150μm，绿色显色颜料为天然氯铜矿，蓝色显色颜料为石青；金层采用 96% 金含量的库金箔（厚度约为 1μm），贴金前打两道金胶油（厚度 70~110μm）；地仗层厚度在 20~60μm，为单披灰制作工艺。

表4-13 南薰殿内檐明间平板枋彩画测试结果汇总

	颜料层颜色	颜料层厚度	显色颜料颗粒形貌及粒径	显色颜料成分
颜料层	绿色	100~150μm	颗粒堆积状绿色晶体，20~50μm	氯铜矿
	蓝色	80μm	蓝绿色岩石状颗粒物，50~120μm	石青
金层	金箔厚度	金箔成分	金胶油厚度	
	1μm	96%库金	70~110μm（两道金胶油）	
地仗层	地仗厚度		地仗制作工艺	
	20~60μm		单披灰	

4.2.1.3 明间斗栱

南薰殿内檐明间斗栱上分别采集绿色、蓝色、贴金彩画（表面金箔基本已完全脱落）样品进行测试（图4-19）。

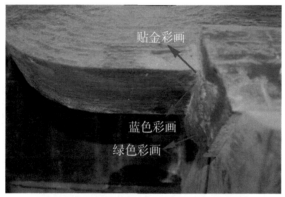

图4-19 南薰殿内檐明间斗栱各色彩画

（1）绿色彩画

南薰殿内檐斗栱绿色彩画的颜料层厚度在160~220μm，未观察到地仗层（推测由于彩画老化严重，现场取样时地仗脱落）（图4-20）。颜料层中的显色颜料为20~30μm的绿色晶体，边缘不清晰，呈颗粒堆积状（图4-21），折射率大于1.74（表4-14），为传统矿物颜料天然氯铜矿的光学特征。

200μm

图4-20 南薰殿内檐明间斗栱绿色彩画的剖面显微形貌

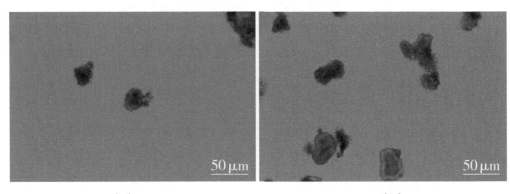

（a）	（b）

图4-21 南薰殿内檐明间斗栱绿色彩画显色颜料颗粒的偏光显微形貌

表4-14 南薰殿内檐明间斗栱绿色彩画显色颜料颗粒的光学参数

名称	颗粒大小	形状	折射率	具体描述
斗栱绿色颜料	20~30μm	颗粒堆积状晶体，晶体边缘不清晰	>1.74	20~30μm的绿色晶体组成，边缘不清晰，呈颗粒堆积状

为进一步验证绿色彩画颜料成分，对绿色彩画表面进行SEM-EDS测试（图4-22和表4-15、表4-16），SEM-EDS测试结果表明，斗栱绿色彩画表面主要含Cu、C、Pb、Cl、O等元素，因此推测该绿色彩画显色颜料主要为氯铜矿$[Cu_2Cl(OH)_3]$，可能添加少量铅白$[2PbCO_3 \cdot Pb(OH)_2]$作为调色剂。

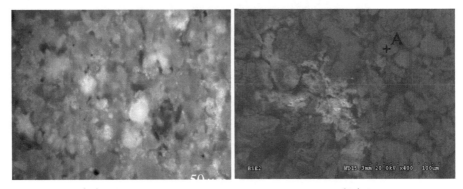

（a）OM	（b）SEM

图4-22 南薰殿内檐明间斗栱绿色彩画表面微观形貌

表4-15 南薰殿内檐明间斗栱绿色彩画表面的SEM-EDS测试结果（wt.%）

元素	C	O	Cl	Pd	Ca	Cu	Pb
整体	11.99	7.60	11.03	0.54	1.38	56.16	11.30
点A	9.66	8.36	19.86	0.00	0.00	55.08	7.03

表4-16　南薰殿内檐明间斗栱绿色彩画表面的SEM-EDS测试结果（at.%）

元素	C	O	Cl	Pd	Ca	Cu	Pb
整体	36.14	17.19	11.26	0.18	1.25	32.00	1.97
点A	28.86	18.75	20.09	0.00	0.00	31.09	1.22

南薰殿内檐斗栱绿色彩画颜料层厚度在160~220μm，显色颜料为天然氯铜矿，可能添加铅白作为调色剂。

（2）蓝色彩画

南薰殿内檐斗栱蓝色颜料层厚度为300~530μm（由蓝色颜料颗粒物及少量红色、绿色颜料颗粒物组成），地仗层20~50μm（为单披灰制作工艺）（图4-23）。颜料层中的显色颜料为20~80μm的蓝绿色岩石状颗粒物（图4-24），折射率为1.47~1.66（表4-17），为传统矿物颜料石青的光学特征。

颜料层

地仗层

200μm

图4-23　南薰殿内檐明间斗栱蓝色彩画的剖面显微形貌

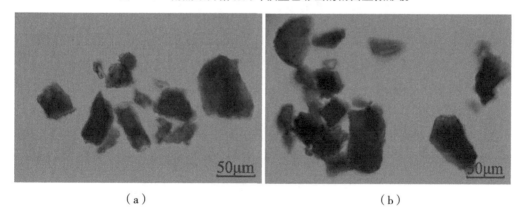

50μm

（a）

50μm

（b）

图4-24　南薰殿内檐明间斗栱蓝色彩画显色颜料颗粒的偏光显微形貌

表4-17　南薰殿内檐明间斗栱蓝色彩画显色颜料颗粒的光学参数

名称	颗粒大小	形状	折射率	具体描述
斗栱蓝色颜料	20~80μm	蓝绿色岩石状，表面有破碎感	1.47~1.66	20~80μm的蓝绿色岩石状颗粒物组成

为进一步验证蓝色彩画颜料成分，对蓝色彩画表面进行SEM-EDS测试（图4-25和表4-18、表4-19），结果表明蓝色彩画表面整体主要含Cu、C、Si、O、Fe元素，颗粒物（点A）主要

含 Cu、C、O 元素，因此可判断该彩画中蓝色颜料为石青 [$2CuCO_3 \cdot Cu(OH)_2$]。

（a）OM   （b）SEM

图4-25　南薰殿内檐明间斗栱蓝色彩画表面微观形貌

表4-18　南薰殿内檐明间斗栱蓝色彩画表面的SEM-EDS测试结果（wt.%）

元素	C	O	Al	Si	S	Fe	Cu
整体	17.58	7.40	1.41	9.33	1.12	6.46	56.70
点A	10.32	11.24	0.00	0.00	0.00	0.00	78.45

表4-19　南薰殿内檐明间斗栱蓝色彩画表面的SEM-EDS测试结果（at.%）

元素	C	O	Al	Si	S	Fe	Cu
整体	43.64	13.80	1.56	9.90	1.04	3.45	26.61
点A	30.72	25.12	0.00	0.00	0.00	0.00	44.16

南薰殿内檐额枋蓝色彩画颜料层厚度在 300~530μm，显色颜料为石青，含少量的铁红（推测可能为调色添加或绘制彩画时工具污染所致）；地仗层厚度为 20~50μm，采用单披灰制作工艺。

（3）贴金彩画

南薰殿内檐斗栱贴金彩画的金层已完全脱落，红色金胶油层厚度在 40μm 左右（无分层现象，推测贴金时仅打一道金胶油），地仗层为 40~50μm（为单披灰制作工艺）（图 4-26）。

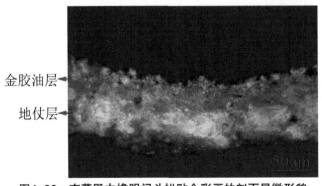

金胶油层
地仗层

图4-26　南薰殿内檐明间斗栱贴金彩画的剖面显微形貌

为获得红色金胶油成分相关信息，其表面微观形貌及SEM-EDS测试结果如图4-27和表4-20、表4-21所示。SEM-EPS测试结果表明，斗栱贴金彩画金胶油表面主要含Si、Fe、O、C、Al、Pb等元素（其中点A主要含Fe元素），因此推测金胶油显红色主要是由于添加铁红（Fe_2O_3）。

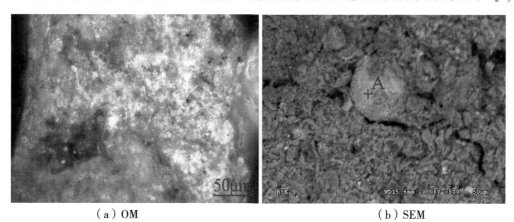

（a）OM　　　　　　　　　　　　　　　（b）SEM

图4-27　南薰殿内檐明间斗栱贴金彩画金胶油表面微观形貌

表4-20　南薰殿内檐明间斗栱贴金彩画金胶油表面的SEM-EDS测试结果（wt.%）

元素	C	O	Cu	As	Al	Si	S	K	Fe	Pb
整体	12.53	14.23	2.19	1.57	9.25	29.67	1.07	4.78	16.39	8.33
点A	4.11	6.95	0.00	0.00	3.89	7.49	0.00	1.36	76.20	0.00

表4-21　南薰殿内檐明间斗栱贴金彩画金胶油表面的SEM-EDS测试结果（at.%）

元素	C	O	Cu	As	Al	Si	S	K	Fe	Pb
整体	26.91	22.94	0.89	0.54	8.84	27.25	0.86	3.15	7.57	1.04
点A	13.23	16.79	0.00	0.00	5.57	10.31	0.00	1.35	52.75	0.00

斗栱贴金彩画制作工艺可能为在制作完成的单披灰地仗基础上，先打一道添加铁红的金胶油（40μm），然后贴金箔。

南薰殿内檐明间斗栱各色彩画测试结果汇总至表4-22。各色颜料层厚度为160~530μm，绿色显色颜料为天然氯铜矿，蓝色显色颜料为石青；贴金前打一道金胶油（厚度约40μm），金胶油中添加铁红；地仗层厚度为20~50μm，为单披灰制作工艺。

表4-22　南薰殿内檐明间斗栱彩画测试结果汇总

颜料层	颜料层颜色	颜料层厚度	显色颜料颗粒形貌及粒径	显色颜料成分
	绿色	160~220μm	颗粒堆积状绿色晶体，20~30μm	氯铜矿
	蓝色	300~530μm	蓝绿色岩石状颗粒物，20~80μm	石青
金层	金胶油显色成分		金胶油厚度	
	铁红		40μm（一道金胶油）	
地仗层	地仗厚度		地仗制作工艺	
	20~50μm		单披灰	

4.2.1.4 明间七架梁

南薰殿内檐明间七架梁分别采集绿色、蓝色、贴金、沥粉贴金彩画样品进行测试（图4-28）。

绿色彩画
蓝色彩画

贴金彩画
沥粉贴金
彩画

图4-28 南薰殿内檐明间七架梁各色彩画

（1）绿色彩画

南薰殿内檐七架梁绿色颜料层厚度为140~460μm；其中绿色颜料层由绿色颜料颗粒物及白色颗粒物组成；地仗层为100~370μm，由2μm左右的白色颗粒物组成（图4-31a）。七架梁绿色彩画中的显色颜料为20~40μm，边缘不清晰，呈颗粒堆积状（图4-29），折射率大于1.74（表4-23），为传统矿物颜料天然氯铜矿的光学特征。

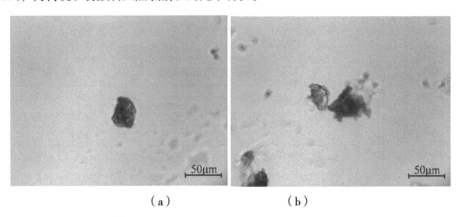

（a） （b）

图4-29 南薰殿内檐明间七架梁绿色彩画显色颜料颗粒的偏光显微形貌

表4-23 南薰殿内檐明间七架梁绿色彩画显色颜料颗粒的光学参数

名称	颗粒大小	形状	折射率	具体描述
七架梁绿色颜料	20~40μm	颗粒堆积状晶体，晶体边缘不清晰	>1.74	20~40μm的绿色晶体组成，边缘不清晰，呈颗粒堆积状

为进一步验证绿色彩画颜料成分，对绿色彩画表面进行SEM-EDS测试（图4-30、表4-24、表4-25）。SEM-EDS测试结果表明，绿色颜料层含Cu、Cl、Pb、Ca、Si，因此推测该绿色颜料颗粒物主要为氯铜矿 $[Cu_2Cl(OH)_3]$，可能添加铅白作为调色剂。拉曼光谱测试结果也表明（图4-31），该绿色颜料颗粒物拉曼光谱与羟氯铜矿（Botallackite）吻合，进一步验证绿色彩画中的绿色颜料颗粒物为氯铜矿。地仗层含Ca、Si、Al、K、Mg，因此推测其主要成分可能为黏土（铝硅酸盐矿物）。

故宫南薰殿彩画对比分析及保护技术研究

颜料层

地仗层

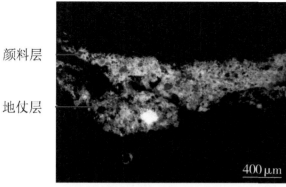
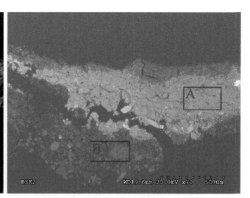

（a）整体，OM　　　　　　　　　　　　（b）整体，SEM

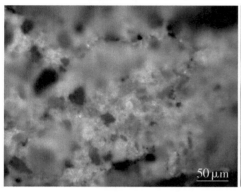

（c）颜料层，OM　　　　　　　　　　　（d）地仗层，OM

图4-30　南薰殿内檐明间七架梁绿色彩画的剖面显微形貌

表4-24　南薰殿内檐明间七架梁绿色彩画的剖面SEM-EDS测试结果（wt.%）

元素	C	O	Mg	Al	Si	Cl	K	Ca	Cu	Pb
颜料层-区域A	14.04	6.78	0.00	0.00	0.74	12.24	0.00	1.67	56.33	8.19
地仗层-区域B	56.82	15.47	0.57	1.94	6.75	0.00	0.53	17.92	0.00	0.00

表4-25　南薰殿内檐明间七架梁绿色彩画的剖面SEM-EDS测试结果（at.%）

元素	C	O	Mg	Al	Si	Cl	K	Ca	Cu	Pb
颜料层-区域A	39.87	14.44	0.00	0.00	0.90	11.78	0.00	1.41	30.23	1.35
地仗层-区域B	72.85	14.89	0.36	1.11	3.70	0.00	0.21	6.88	0.00	0.00

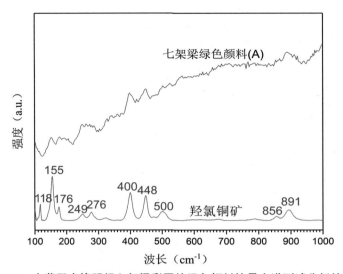

图4-31 南薰殿内檐明间七架梁彩画的绿色颜料拉曼光谱测试分析结果

综上可得，七架梁绿色彩画地仗层厚度为 100~370μm，采用单披灰制作工艺；颜料层厚度为 140~460μm，显色颜料为天然氯铜矿，可能添加铅白作为调色剂。

（2）蓝色彩画

南薰殿内檐七架梁蓝色颜料层厚度为 570~640μm，地仗层 20~40μm。七架梁蓝色彩画中显色颜料为 10~50μm 的蓝绿色岩石状颗粒物（图4-32），折射率在 1.47~1.66（表4-26），为传统矿物颜料石青的光学特征。

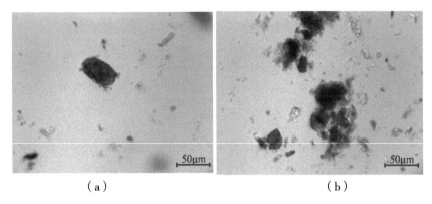

（a）　　　　　　　　　　　　（b）

图4-32 南薰殿内檐明间七架梁蓝色彩画显色颜料颗粒的偏光显微形貌

表4-26 南薰殿内檐明间七架梁蓝色彩画显色颜料颗粒的光学参数

名称	颗粒大小	形状	折射率	具体描述
七架梁蓝色颜料	10~50μm	蓝绿色岩石状，表面有破碎感	1.47~1.66	10~50μm的蓝绿色岩石状颗粒物组成

蓝色颜料层由蓝色颜料颗粒物（点 A）及少量白色（点 B）、红色（点 C）等颗粒物组成（图4-33b）。对其进行 SEM-EDS 测试（图4-33、表4-27、表4-28），结果表明蓝色颜料颗粒物主要含 Cu，因此推测该蓝色颜料颗粒物主要为石青 $[2CuCO_3 \cdot Cu(OH)_2]$；拉曼光谱测试结果表明（图

4-34a），该蓝色颜料颗粒物拉曼光谱与石青（Azurite）吻合，进一步验证该彩画显色颜料为石青。白色颜料颗粒物主要含 Si，因此推测该颗粒物为石英（SiO_2）；红色颜料颗粒物含大量 Fe 元素，拉曼光谱测试结果也表明（图 4-34b），该红色颜料颗粒物拉曼光谱与铁红（Hematite）吻合，进一步验证该彩画中的红色颜料颗粒物为铁红。地仗层主要由均匀的 $2\mu m$ 左右的白色颗粒物组成，其应为单披灰制作工艺；该地仗层含 Si、Al、K、Mg，因此推测其主要成分可能为黏土（硅酸盐矿物）。

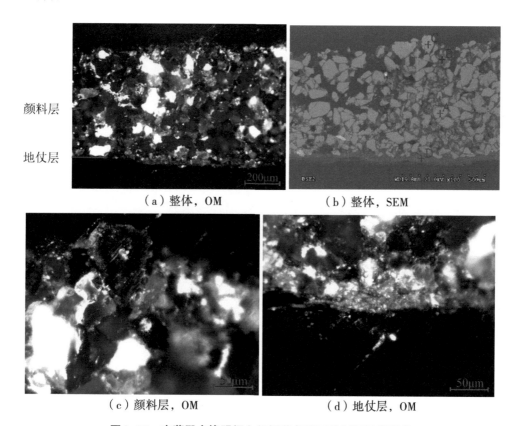

（a）整体，OM （b）整体，SEM

（c）颜料层，OM （d）地仗层，OM

图4-33　南薰殿内檐明间七架梁蓝色彩画的剖面显微形貌

表4-27　南薰殿内檐明间七架梁蓝色彩画的剖面SEM-EDS测试结果（wt.%）

元素		C	O	Zn	Mg	Al	Si	K	Fe	Cu
颜料层	点A	10.16	12.12	0.00	0.00	0.00	0.00	0.00	0.00	77.72
	点B	0.00	24.81	0.00	0.00	0.00	75.19	0.00	0.00	0.00
	点C	10.59	9.74	0.00	0.00	0.49	0.91	0.00	75.42	2.85
地仗层	点D	0.00	22.11	0.66	1.86	23.05	37.74	14.59	0.00	0.00

表4-28 南薰殿内檐明间七架梁蓝色彩画的剖面SEM-EDS测试结果（at.%）

元素		C	O	Zn	Mg	Al	Si	K	Fe	Cu
颜料层	点A	29.93	26.80	0.00	0.00	0.00	0.00	0.00	0.00	43.27
	点B	0.00	36.68	0.00	0.00	0.00	63.32	0.00	0.00	0.00
	点C	30.04	20.74	0.00	0.00	0.62	1.11	0.00	45.98	1.52
地仗层	点D	0.00	34.21	0.25	1.89	21.15	33.27	9.24	0.00	0.00

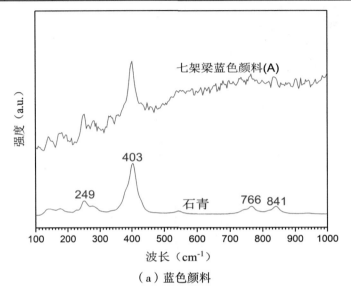

（a）蓝色颜料

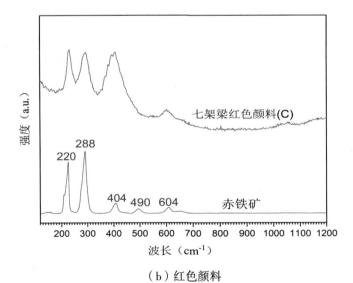

（b）红色颜料

图4-34 南薰殿内檐明间七架梁蓝色彩画各色颜料的拉曼光谱测试分析结果

综上可得，七架梁蓝色彩画地仗层厚度为20~40μm，采用单披灰制作工艺；颜料层厚度在600μm左右，显色颜料为石青，含少量的铁红、石英等其他杂质（推测可能为调色添加或绘制彩画时工具污染所致）。

（3）贴金彩画

南薰殿内檐七架梁贴金彩画的金箔厚度小于 1μm，金箔底部的红色金胶油有两层（总厚度为 700~900μm，推测制作时采用两道金胶油工艺），表层厚 650~780μm，底层厚为 50~150μm（图 4-35）。地仗层厚度为 30~150μm，主要由 2μm 左右的白色颗粒物组成，推测其制作工艺可能为：制作好的地仗基础上，先打第一道金胶油，等干燥后，再打第二道金胶，最后再贴金箔。

SEM-EDS 测试结果表明（表 4-29、表 4-30），金胶油层红色颗粒物（点 B）主要含 Hg 和 S 元素，应为朱砂（HgS）；白色块状物（点 C）主要含 Ca 元素，应为碳酸钙（$CaCO_3$）；暗红色颗粒物（点 E）主要含 Fe，因此其应为铁红颗粒物（推测可能为赭石矿物）；金胶油层整体主要含 Ca、Hg、Si、Fe、S、Mg 元素，因此推测金胶油含碳酸钙（$CaCO_3$）、朱砂（HgS）、铁红（Fe_2O_3）等。地仗层含 Si、Al、K、Mg 元素，因此推测其主要成分为黏土（铝硅酸盐矿物）类化合物。贴金彩画呈金黄色，黄中透红，有裂纹，表面附着有颗粒物（EDS 测试结果中有大量 Cu、K、Si 等元素检测出，推测其可能为颜料、积尘等附着物）（图 4-36），将 EDS 测试结果仅保留 Au 和 Ag 元素，经计算发现 Au 含量为 96%（wt.%）（表 4-31），因此该处贴金采用的金箔为库金（96% 金含量）。

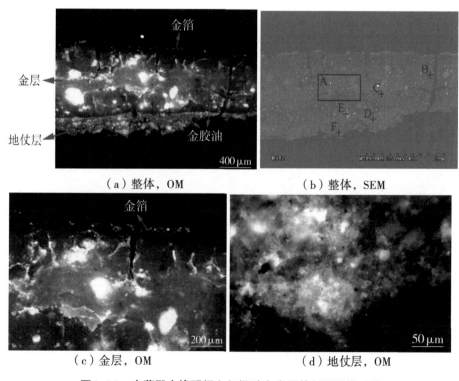

（a）整体，OM　　　　　　　（b）整体，SEM

（c）金层，OM　　　　　　　（d）地仗层，OM

图4-35　南薰殿内檐明间七架梁贴金彩画的剖面显微形貌

表4-29 南薰殿内檐明间七架梁贴金彩画的剖面SEM-EDS测试结果（wt.%）

元素		C	O	Na	Mg	Al	Si	S	K	Ca	Fe	Hg
金层	区域A	55.63	11.17	0.00	1.17	0.51	2.69	1.40	0.00	21.09	1.50	4.84
	点B	51.94	0.00	0.00	0.00	0.10	0.25	3.55	0.00	10.18	0.00	33.97
	点C	28.19	17.19	0.00	1.01	0.61	0.98	0.00	0.00	52.00	0.00	0.00
	点D	46.92	12.43	0.00	0.79	6.15	20.10	0.00	3.07	1.05	9.50	0.00
	点E	4.58	8.19	0.00	0.00	0.00	0.52	0.00	0.00	0.69	86.02	0.00
地仗层	点F	38.48	16.36	0.88	0.82	9.00	30.02	0.00	4.45	0.00	0.00	0.00

表4-30 南薰殿内檐明间七架梁贴金彩画的剖面SEM-EDS测试结果（at.%）

元素		C	O	Na	Mg	Al	Si	S	K	Ca	Fe	Hg
金层	区域A	75.76	11.42	0.00	0.79	0.31	1.57	0.71	0.00	8.61	0.44	0.40
	点B	88.77	0.00	0.00	0.00	0.08	0.19	2.28	0.00	5.21	0.00	3.48
	点C	48.72	22.30	0.00	0.87	0.47	0.73	0.00	0.00	26.93	0.00	0.00
	点D	65.83	13.09	0.00	0.55	3.84	12.06	0.00	1.32	0.44	2.87	0.00
	点E	15.43	20.73	0.00	0.00	0.00	0.75	0.00	0.00	0.69	62.39	0.00
地仗层	点F	55.10	17.59	0.66	0.58	5.74	18.39	0.00	1.96	0.00	0.00	0.00

 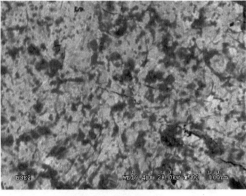

（a）OM （b）SEM

图4-36 南薰殿内檐明间七架梁贴金彩画的表面显微形貌

表4-31 南薰殿内檐明间七架梁贴金彩画的表面SEM-EDS测试结果

元素	处理前										处理后	
	C	O	Mg	Al	Si	Cl	Ag	K	Ca	Cu	Au	Au	Ag
wt.%	25.46	9.51	0.53	0.53	1.11	0.26	1.99	1.11	0.7	10.32	48.48	96.06	3.94
at.%	64.72	18.15	0.66	0.6	1.21	0.23	0.56	0.87	0.53	4.96	7.51	93.06	6.94

综上可得，贴金彩画制作工艺可能为：在制作完成的地仗层（单披灰，厚30~370μm）基

础上，先涂刷第一道金胶油，等干燥后再涂刷第二道金胶油（金胶油总厚度为 700~900 μm），最后再贴上库金箔（金含量 96%，厚度小于 1 μm）。

（4）沥粉贴金彩画

由七架梁沥粉贴金彩画剖面显微形貌图（图 4-37）可见，最外层为厚度约 50 μm 的绿色颜料层，接着为金箔，金箔底部有一层厚度约 15 μm 的红色金胶油，沥粉最厚处约为 1600 μm，沥粉底部还有一层厚度约 15 μm 的红色金胶油，推测其制作工艺可能为：在制作好的地仗基础上，先在所有贴金彩画表面打一道金胶油，然后在沥粉位置进行沥粉，沥粉后表面再打一道金胶油，最后再贴金箔，金箔贴好后再涂刷周边蓝色、绿色彩画。

SEM-EDS 测试结果表明（图 4-37b、表 4-32、表 4-33），绿色颜料层主要含 Cu、Cl，因此推测该绿色颜料颗粒物主要为氯铜矿 [Cu$_2$Cl (OH)$_3$]；金层仅保留 Au 和 Ag 元素，经计算发现 Au 含量约为 98%(wt.%)，贴金采用的金箔为 98% 金含量的库金；金胶油含 Fe、Si、Al、K、Ca、Mg，拉曼光谱测试结果也表明红色颜料与铁红（Hematite）吻合（图 4-38），因此金胶油层含铁红（Fe$_2$O$_3$）；沥粉层含 Si、Al、Na、Ca（点 D 和区域 E），推测其主要成分可能为滑石粉（硅酸盐类）；底层金胶油层含 Si、Al、Fe、K，拉曼光谱测试结果也表明红色颜料与铁红（Hematite）吻合，因此底层金胶油层也含铁红。

（a）整体，OM （b）整体，SEM

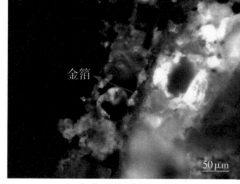

（c）金层表面，OM （d）金层底部，OM

图4-37　南薰殿内檐明间七架梁沥粉贴金彩画的剖面显微形貌

表4-32　南薰殿内檐明间七架梁沥粉贴金彩画的剖面SEM-EDS测试结果（wt.%）

元素		C	O	Na	Mg	Al	Si	Cl	Ag	K	Ca	Fe	Cu	Au
绿色颜料层	点A	5.78	6.49	0.00	0.00	0.00	0.00	18.78	0.00	0.00	0.00	0.00	68.95	0.00
金箔	点B	39.79	5.64	0.00	0.53	0.55	1.88	0.63	0.71	0.60	6.14	0.00	4.29	39.25
表层金胶油	点C	18.66	6.68	0.00	1.51	6.77	18.69	0.00	0.00	5.11	4.88	37.69	0.00	0.00
沥粉	点D	9.54	20.84	5.54	0.00	15.33	43.81	0.00	0.00	0.00	4.95	0.00	0.00	0.00
沥粉	区域E	32.48	17.93	1.01	1.59	6.48	27.38	0.00	0.00	2.41	5.43	5.30	0.00	0.00
底层金胶油	点F	61.02	12.07	0.00	0.47	5.83	13.80	0.00	0.00	3.06	0.00	3.76	0.00	0.00

表4-33　南薰殿内檐明间七架梁沥粉贴金彩画的剖面SEM-EDS测试结果（at.%）

元素		C	O	Na	Mg	Al	Si	Cl	Ag	K	Ca	Fe	Cu	Au
绿色颜料层	点A	19.25	16.21	0.00	0.00	0.00	0.00	21.17	0.00	0.00	0.00	0.00	43.38	0.00
金层	点B	78.25	8.32	0.00	0.51	0.48	1.58	0.42	0.16	0.36	3.62	0.00	1.59	4.71
表层金胶油	点C	40.07	10.77	0.00	1.60	6.47	17.16	0.00	0.00	3.37	3.14	17.40	0.00	0.00
沥粉层	点D	17.30	28.39	5.25	0.00	12.38	33.99	0.00	0.00	0.00	2.69	0.00	0.00	0.00
沥粉层	区域E	49.70	20.60	0.81	1.20	4.42	17.92	0.00	0.00	1.13	2.49	1.74	0.00	0.00
底层金胶油	点F	75.75	11.25	0.00	0.29	3.22	7.32	0.00	0.00	1.17	0.00	1.00	0.00	0.00

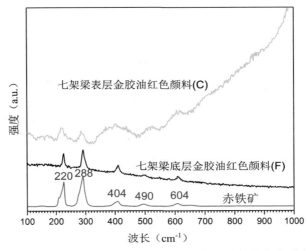

图4-38　南薰殿内檐明间七架梁沥粉贴金彩画颜料的拉曼光谱测试分析结果

综上可得，沥粉贴金彩画制作工艺可能为：在制作完成的地仗层基础上，先在所有的贴金图案表面打一道金胶油（含铁红，厚 $15\,\mu\mathrm{m}$），接着沥粉（硅酸盐类，厚 $\leqslant 1600\,\mu\mathrm{m}$），然后再涂刷第二道金胶油（含铁红，厚 $15\,\mu\mathrm{m}$），最后再贴上库金箔（金含量 98%）。

南薰殿内檐明间七架梁各色彩画的测试结果汇总至表 4-34。颜料厚度在 $140\sim640\,\mu\mathrm{m}$，绿色显色颜料为天然氯铜矿，蓝色显色颜料为石青，金层采用 96%~98% 金含量的库金箔（厚度小于 $1\,\mu\mathrm{m}$）。七架梁彩画整体制作工艺为：先制作一层厚度在 $30\sim370\,\mu\mathrm{m}$ 的单披灰地仗层；所有的贴金图案表面打第一道金胶油（含铁红、朱砂等），在沥粉纹饰处沥粉（滑石粉，厚 $\leqslant 1600\,\mu\mathrm{m}$），接着整体贴金图案表面打第二道金胶油，干燥到一定程度后贴库金箔；最后再涂刷蓝色和绿色颜料。

表4-34 南薰殿内檐明间七架梁彩画测试结果汇总

颜料层	颜料层颜色	颜料层厚度		显色颜料颗粒形貌及粒径	显色颜料成分
	绿色	$140\sim460\,\mu\mathrm{m}$		颗粒堆积状绿色晶体，$20\sim40\,\mu\mathrm{m}$	氯铜矿
	蓝色	$570\sim640\,\mu\mathrm{m}$		蓝绿色岩石状颗粒物，$10\sim50\,\mu\mathrm{m}$	石青
金层	金箔厚度	金箔成分	金胶油厚度	金胶油成分	沥粉厚度	沥粉成分
	$<1\,\mu\mathrm{m}$	96%~98%库金	$60\sim70\,\mu\mathrm{m}$（两道金胶油）	朱砂、铁红等	$\leqslant 1600\,\mu\mathrm{m}$	滑石粉
地仗层	地仗厚度	地仗成分		地仗制作工艺	
	$20\sim370\,\mu\mathrm{m}$	黏土		单披灰	

4.2.1.5 明间天花

南薰殿内檐明间不同位置处的天花保存状态各不相同，选取保存状态较差（图 4-39a）及保存状态相对较好（图 4-39b）的两块天花分别进行成分测试。

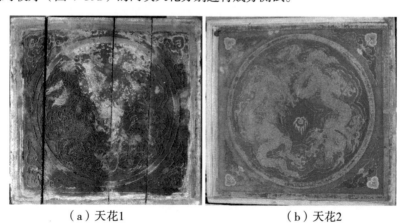

（a）天花1　　　　　　　　（b）天花2

图4-39 南薰殿内檐不同保存状态天花彩画

（1）天花1

南薰殿内檐天花1上分别采集绿色、蓝色、红色、贴金彩画及底部拉结材料（布）样品进行测试（图 4-40）。

第4章 南薰殿彩画组成、含量及形貌剖析

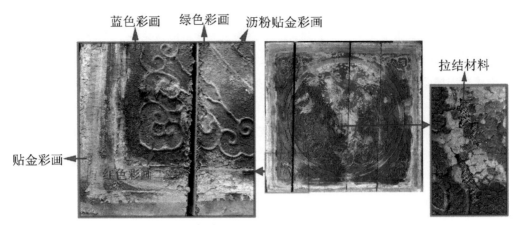

蓝色彩画　　　绿色彩画　　沥粉贴金彩画

拉结材料

贴金彩画

红色彩画

图4-40　南薰殿内檐明间天花1各色彩画

①绿色彩画。南薰殿内檐天花1绿色彩画的颜料层厚度约150μm，颜料层表面有一层厚度3~5μm的黑色烟薰层；地仗层厚度300~400μm（其中细灰层厚度50~80μm，由4μm左右的白色颗粒物组成；中灰层厚度250~350μm，由100~150μm和50μm左右的白色、褐色、黑色颗粒物组成；底部拉结布纤维及纤维以下地仗皆未采集到，因此推测该天花的地仗采用的是一布五灰制作工艺）（图4-41）。颜料层显色颜料为20~50μm的绿色晶体，边缘不清晰，呈颗粒堆积状（图4-42），折射率大于1.74（表4-35），为传统矿物颜料天然氯铜矿的光学特征。

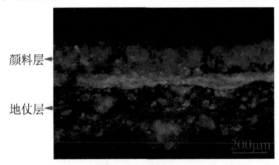

颜料层

地仗层

（a）整体

（b）颜料层　　　　　　　　　　　　　　　（c）地仗层

图4-41　南薰殿内檐明间天花1绿色彩画的剖面显微形貌

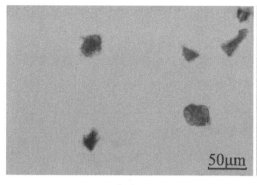 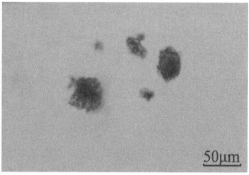

（a）　　　　　　　　　　　　　　（b）

图4-42　南薰殿内檐明间天花1绿色彩画显色颜料颗粒的偏光显微形貌

表4-35　南薰殿内檐明间天花1绿色彩画显色颜料颗粒的光学参数

名称	颗粒大小	形状	折射率	具体描述
天花1绿色颜料	20~50μm	颗粒堆积状晶体，晶体边缘不清晰	>1.74	20~50μm的绿色晶体组成，边缘不清晰，呈颗粒堆积状

为进一步验证绿色彩画颜料成分，对彩画表面进行SEM-EDS测试（图4-43和表4-36、表4-37），结果表明天花1绿色彩画表面主要含Cu、C、Pb、Cl、O等元素，因此推测该绿色彩画显色颜料主要为氯铜矿 $[Cu_2Cl(OH)_3]$，可能添加少量铅白 $[2PbCO_3 \cdot Pb(OH)_2]$ 作为调色剂。

（a）OM　　　　　　　　　　　　（b）SEM

图4-43　南薰殿内檐明间天花1绿色彩画的表面微观形貌

表4-36　南薰殿内檐明间天花1绿色彩画的表面SEM-EDS测试结果（wt.%）

元素	C	O	Al	Si	S	Cl	K	Ca	Cu	Pb
整体	11.34	5.34	1.68	4.34	1.49	10.07	0.93	1.79	51.50	11.51
点A	9.35	2.91	0.00	1.49	0.00	14.59	0.00	0.00	71.66	0.00

表4-37　南薰殿内檐明间天花1绿色彩画的表面SEM-EDS测试结果（at.%）

元素	C	O	Al	Si	S	Cl	K	Ca	Cu	Pb
整体	34.20	12.10	2.25	5.60	1.69	10.29	0.87	1.62	29.37	2.01
点A	30.49	7.13	0.00	2.08	0.00	16.12	0.00	0.00	44.18	0.00

第4章　南薰殿彩画组成、含量及形貌剖析

南薰殿内檐天花1绿色彩画地仗采用一布五灰制作工艺；颜料层厚度约150μm，显色颜料为天然氯铜矿，可能添加铅白作为调色剂。

　　②蓝色彩画。南薰殿内檐天花1蓝色颜料层厚度约为150μm（由蓝色颜料颗粒物及少量红色颗粒物组成），地仗层约220μm（其中细灰层厚度约20μm，由4μm左右的白色颗粒物组成；中灰层厚度约200μm，由80μm和40μm左右的白色、褐色、黑色颗粒物组成；底部拉结布纤维及纤维以下地仗皆未采集到，因此推测该天花的地仗采用的是一布五灰制作工艺）（图4-44）。颜料层显色颜料为10~80μm的蓝绿色岩石状颗粒物（图4-45），折射率在1.47~1.66之间（表4-38），为传统矿物颜料石青的光学特征。

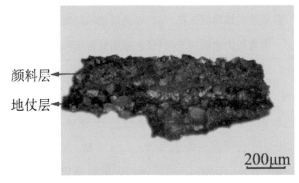

颜料层
地仗层

200μm

图4-44　南薰殿内檐明间天花1蓝色彩画的剖面显微形貌

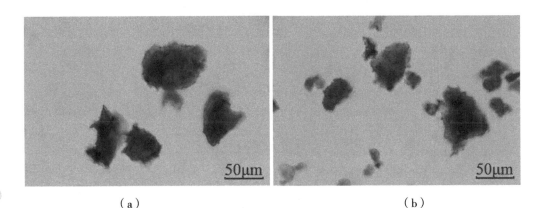

50μm

50μm

（a）　　　　　　　　　　　　　　　（b）

图4-45　南薰殿内檐明间天花1蓝色彩画显色颜料颗粒的偏光显微形貌

表4-38　南薰殿内檐明间天花1蓝色彩画显色颜料颗粒的光学参数

名称	颗粒大小	形状	折射率	具体描述
天花1蓝色颜料	10~80μm	蓝绿色岩石状，表面有破碎感	1.47~1.66	10~80μm的蓝绿色岩石状颗粒物组成

　　为进一步验证蓝色彩画颜料成分，对蓝色颜料颗粒进行拉曼光谱测试（图4-46），结果表明天花1中蓝色颜料颗粒物的拉曼光谱与石青（Azurite）吻合，因此天花1蓝色彩画中的显色颜料颗粒物为石青。

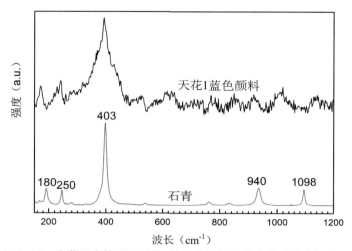

图4-46　南薰殿内檐明间天花1的蓝色颜料拉曼光谱测试分析结果

　　南薰殿内檐天花1蓝色彩画地仗采用一布五灰制作工艺，颜料层厚度约150μm，显色颜料为石青。

　　③红色彩画。南薰殿内檐天花1红色颜料层厚度为90~120μm（分三层，最外层主要为红色颜料颗粒物组成，厚度约30μm；中间层由红色颜料颗粒物和白色颗粒物组成，厚度35~40μm；底层主要由白色颗粒物组成，并掺杂有少量红色颜料颗粒物，厚度30~50μm；推测该处彩画涂刷了三道不同配比的颜料），现有地仗层约160μm（其中细灰层厚度10~20μm，由4μm左右的白色颗粒物组成；中灰层厚度约150μm，由150μm和40μm左右的白色、褐色、黑色颗粒物组成；底部拉结布纤维及纤维以下地仗皆未采集到，因此推测该天花的地仗采用的是一布五灰制作工艺）（图4-47）。颜料层显色颜料为2~10μm的红色破裂状岩石形态的颗粒物（图4-48），折射率在大于1.66，有四次强消光现象（表4-39），为传统矿物颜料朱砂的光学特征。

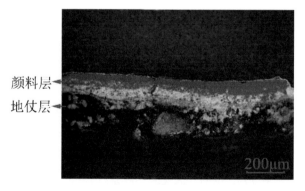

（a）整体

图4-47

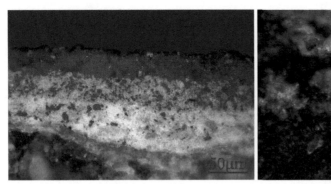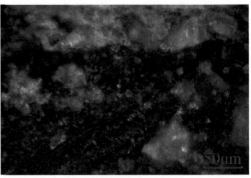

（b）颜料层 （c）地仗层

图4-47 南薰殿内檐明间天花1红色彩画的剖面显微形貌

（a） （b）

图4-48 南薰殿内檐明间天花1红色彩画显色颜料颗粒的偏光显微形貌

表4-39 南薰殿内檐明间天花1红色彩画显色颜料颗粒的光学参数

名称	颗粒大小	形状	折射率	具体描述
天花1红色颜料	2~10μm	破裂状岩石	＞1.66	2~10μm的红色晶体组成，四次强消光

　　南薰殿内檐天花1红色彩画地仗采用一布五灰制作工艺，颜料层厚度90~120μm，共涂刷了三道不同组成的红色颜料（由底层到表层红色颜料含量越来越高），显色颜料为朱砂。

　　④贴金彩画。南薰殿内檐天花1贴金彩画的金胶油厚度为35~50μm（无分层现象，推测采用一道金胶油工艺），金箔厚度低于1μm（图4-49）。南薰殿内檐天花1金箔表面有大量颗粒物覆盖（图4-50），为此在EDS测试结果中将其他元素进行移除处理，仅留下Au和Ag元素，其金的含量为99.20%（表4-40），说明该天花采用的是库金箔。

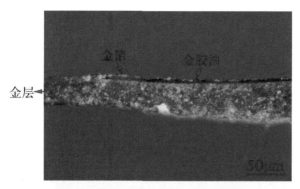

图4-49 南薰殿内檐明间天花1贴金彩画的剖面显微形貌

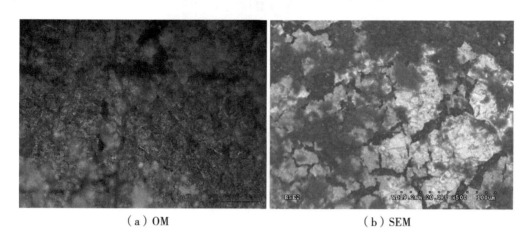

（a）OM　　　　　　　　　　　　（b）SEM

图4-50 南薰殿内檐明间天花1贴金彩画的表面微观形貌

表4-40 南薰殿内檐明间天花1贴金彩画的表面SEM-EDS测试结果

样品	处理前									处理后	
	C	O	Mg	Al	Si	Ag	Ca	Cu	Au	Au	Ag
wt.%	8.66	2.59	0.29	0.67	1.6	0.66	1.19	2.22	82.12	99.20	0.80
at.%	49.23	11.05	0.81	1.69	3.9	0.42	2.03	2.39	28.48	98.55	1.45

南薰殿天花1贴金彩画采用库金箔，金箔底部施涂一道红色金胶油。

⑤沥粉贴金彩画。南薰殿内檐天花1沥粉贴金彩画的金层厚度低于1μm；金胶油层厚度30~35μm，分两层（推测制作时采用两道金胶油工艺），外层为深红色（厚度10~15μm），内层为橘红色（厚度15~20μm）；沥粉层最厚处为1050μm（主要由10~80μm的白色、浅黄色颗粒物组成）；现有地仗层厚度约为50μm（推测与其他彩画相同，采用一布五灰地仗制作工艺）（图4-51）。

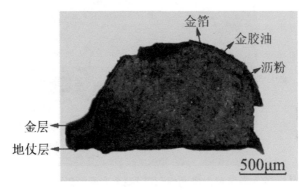

（a）整体

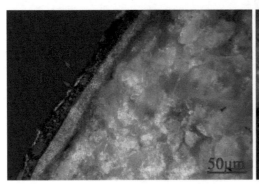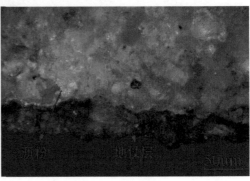

（b）金层+金胶油层　　　　　　（c）沥粉层+地仗层

图4-51　南薰殿内檐明间天花1沥粉贴金彩画的剖面显微形貌

天花1沥粉贴金彩画制作工艺可能为：在制作完成的一布五灰地仗基础上，先沥粉，然后打第一道金胶油（15~20μm），接着再打第二道金胶油（10~15μm）；最后再贴上金箔。

⑥拉结材料。麻、夏布、棉布等常作为传统古建地仗中的拉接材料，使地仗层不易产生裂缝。麻是指从各种麻类植物（如苎麻、大麻、亚麻等）取得的纤维，具有强度高、不易发霉等优点。夏布，又名麻布，是一种用苎麻、大麻、亚麻等纤维以手工纺织而成的平纹布，肉眼下可观察到经纬麻线，古建中使用的夏布质地优良、柔软、洁净、无跳丝破洞，每厘米长度内含10~18根丝。棉布，是以棉纤维为原料的织物。

拉结材料可通过燃烧法（表4-41）初步进行棉、麻纤维的判定，然后通过形貌观察法进一步对纤维具体种类进行鉴定。如棉纤维纵向有中腔和天然扭曲，横截面为腰圆形（图4-52a）；苎麻纤维纵向有横节和较多竖纹，横截面为具有裂纹的腰圆形（图4-52b）；亚麻纤维纵向有横节和少量竖纹，横截面为五角形或多角形，中腔较小（图4-52c）；大麻纤维纵向有横节和较多竖纹，直径比苎麻细，横截面为腰圆形、多角形，中腔呈S或Y等形状，并且有裂纹（图4-52d）；绵羊毛纤维纵向有呈环状或瓦状的鳞片，横截面近似圆形或椭圆形（图4-52e）；桑蚕丝纤维纵向平滑，横截面为不规则三角形（图4-52f）。

表4-41　古建常用纤维（棉、麻）燃烧特征

燃烧状态			燃烧时的气味	残留物特征	纤维种类
靠近火焰时	接触火焰时	离开火焰时			
不熔不缩	立即燃烧	迅速燃烧	纸燃味	呈细而软的灰黑絮状	棉
不熔不缩	立即燃烧	迅速燃烧	纸燃味	呈细而软的灰白絮状	麻

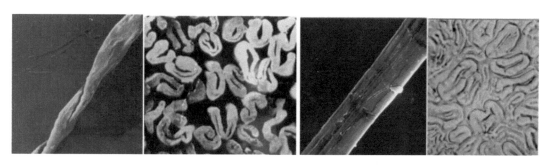

（a）棉　　　　　　　　　　　（b）苎麻

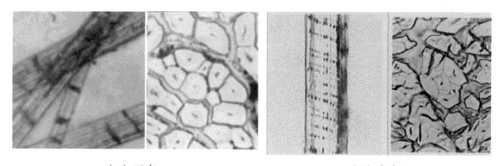

（c）亚麻　　　　　　　　　　（d）大麻

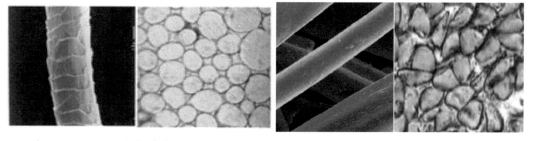

（e）绵羊毛　　　　　　　　　（f）桑蚕丝

图4-52　古建中常用纤维的横纵向微观形貌

　　南薰殿内檐天花1地仗拉结材料为经纬相交的细线组成，采集丝线中的纤维进行燃烧试验（表4-42），由燃烧特征可初步判定该纤维为麻。

表4-42 南薰殿内檐明间天花1地仗纤维的燃烧结果

燃烧状态			燃烧时的气味	残留物特征	纤维种类
靠近火焰时	接触火焰时	离开火焰时			
不熔不缩	立即燃烧	迅速燃烧	纸燃味	呈细而软的灰白絮状	麻

为进一步确定其具体麻种类，同时进行横截面的微观形貌观察，发现天花1地仗纤维横截面为具有裂纹的腰圆形，因此推测该纤维为苎麻（图4-53）。该纤维的平均长径长约35μm，平均短径长约11μm，平均扁平度约0.328，纤维平均截面积约为405μm²（表4-43）。

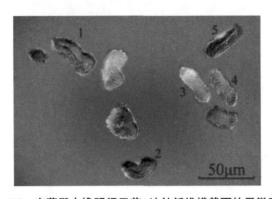

图4-53 南薰殿内檐明间天花1地仗纤维横截面的显微形貌

表4-43 南薰殿内檐明间天花1地仗纤维横截面的形态特征

名称	长径长/μm	短径长/μm	扁平度	截面积/μm²
麻1	40	13	0.325	583
麻2	31	11	0.355	307
麻3	34	10	0.294	359
麻4	32	11	0.344	346
麻5	37	12	0.324	432
平均值	35 ± 4	11 ± 1	0.328 ± 0.023	405 ± 109

注：扁平度 = 短径长 / 长径长，扁平度的值越小，其越扁平。

因此南薰殿内檐天花1地仗中采用的是苎麻制成的麻布作为拉结材料。

将南薰殿内檐天花1各色彩画的测试结果汇总至表4-44，颜料层厚度在90~150μm，绿色显色颜料为天然氯铜矿，蓝色显色颜料为石青，红色显色颜料为朱砂，贴金采用99%金含量的库金箔（厚度小于1μm），沥粉厚度约为1050μm，贴金前打一或两道金胶油。地仗层为一布五灰制作工艺，其中拉结材料为苎麻纤维编织而成麻布。

表4-44　南薰殿内檐明间天花1彩画测试结果汇总

颜料层	颜料层颜色	颜料层厚度	显色颜料颗粒形貌及粒径	显色颜料成分
	绿色	150μm	颗粒堆积状绿色晶体，20~50μm	氯铜矿
	蓝色	150μm	蓝绿色岩石状颗粒物，10~80μm	石青
	红色	90~120μm	红色破裂状岩石形态颗粒物，2~10μm	朱砂
金层	金箔厚度	金箔成分	金胶油厚度	沥粉厚度
	<1μm	99%库金	30~50μm（一或两道金胶油）	≤1050μm
地仗层	地仗厚度	地仗制作工艺		拉结材料种类
	>220μm	一布五灰		麻布（苎麻）

（2）天花2

南薰殿内檐天花2上分别采集绿色、蓝色、红色、贴金彩画样品进行测试（图4-54）。

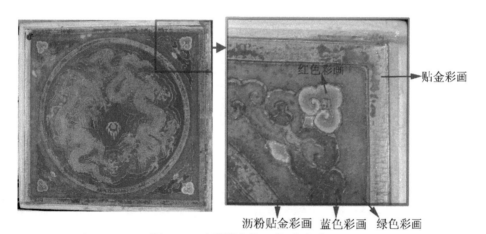

图4-54　南薰殿内檐天花2各色彩画

①绿色彩画。南薰殿内檐天花2绿色颜料层厚度约为200μm；颜料层底部有一层红色金胶油，厚度10~40μm（推测该绿色彩画采集位置靠近贴金彩画，制作时先贴金，后涂刷蓝绿彩画）；地仗层厚度200~260μm（由于该天花保存状态相对较好，未取得拉结纤维及底部地仗，结合文献及现场勘测结果推测采用一布五灰制作工艺）（图4-55）。颜料层显色颜料为20~70μm的绿色晶体，边缘不清晰，呈颗粒堆积状（图4-56），折射率大于1.74（表4-45），为传统矿物颜料天然氯铜矿的光学特征。

第4章　南薰殿彩画组成、含量及形貌剖析

（a）整体

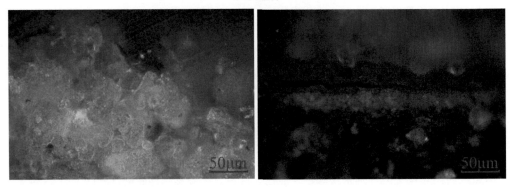

（b）颜料层 　　　　　　　　　　　　　　　　　（c）金胶油

图4-55　南薰殿内檐明间天花2绿色彩画的剖面显微形貌

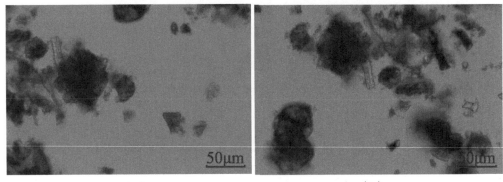

（a）　　　　　　　　　　　　　　　　　　　（b）

图4-56　南薰殿内檐明间天花2绿色彩画显色颜料颗粒的偏光显微形貌

表4-45　南薰殿内檐明间天花2绿色彩画显色颜料颗粒的光学参数

名称	颗粒大小	形状	折射率	具体描述
天花2绿色颜料	20~70μm	颗粒堆积状晶体，晶体边缘不清晰	＞1.74	20~70μm的绿色晶体组成，边缘不清晰，呈颗粒堆积状

南薰殿内檐天花2绿色彩画颜料层厚度约200μm，显色颜料为天然氯铜矿。

②蓝色彩画。南薰殿内檐天花2蓝色颜料层厚度为160~430μm，由10~50μm的蓝绿色颜料颗粒组成，同时含少量10~40μm的红色颗粒物；地仗层厚度300~430μm（图4-57）。颜

料层显色颜料为10~50μm的蓝绿色岩石状颗粒物（图4-58），折射率在1.47~1.66（表4-46），为传统矿物颜料石青的光学特征。

（a）整体

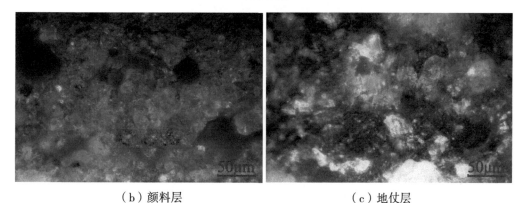

（b）颜料层 （c）地仗层

图4-57 南薰殿内檐明间天花2蓝色彩画的剖面显微形貌

（a） （b）

图4-58 南薰殿内檐明间天花2蓝色彩画显色颜料颗粒的偏光显微形貌

表4-46 南薰殿内檐明间天花2蓝色彩画显色颜料颗粒的光学参数

名称	颗粒大小	形状	折射率	具体描述
天花2蓝色颜料	10~50μm	蓝绿色岩石状，表面有破碎感	1.47~1.66	10~50μm的蓝绿色岩石状颗粒物组成

为进一步验证蓝色彩画颜料成分，对蓝色颜料颗粒进行拉曼光谱测试（图4-59），结果表明天花2中蓝色颜料颗粒物的拉曼光谱与石青（Azurite）吻合，因此天花2蓝色彩画中的显色

颜料颗粒物为石青。

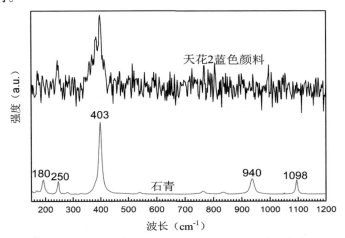

图4-59　南薰殿内檐明间天花2的蓝色颜料拉曼光谱测试分析结果

南薰殿内檐天花 2 蓝色彩画颜料层厚度为 160~430μm，显色颜料为石青。

③红色彩画。南薰殿内檐天花 2 红色颜料层厚度为 80~110μm（分两层，最外层主要为红色颜料颗粒物组成，厚度为 40~60μm；底层主要由白色颗粒物组成，并掺杂有少量红色颜料颗粒物，厚度 20~70μm；推测该处彩画涂刷了两道不同配比的颜料），地仗层的厚度330~500μm（图4-60）。颜料层显色颜料为 5~30μm 的红色破裂状岩石形态的颗粒物（图4-61），折射率在大于 1.66，有四次强消光现象（表4-47），为传统矿物颜料朱砂的光学特征。

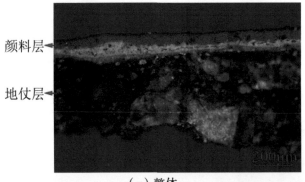

（a）整体

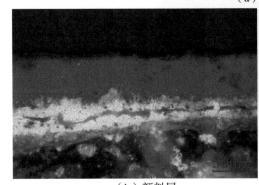

（b）颜料层　　　　　　　　（c）地仗层

图4-60　南薰殿内檐明间天花2红色彩画的剖面显微形貌

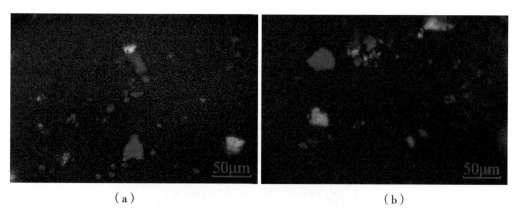

（a）　　　　　　　　　　　　　　　　（b）

图4-61　南薰殿内檐明间天花2红色彩画显色颜料颗粒的偏光显微形貌

表4-47　南薰殿内檐明间天花2红色彩画显色颜料颗粒的光学参数

名称	颗粒大小	形状	折射率	具体描述
天花2红色颜料	5~30μm	破裂状岩石形态	>1.66	5~30μm的红色晶体组成，四次强消光

为进一步验证红色彩画颜料成分，对红色颜料颗粒进行拉曼光谱测试（图4-62），结果表明天花2中红色颜料颗粒物的拉曼光谱与朱砂（Cinnabar）吻合，因此天花2红色彩画中的显色颜料颗粒物为朱砂。

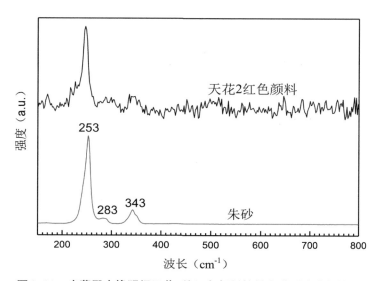

图4-62　南薰殿内檐明间天花2的红色颜料拉曼光谱测试分析结果

南薰殿内檐天花2红色彩画颜料层厚度为80~110μm（涂刷两道不同配方的红色颜料），显色成分为朱砂。

④贴金彩画。南薰殿内檐天花2贴金彩画的金箔厚度小于1μm；金胶油总厚度约55μm，分两层，外层为深红色（厚度约20μm），内层为橘红色（厚度约35μm），推测贴金时采用两道金胶油工艺；地仗层的厚度约为10μm（图4-63）。金箔表面有大量颗粒物覆盖（图4-64），

为此在 EDS 测试结果中将其他元素进行移除处理，仅留下 Au 和 Ag 元素，其金的含量约99.26%(wt.%)，说明该天花采用的是库金箔（表 4–48）。

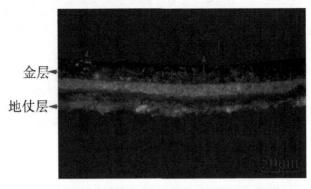

图4-63　南薰殿内檐明间天花2贴金彩画的剖面显微形貌

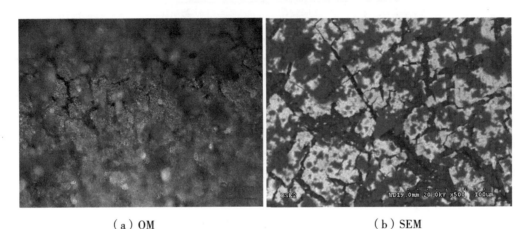

（a）OM　　　　　　　　　　　　　　　　（b）SEM

图4-64　南薰殿内檐明间天花2贴金彩画的表面微观形貌

表4-48　南薰殿内檐明间天花2贴金彩画的表面SEM–EDS测试结果

样品	处理前							处理后	
	C	O	Al	Si	Ag	Ca	Au	Au	Ag
wt.%	28.3	6.68	1.05	2.34	0.44	1.9	59.29	99.26	0.74
at.%	72.54	12.85	1.19	2.57	0.13	1.46	9.27	98.62	1.38

南薰殿天花 2 贴金彩画制作工艺可能为：在制作完成的一布五灰地仗基础上，在贴金位置先打第一道橘红色金胶油（35μm），接着再打第二道红色金胶油（20μm）；最后再贴上库金箔。

⑤沥粉贴金彩画。南薰殿内檐天花 2 沥粉贴金彩画的剖面形貌如图 4-65 所示，贴金外表面蓝色颜料层厚度约 70μm（颜料粒径在 20~40μm，为石青）（图 4-58）。金层中的金箔厚度低于 1μm，金胶油的厚度约 35μm，分两层，外层为深红色（厚度约 20μm），内层为橘红色（厚度约 15μm），推测采用两道金胶油工艺；沥粉主要由 20~60μm 的白色颗粒物组成，最厚处

约550μm。地仗层厚度为230~450μm，分两层，上层厚度20~200μm（主要由30~70μm的白色颗粒物组成，推测为细灰层），下层厚度200~300μm（主要由30~70μm的白色颗粒物及100~280μm大颗粒物组成，推测为中灰层），由于底层的亚麻灰层、麻层、通灰层及捉缝灰层皆未采集到，因此推测该处地仗采用的是一布五灰制作工艺。

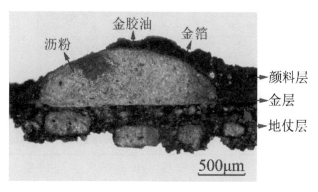

（a）整体

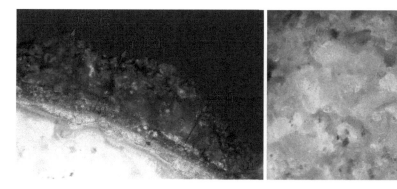

（b）颜料层+金胶油层　　　　（c）沥粉层

图4-65　南薰殿内檐明间天花2沥粉贴金彩画的剖面显微形貌

⑥拉结材料。南薰殿内檐天花2地仗的拉结材料为横纵相交的丝线组成，获取丝线纤维进行燃烧试验（表4-49），通过燃烧特征可初步判定该纤维为麻。

表4-49　南薰殿内檐明间天花2地仗纤维的燃烧结果

燃烧状态			燃烧时的气味	残留物特征	纤维种类
靠近火焰时	接触火焰时	离开火焰时			
不熔不缩	立即燃烧	迅速燃烧	纸燃味	呈细而软的灰白絮状	麻

为进一步确定其具体麻种类，同时进行横截面的微观形貌观察，发现天花2地仗纤维横截面为腰圆形、多角形，中腔呈 S 或 Y 等形状，因此推测该纤维为大麻（图4-66）。该纤维的平均长径长约33μm，平均短径长约17μm，平均扁平度约0.515，纤维平均截面积约为529μm²

（表4-50）。

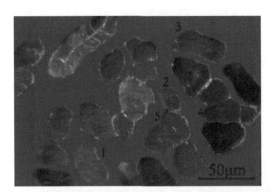

图4-66 南薰殿内檐明间天花2地仗纤维横截面的显微形貌

表4-50 南薰殿内檐明间天花2地仗纤维横截面的形态特征

名称	长径长/μm	短径长/μm	扁平度	截面积/μm²
麻1	39	20	0.513	687
麻2	23	11	0.478	207
麻3	43	17	0.395	805
麻4	31	17	0.548	478
麻5	28	18	0.643	468
平均值	33±8	17±3	0.515±0.091	529±229

注：扁平度 = 短径长 / 长径长，扁平度的值越小，其越扁平。

将南薰殿明间内檐天花2的各色彩画测试结果汇总至表4-51，颜料层厚度在80~200μm，绿色显色颜料为天然氯铜矿，蓝色显色颜料为石青，红色显色颜料为朱砂；贴金采用99%金含量的库金箔（厚度小于1μm），沥粉厚度约为550μm，贴金前打两道金胶油；地仗层为一布五灰制作工艺，布纤维种类为大麻。

表4-51 南薰殿内檐明间天花2彩画测试结果汇总

	颜料层颜色	颜料层厚度	显色颜料颗粒形貌及粒径	显色颜料成分
颜料层	绿色	200μm	颗粒堆积状绿色晶体，20~70μm	氯铜矿
	蓝色	160~430μm	蓝绿色岩石状颗粒物，10~50μm	石青
	红色	80~110μm	红色破裂状岩石形态颗粒物，5~30μm	朱砂
金层	金箔厚度	金箔成分	金胶油厚度	沥粉厚度
	<1μm	99%库金	35~55μm（两道金胶油）	≤550μm
地仗层	地仗厚度		地仗制作工艺	麻种类
	>450μm		一布五灰	大麻

4.2.1.6 明间支条

南薰殿内檐明间支条上分别采集绿色、蓝色、红色、粉红色、贴金彩画样品进行测试（图4-67）。

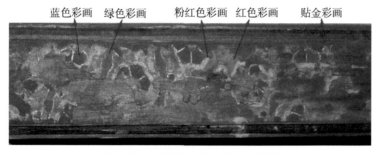

图4-67 南薰殿内檐支条各色彩画

（1）绿色彩画

南薰殿内檐支条绿色颜料层厚度约为40μm，颜料底部的布厚度约140μm（图4-68）。颜料层显色颜料为20~60μm的绿色晶体，边缘不清晰，呈颗粒堆积状（图4-69），折射率大于1.74（表4-52），为传统矿物颜料天然氯铜矿的光学特征。

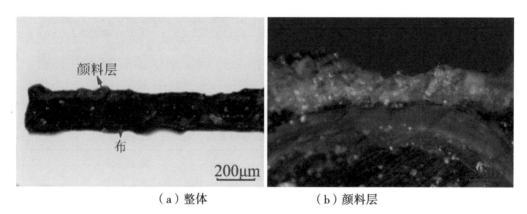

（a）整体 （b）颜料层

图4-68 南薰殿内檐明间支条绿色彩画的剖面显微形貌

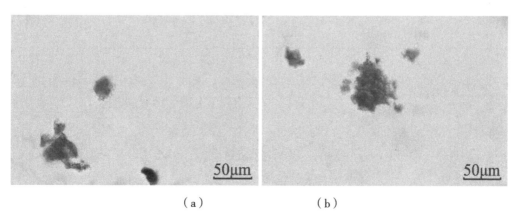

（a） （b）

图4-69 南薰殿内檐明间支条绿色彩画显色颜料颗粒的偏光显微形貌

表4-52　南薰殿内檐明间支条绿色彩画显色颜料颗粒的光学参数

名称	颗粒大小	形状	折射率	具体描述
支条绿色颜料	20~60μm	颗粒堆积状晶体，晶体边缘不清晰	＞1.74	20~60μm的绿色晶体组成，边缘不清晰，呈颗粒堆积状

对支条底部布的织物组织进行观察，支条底部布的横向纱线和竖向纱线间隔有序交织，该布属于平纹组织。各纱线基本无捻度，说明未经过捻向处理。纺织品在织造时皆需对经纱进行整理，均匀平行卷绕在整经轴上，后续再进行投纬、打纬等工序。因此经纱分布会更均匀，而纬纱受打纬的作用，相对更为密实。该布的经纱、纬纱分布如图4-70所示，纱线直径及经纬密度测试结果如表4-53所示。支条底层布的经纱直径 1.1×10^{-2}~1.4×10^{-2} cm，纬纱直径 1.6×10^{-2}~1.8×10^{-2} cm，经密约41.8 根/cm，纬密约47.6 根/cm（表4-53）。

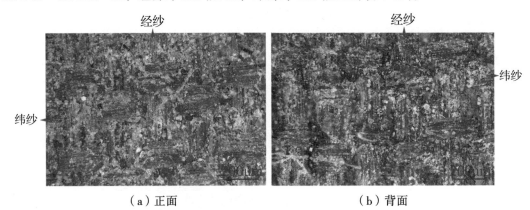

（a）正面　　　　　　　　（b）背面

图4-70　南薰殿内檐明间支条布的织物组织微观形貌

表4-53　南薰殿内檐明间支条布的纱线直径、经纬密度测试结果

类别	测试结果
经纱直径（cm）	1.1×10^{-2}~1.4×10^{-2}
纬纱直径（cm）	1.6×10^{-2}~1.8×10^{-2}
经密（根/cm）	41.8
纬密（根/cm）	47.6

纺织品的加工技术包括原料加工、纺纱、织造、印染、整理等，其中原料加工包括采集、清洗等，纺纱包括加捻、牵伸、并线、络纱等，织造包括整经、织作等，印染包括涂绘、涂印、染色等，整理包括熨烫、涂层等。18世纪之前，中国古代手工纺织技术一直处于世界领先地位，如战国时期出现的手摇纺车、踏板织机，汉代的脚踏纺车、花楼提花机，13世纪末出现的手工轧棉机——手摇搅车等。采用传统纺织技术织造的布幅由于受手工投梭的限制，仅1尺左右（约33.33cm），且采用手摇或脚踏纺车纺出的纱线极易受人为影响而粗细不均匀。18世纪开始，手工纺织开始向动力机器纺织转变。1733年英国发明家约翰·凯伊发明了飞梭，使

布面加宽；1738年英国保罗设计出动力纺纱机；1745年法国沃康松制成织布机模型；1764年英国哈格里夫斯制成珍妮纺纱机；1775年英国克雷恩和阿克莱特分别发明单梳栉钩针经编机和梳棉机；1779年英国克朗普研制出走锭纺纱机；1780年苏格兰贝尔发明滚筒印花机，并于1785年在英国安装使用；1785年英国卡特莱特研制出动力织机；1793年，美国惠尼特发明轧棉机；1799年，法国贾卡制成脚踏式提花机。自动化机器的发展不仅使纺织品的生产效率快速增长，且使纺织品的布幅更宽，质量更为稳定，粗细相对更为均匀。因此推测该布为手工纺织布。该布纤维的横截面微观形貌如图4-71所示。支条布纤维的横截面为不规则三角形，推测该纤维为桑蚕丝，因此推测支条中使用的底层布为丝绸。

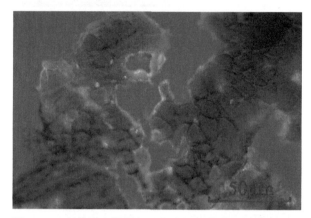

图4-71　南薰殿内檐明间支条布纤维横截面显微形貌图

南薰殿内檐支条绿色彩画颜料层厚度约40μm，显色颜料为天然氯铜矿，底层布为丝绸手工纺织布，厚度约140μm。

（2）蓝色彩画

南薰殿内檐支条蓝色颜料层厚度为200~250μm，纸层厚度约200μm（图4-72）。颜料层显色颜料为20~60μm的蓝绿色岩石状颗粒物（图4-73），折射率在1.47~1.66（表4-54），为传统矿物颜料石青的光学特征。

图4-72　南薰殿内檐明间支条蓝色彩画的剖面显微形貌

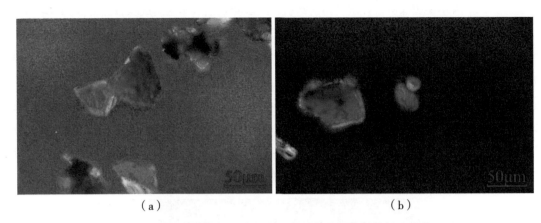

（a）　　　　　　　　　　　（b）

图4-73　南薰殿内檐明间支条蓝色彩画显色颜料颗粒的偏光显微形貌

表4-54　南薰殿内檐明间支条蓝色彩画显色颜料颗粒的光学参数

名称	颗粒大小	形状	折射率	具体描述
支条蓝色颜料	20~60μm	蓝绿色岩石状，表面有破碎感	1.47~1.66	20~60μm的蓝绿色岩石状颗粒物组成

为进一步验证蓝色彩画颜料成分，对蓝色颜料颗粒进行 SEM-EDS 测试（图 4-74 和表 4-55），蓝色彩画表面整体主要含 Cu、C、Pb、O 等元素，推测显色颜料为石青 $[2CuCO_3 \cdot Cu(OH)_2]$，同时采用白铅粉 $[2PbCO_3 \cdot Pb(OH)_2]$ 作为调色物质。为进一步验证蓝色彩画颜料成分，对蓝色颜料颗粒进行拉曼光谱测试（图 4-75），结果表明支条中蓝色颜料颗粒物的拉曼光谱与石青（Azurite）吻合，因此支条蓝色彩画中的显色颜料颗粒物为石青。

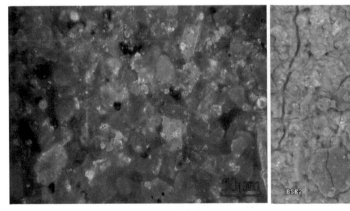

（a）OM　　　　　　　　　　（b）SEM

图4-74　南薰殿内檐明间支条蓝色彩画的表面微观形貌

表4-55　南薰殿内檐明间支条蓝色彩画的表面SEM-EDS测试结果

元素	C	O	As	Al	Si	Cl	K	Ca	Cu	Pb
wt.%	33.71	7.70	1.08	1.27	2.13	4.31	0.96	1.07	37.47	10.31
at.%	66.23	11.36	0.34	1.11	1.79	2.87	0.58	0.63	13.91	1.17

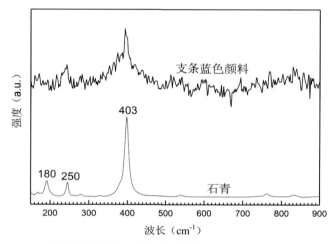

图4-75　南薰殿内檐明间支条的蓝色颜料拉曼光谱测试分析结果

支条蓝色彩画颜料层厚度为200~250μm，显色颜料为石青。

（3）粉红色彩画

南薰殿内檐支条粉红色颜料层厚度为50~70μm（主要由5~20μm的白色颗粒物组成，掺杂少量3μm的红色颗粒物），布厚度约200μm（图4-76）。

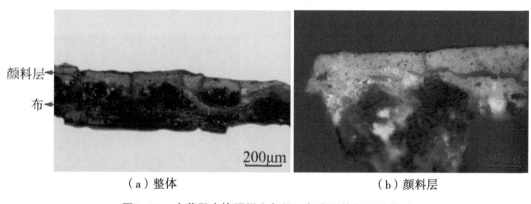

（a）整体　　　　　　　　　　　　　（b）颜料层

图4-76　南薰殿内檐明间支条粉红色彩画的剖面显微形

为进一步验证粉红色彩画颜料成分，对粉红色颜料颗粒进行拉曼光谱测试（图4-77），结果表明支条中粉红色颜料颗粒物的拉曼光谱与朱砂（Cinnabar）吻合，因此支条粉红色彩画中的显色颜料颗粒物为朱砂。

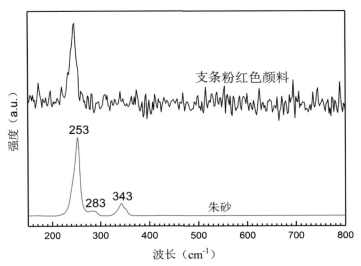

图4-77 南薰殿内檐明间支条的粉红色颜料拉曼光谱测试分析结果

南薰殿内檐支条粉红色彩画颜料层厚度为 50~70μm，显色颜料为朱砂。

（4）红色彩画

南薰殿内檐支条红色彩画颜料层总厚度为 40~100μm，分两层，表层主要由红色颗粒物组成（厚度为 10~40μm），底层由白色颗粒物及少量红色颗粒物组成（与粉红色彩画颜料层形貌接近，厚度为 20~70μm）（图 4-78）。推测支条彩画绘制时先涂刷粉红色颜料，然后在粉红色颜料基础上涂刷红色颜料。颜料层底部布的厚度约为 200μm。表层红色显色颜料颗粒物的拉曼光谱测试结果如图 4-79 所示，结果表明支条中红色颜料颗粒物的拉曼光谱与朱砂（Cinnabar）吻合，因此支条红色彩画中的显色颜料颗粒物为朱砂。

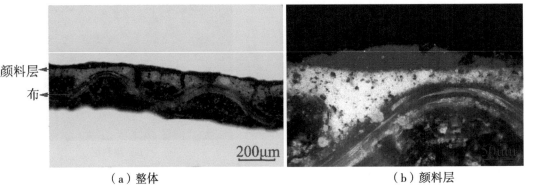

（a）整体　　　　　　　　　　　　　　　（b）颜料层

图4-78 南薰殿内檐明间支条红色彩画的剖面显微形貌

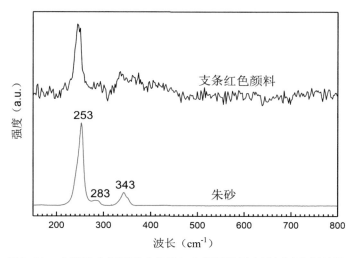

图4-79 南薰殿内檐明间支条的红色颜料拉曼光谱测试分析结果

南薰殿内檐支条红色彩画绘制在粉红色彩画表面，红色颜料层厚度为10~40μm，显色颜料为朱砂。

（5）贴金彩画

南薰殿内檐支条贴金彩画金层厚度小于1μm，金层底部有一层厚度约为20μm的粉红色颜料层（图4-80），推测支条彩画绘制时先涂刷其他颜色彩画（绿色、蓝色、红色），最后再贴金。由金层表面微观形貌（图4-81）可见南薰殿内檐支条的金箔表面有大量颗粒物覆盖，为此在EDS测试结果中将其他元素进行移除处理，仅留下Au和Ag元素，支条金箔的含金量为99.71%（wt.%），说明金箔层采用的是库金（表4-56）。

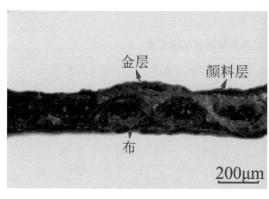

（a）整体

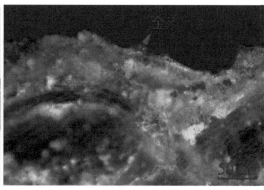

（b）金层

图4-80 南薰殿内檐明间支条贴金彩画的剖面显微形貌

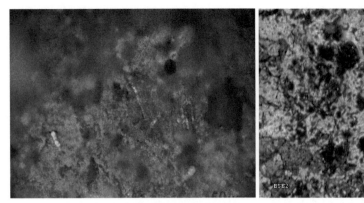

| （a）OM | （b）SEM |

图4-81　南薰殿支条金层表面的SEM微观形貌

表4-56　南薰殿支条金层彩画表面的SEM-EDS测试结果

元素	处理前										处理后	
	C	O	Mg	Al	Si	Ag	Sn	Ca	Cu	Au	Au	Ag
wt.%	18.12	5.68	0.35	0.61	0.97	0.16	14.24	1.98	3.3	54.6	99.71	0.29
at.%	61.96	14.57	0.6	0.93	1.41	0.06	4.93	2.03	2.13	11.38	99.48	0.52

南薰殿内檐支条贴金彩画采用库金箔，厚度低于 $1\mu m$。

将南薰殿明间内檐各色彩画测试结果汇总至表 4-57，颜料层厚度在 40~250 μm，绿色显色颜料为氯铜矿，蓝色显色颜料为石青，红色显色颜料为朱砂；金层采用 99% 金含量的库金箔（厚度小于 $1\mu m$）；彩画底层的布为丝绸，厚度在 140~200 μm。

表4-57　南薰殿内檐明间支条彩画测试结果汇总

	颜料层颜色	颜料层厚度	显色颜料颗粒形貌及粒径	显色颜料成分
颜料层	绿色	40 μm	颗粒堆积状绿色晶体，20~60 μm	氯铜矿
	蓝色	200~250 μm	蓝绿色岩石状颗粒物，20~60 μm	石青
	粉红色	50~70 μm	—	朱砂
	红色	40~100 μm	—	朱砂
金层	金箔厚度		金箔成分	
	<1 μm		99%库金	
布	布厚度		布纤维种类	布种类
	140~200 μm		桑蚕丝	丝绸

4.2.1.7　明间脊檩

南薰殿内檐明间脊檩上分别采集绿色、蓝色、红色、深红色、深黄色、浅黄色、贴金彩画样品进行测试（图 4-82）。

红色彩画

深红色彩画

浅黄色彩画

深黄色彩画

（a）　　　　　　　　　　　　（b）

图4-82　南薰殿内檐脊檩各色彩画

（1）绿色彩画

南薰殿内檐脊檩绿色颜料层厚度为170~200μm（图4-83）。颜料层显色颜料为10~30μm的绿色晶体，边缘不清晰，呈颗粒堆积状（图4-84），折射率大于1.74（表4-58），为传统矿物颜料天然氯铜矿的光学特征。

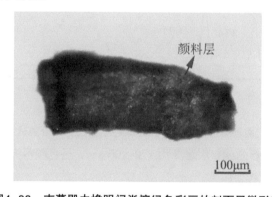

颜料层

100μm

图4-83　南薰殿内檐明间脊檩绿色彩画的剖面显微形貌

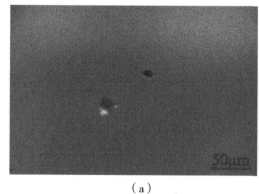

50μm

50μm

（a）　　　　　　　　　　　　（b）

图4-84　南薰殿内檐明间脊檩绿色彩画显色颜料颗粒的偏光显微形貌

表4-58　南薰殿内檐明间脊檩绿色彩画显色颜料颗粒的光学参数

名称	颗粒大小	形状	折射率	具体描述
脊檩绿色颜料	10~30μm	颗粒堆积状晶体，晶体边缘不清晰	>1.74	10~30μm的绿色晶体组成，边缘不清晰，呈颗粒堆积状

为进一步验证绿色彩画颜料成分，对绿色颜料颗粒进行拉曼光谱测试（图4-85），结果表明该绿色颜料颗粒物的拉曼光谱与氯铜矿（Atacamite）吻合，因此平板枋绿色彩画中的显色颜料颗粒物为氯铜矿。

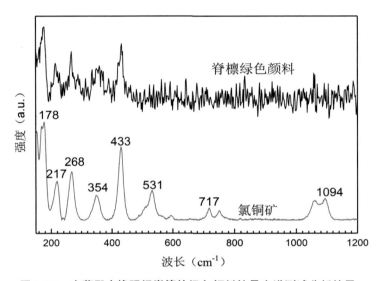

图4-85　南薰殿内檐明间脊檩的绿色颜料拉曼光谱测试分析结果

南薰殿内檐脊檩绿色彩画颜料层厚度为170~200μm，显色颜料为天然氯铜矿。

（2）蓝色彩画

南薰殿内檐脊檩蓝色颜料层厚度为120~200μm，颜料层中夹杂少量红色颗粒物（图4-86）。颜料层显色颜料为20~80μm的蓝绿色岩石状颗粒物（图4-87），折射率在1.47~1.66（表4-59），为传统矿物颜料石青的光学特征。

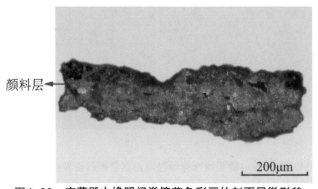

图4-86　南薰殿内檐明间脊檩蓝色彩画的剖面显微形貌

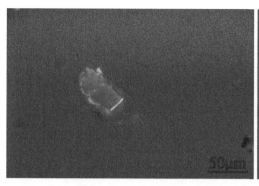 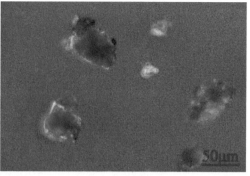

（a）　　　　　　　　　　　　　　　（b）

图4-87　南薰殿内檐明间脊檩蓝色彩画显色颜料颗粒的偏光显微形貌

表4-59　南薰殿内檐明间脊檩蓝色彩画显色颜料颗粒的光学参数

名称	颗粒大小	形状	折射率	具体描述
脊檩蓝色颜料	20~80μm	蓝绿色岩石状，表面有破碎感	1.47~1.66	20~80μm的蓝绿色岩石状颗粒物组成

　　为进一步验证蓝色彩画颜料成分，对蓝色颜料颗粒进行拉曼光谱和SEM-EDS测试（图4-88、图4-89和表4-60），结果表明脊檩中蓝色颜料颗粒物的拉曼光谱与石青（Azurite）吻合，且主要含Cu、C、O元素，因此推测显色颜料为石青 [2CuCO$_3$·Cu(OH)$_2$]。

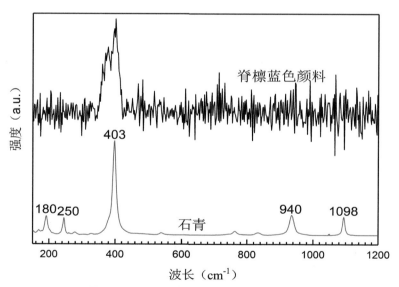

图4-88　南薰殿内檐明间脊檩的蓝色颜料拉曼光谱测试分析结果

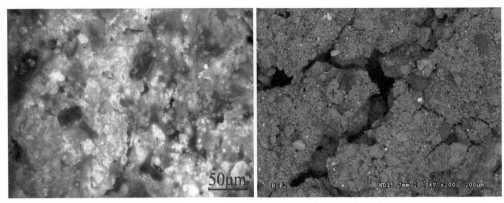

| （a）OM | （b）SEM |

图4-89　南薰殿内檐明间脊檩蓝色彩画的表面微观形貌

表4-60　南薰殿内檐明间脊檩蓝色彩画颜料颗粒物的表面SEM-EDS测试结果

元素	C	O	Si	Ca	Fe	Cu
wt.%	7.10	5.37	0.68	0.36	1.74	84.76
at.%	25.42	14.44	1.04	0.38	1.34	57.38

南薰殿内檐脊檩蓝色颜料层厚度为120~200μm，显色颜料为石青。

（3）红色彩画

南薰殿内檐脊檩红色颜料层厚度约为20μm（主要由红色颗粒物组成，掺杂有少量白色颗粒物），地仗层厚度约50μm，主要由3~5μm的白色颗粒物组成，推测为单披灰地仗制作工艺（图4-90）。颜料层显色颜料为5~50μm的红色或橘红色破裂状岩石形态的颗粒物（图4-91），折射率大于1.66，有四次强消光现象（表4-61），为传统矿物颜料朱砂的光学特征。

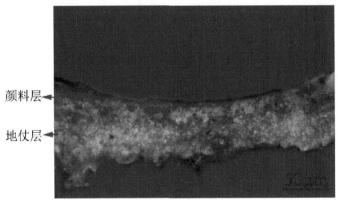

颜料层

地仗层

图4-90　南薰殿内檐明间脊檩红色彩画的剖面显微形貌

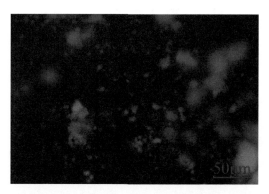

图4-91　南薰殿内檐明间脊檩红色彩画显色颜料颗粒的偏光显微形貌

表4-61　南薰殿内檐明间脊檩红色彩画显色颜料颗粒的光学参数

名称	颗粒大小	形状	折射率	具体描述
脊檩红色颜料	5~50μm	破裂状岩石形态	>1.66	5~50μm的红色或橘红色晶体组成，四次强消光

为进一步验证红色彩画颜料成分，对红色颜料颗粒进行拉曼光谱测试（图4-92），结果表明脊檩中红色颜料颗粒物的拉曼光谱与朱砂（Cinnabar）吻合，因此脊檩红色彩画中的显色颜料颗粒物为朱砂。

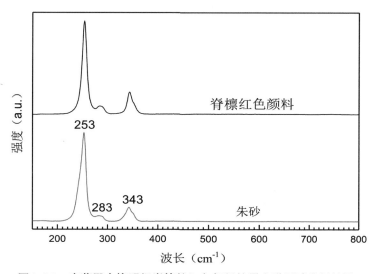

图4-92　南薰殿内檐明间脊檩的红色颜料拉曼光谱测试分析结果

南薰殿内檐脊檩红色颜料层厚度约为20μm，显色颜料为朱砂；地仗层厚度约50μm。

（4）深红色彩画

南薰殿内檐脊檩深红色彩画最外表面为一层红色颜料，厚度为15~25μm；红色颜料底部有一层厚度为20~70μm的白色颜料。地仗层为15~45μm，地仗层底部为木基层（图4-93）。深红色显色颜料颗粒物的拉曼光谱测试结果如图4-94所示，结果表明脊檩中深红色颜料颗粒物的拉曼光谱与朱砂（Cinnabar）吻合，因此脊檩深红色彩画中的显色颜料颗粒物为朱砂。

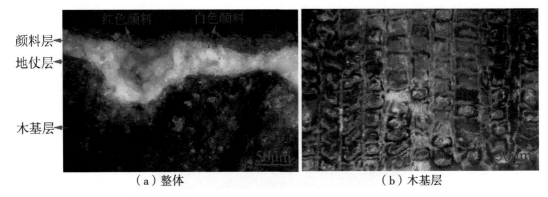

颜料层
地仗层
木基层

红色颜料　　白色颜料

（a）整体　　　　　　　　　　（b）木基层

图4-93　南薰殿内檐明间脊檩深红色彩画的剖面显微形貌

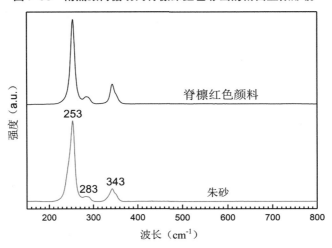

强度（a.u.）

脊檩红色颜料

253

283　343

朱砂

波长（cm^{-1}）

图4-94　南薰殿内檐明间脊檩的深红色颜料拉曼光谱测试分析结果

南薰殿内檐脊檩深红色颜料层厚度为15~25μm，显色颜料为朱砂；底部有一层厚为20~70μm的白色颜料层；地仗层厚度为15~45μm。

（5）黄色彩画

南薰殿内檐脊檩浅黄色和深黄色颜料皆涂刷在白色颜料表面，其中浅黄色颜料厚度为5~15μm，深黄色颜料厚度为15~25μm，推测该彩画的黄色深浅主要通过涂刷不同厚度的黄色颜料来控制。黄色颜料层底部有一层厚30~40μm的白色颜料，地仗层厚度为50~200μm（图4-95、图4-96）。

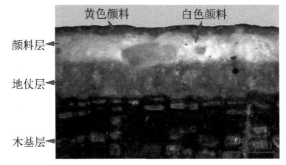

黄色颜料　　白色颜料

颜料层
地仗层
木基层

图4-95　南薰殿内檐明间脊檩浅黄色彩画的剖面显微形貌

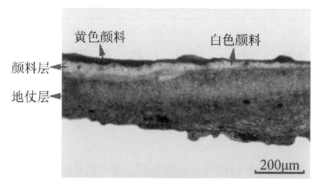

（a）整体

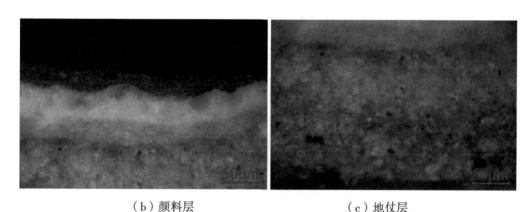

（b）颜料层　　　　　　　　　　　　（c）地仗层

图4-96　南薰殿内檐明间脊檩深黄色彩画的剖面显微形貌

为了验证深黄色彩画颜料成分，对深黄色颜料颗粒进行 SEM-EDS 测试（图 4-97 和表 4-62），脊檩深黄色彩画表面有大量 Pb、C、O 等元素检测出，推测该深黄色颜料可能采用铅白 [$2PbCO_3 \cdot Pb(OH)_2$] 作为调色剂，黄色彩画表面有大量红色颗粒物，且 EDS 测试结果中有一定量的 Fe 元素检测出，推测显色颜料可能为铁黄 [$Fe_2O_3 \cdot 3Fe(OH)_3$]。

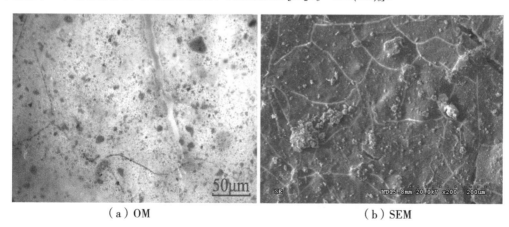

（a）OM　　　　　　　　　　　　　　（b）SEM

图4-97　南薰殿内檐明间脊檩深黄色彩画的表面微观形貌

表4-62　南薰殿内檐明间脊檩深黄色彩画的表面SEM-EDS测试结果

元素	C	O	Fe	Ni	Mg	Al	Si	Ca	Pb
wt.%	40.21	8.84	0.90	2.37	0.64	0.62	1.49	3.75	41.17
at.%	76.92	12.70	0.37	0.93	0.61	0.53	1.22	2.15	4.57

　　南薰殿内檐脊檩黄色颜料层厚度为5~25μm，显色颜料为铁黄；底部有一层厚为30~40μm的白色颜料层；地仗层厚度为50~200μm。

　　（6）黑色彩画

　　南薰殿内檐脊檩黑色颜料涂刷在绿色颜料表面，其中黑色颜料厚度为20~45μm，绿色颜料厚度约为150μm（图4-98）。黑色显色颜料颗粒物的拉曼光谱测试结果如图4-99所示，与炭黑（Carbon black）吻合，因此推测脊檩黑色彩画的显色颜料颗粒物为炭黑。

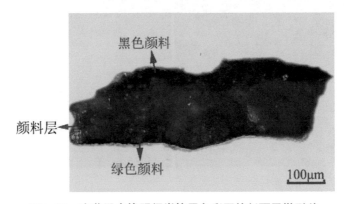

图4-98　南薰殿内檐明间脊檩黑色彩画的剖面显微形貌

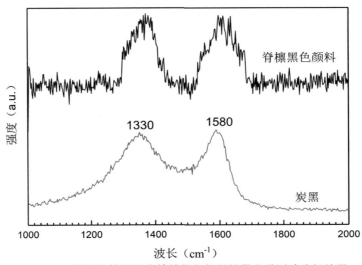

图4-99　南薰殿内檐明间脊檩的黑色颜料拉曼光谱测试分析结果

　　为进一步验证黑色颜料成分，同时对黑色颜料进行SEM-EDS测试（图4-100和表4-63），结果表明南薰殿脊檩黑色彩画表面含较多的C元素，结合拉曼光谱测试结果，说明黑色颜料为

故宫南薰殿彩画对比分析及保护技术研究

炭黑（C）；同时含有大量的 Cu 元素，其可能为黑色彩画底部的绿色颜料（氯铜矿）。

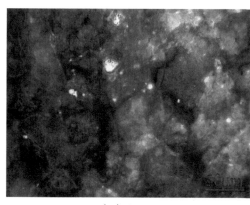

（a）OM　　　　　　　　　　　　　（b）SEM

图4-100　南薰殿内檐明间脊檩黑色彩画的表面微观形貌

表4-63　南薰殿内檐明间脊檩黑色彩画的表面SEM-EDS测试结果

元素	C	O	Mg	Al	Si	Cl	K	Ca	Cu	Pb
wt.%	57.02	12.87	00.63	01.52	04.53	01.54	01.20	02.62	16.69	01.38
at.%	76.52	12.96	00.41	00.91	02.60	00.70	00.50	01.06	04.23	00.11

南薰殿内檐脊檩黑色彩画颜料层约 190μm（黑色颜料厚 20~45μm），显色颜料为炭黑。

将南薰殿内檐明间脊檩各色彩画测试结果汇总至表 4-64，颜料层厚度在 20~200μm，绿色显色颜料为氯铜矿，蓝色显色颜料为石青，红色显色颜料为朱砂，黄色显色颜料为铁黄，黑色显色颜料为炭黑；地仗层厚度在 50~200μm，采用单披灰制作工艺。

表4-64　南薰殿内檐明间脊檩彩画测试结果汇总

	颜料层颜色	颜料层厚度	显色颜料颗粒形貌及粒径	显色颜料成分
颜料层	绿色	150~200μm	颗粒堆积状绿色晶体，10~30μm	氯铜矿
	蓝色	120~200μm	蓝绿色岩石状颗粒物，20~80μm	石青
	红色	20μm	破裂状岩石形态颗粒物，5~50μm	朱砂
	深红色	15~25μm	—	朱砂
	浅黄色	40~55μm	—	铁黄
	深黄色	55~65μm	—	铁黄
	黑色	20~45μm	—	炭黑
地仗层	地仗厚度		地仗制作工艺	
	50~200μm		单披灰	

4.2.1.8　明间脊垫板

南薰殿内檐明间脊垫板上采集蓝色彩画样品进行测试（图4-101）。

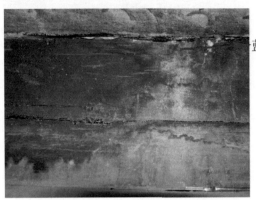

蓝色彩画

图4-101　南薰殿内檐脊垫板蓝色彩画

南薰殿内檐脊垫板蓝色颜料层厚度约为 250μm（图4-102），颜料层显色颜料为 10~50μm 的蓝绿色岩石状颗粒物（图4-103），折射率在 1.47~1.66（表4-65），为传统矿物颜料石青的光学特征。

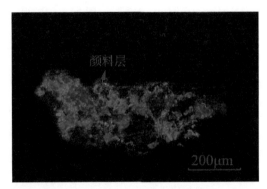

图4-102　南薰殿内檐明间脊垫板蓝色彩画的剖面显微形貌

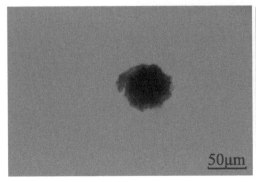

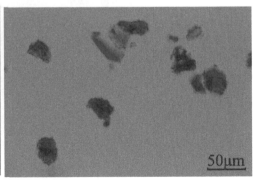

（a）　　　　　　　　　　　　　（b）

图4-103　南薰殿内檐明间脊垫板蓝色彩画显色颜料颗粒的偏光显微形貌

表4-65 南薰殿内檐明间脊垫板蓝色彩画显色颜料颗粒的光学参数

名称	颗粒大小	形状	折射率	具体描述
脊垫板蓝色颜料	10~50μm	蓝绿色岩石状，表面有破碎感	1.47~1.66	10~50μm的蓝绿色岩石状颗粒物组成

为进一步验证蓝色彩画颜料成分，对蓝色颜料颗粒进行SEM-EDS测试（图4-104、表4-66、表4-67），南薰殿脊垫板蓝色颜料颗粒物（点A）主要含Cu、C、O元素，因此推测该显色颜料为石青 $[2CuCO_3 \cdot Cu(OH)_2]$。蓝色彩画表面整体主要含Cu、C、O、Pb、Fe等元素，推测显色颜料为石青 $[2CuCO_3 \cdot Cu(OH)_2]$，同时采用白铅粉 $[2PbCO_3 \cdot Pb(OH)_2]$ 作为调色物质。

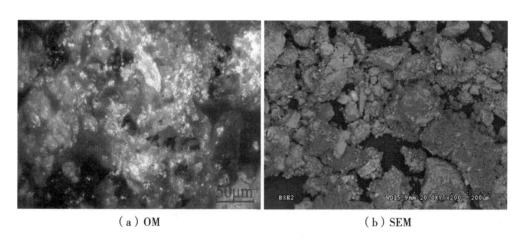

（a）OM　　　　　　　　　　　（b）SEM

图4-104 南薰殿内檐明间脊垫板蓝色彩画表面的SEM微观形貌

表4-66 南薰殿内檐明间脊垫板蓝色彩画表面的SEM-EDS测试结果（wt.%）

元素	C	O	As	Al	Si	K	Ca	Fe	Cu	Zn	Pb
整体	31.89	7.72	1.01	1.22	4.04	0.56	1.46	5.99	38.87	1.19	6.04
点A	9.94	8.79	0.00	0.00	1.14	0.00	0.41	0.92	78.79	0.00	0.00

表4-67 南薰殿内檐明间脊垫板蓝色彩画表面的SEM-EDS测试结果（at.%）

元素	C	O	As	Al	Si	K	Ca	Fe	Cu	Zn	Pb
整体	63.87	11.6	0.32	1.09	3.46	0.35	0.88	2.58	14.71	0.44	0.70
点A	30.84	20.47	0.00	0.00	1.51	0.00	0.38	0.61	46.18	0.00	0.00

现场采集脊檩缝隙处的地仗层，为确定地仗层的无机物具体成分，对其进行XRF、XRD测试（图4-105、表4-68），结果表明脊垫板彩画单批灰地仗主要含 SiO_2（62.17%）、CaO（22.35%）、Fe_2O_3（7.88%）、SO_3（4.48%）、K_2O（2.26%）等，不含 Al_2O_3，因此推测该单披灰地仗未采用砖灰。XRD测试结果表明，地仗层成分为石英（Quartz，SiO_2）、方解石（即白土粉，Calcite，$CaCO_3$）和少量铁辉石（Ferrosilite，Fe_2SiO_3）。

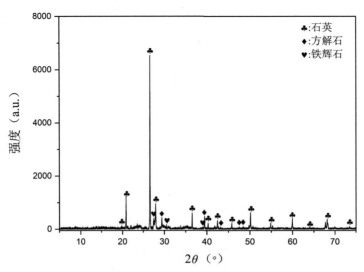

图4-105 南薰殿内檐明间脊垫板彩画地仗层XRD测试解析结果

表4-68 南薰殿内檐明间脊垫板彩画地仗层XRF测试结果

元素	SiO_2	CaO	Fe_2O_3	SO_3	K_2O	TiO_2	MnO
wt.%	62.17	22.35	7.88	4.48	2.26	0.71	0.15

　　为获得各组分的具体含量，对地仗样品进行热失重分析（图4-106），结果表明脊垫板地仗样品在0~150℃失重约2.76%，150~580℃失重约28.01%，580~900℃失重约6.16%。其热失重机理为：随着温度升高，地仗样品首先失去的是游离水和吸附水，大约在150℃以后有机物（如猪血、桐油、淀粉等）逐渐分解并放热，580℃以后白土粉（$CaCO_3$）受热分解变成氧化钙（CaO）。因此推测该地仗样品含无机物——石英和辉石（55%）、白土粉（14%）等，有机物——桐油、猪血、淀粉等（28%）。

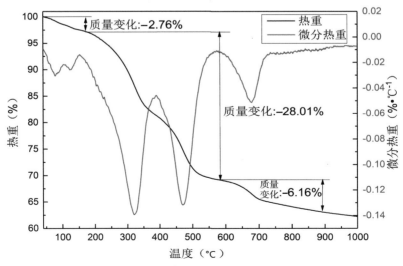

图4-106 南薰殿内檐明间脊垫板彩画地仗热分析结果

故宫南薰殿彩画对比分析及保护技术研究

分别对脊垫板地仗的有机物（如淀粉、猪血）进行碘－淀粉定性分析，滴加碘液后，显淡蓝色，说明该地仗中有添加面粉（图4-107）。

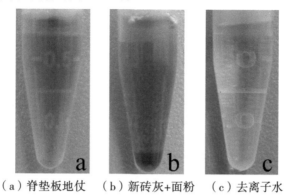

（a）脊垫板地仗　　（b）新砖灰+面粉　　（c）去离子水

图4-107　南薰殿内檐明间脊垫板彩画地仗淀粉定性分析结果

对脊垫板地仗的血料进行定性测试：未添加猪血的砖灰无樱红色物质观察到，添加猪血的砖灰中明显有樱红色物质观察到，脊垫板地仗有无樱红色物质观察到，说明该地仗层中不含猪血（图4-108）。

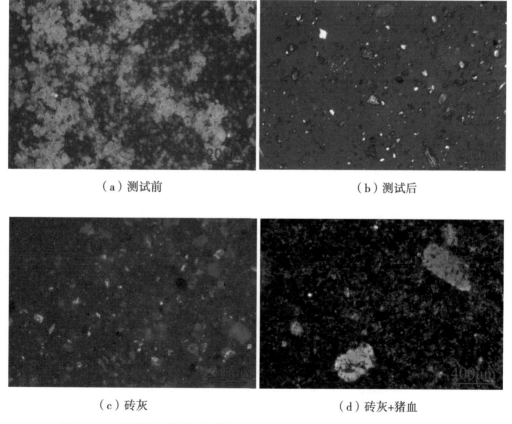

（a）测试前　　　　　　　　　　　　（b）测试后

（c）砖灰　　　　　　　　　　　　　（d）砖灰+猪血

图4-108　南薰殿内檐明间脊垫板彩画地仗血料（高山试剂）定性分析结果

将南薰殿内檐脊垫板彩画各测试结果汇总至表4–69，蓝色彩画颜料层厚度约为250μm，显色颜料为石青。地仗层含石英粉、白土粉、辉石、淀粉等，为单披灰制作工艺。

表4–69　南薰殿内檐明间脊垫板彩画测试结果汇总

颜料层	颜料层颜色	颜料层厚度	显色颜料颗粒形貌及粒径	显色颜料成分
	蓝色	250μm	蓝绿色岩石状颗粒物，10~50μm	石青
地仗层	地仗成分		地仗制作工艺	
	无机物：石英+辉石（55%）、白土粉（14%）等；有机物：淀粉等（28%）		单披灰	

4.2.2 外檐

4.2.2.1 正立面额枋

南薰殿外檐正立面东梢间额枋上分别采集绿色、蓝色、黑色彩画样品进行测试（图4–109）。

绿色彩画
蓝色彩画
黑色彩画

图4–109　南薰殿外檐正立面东梢间额枋各色彩画

（1）绿色彩画

南薰殿外檐正立面额枋绿色彩画的颜料层厚度在40~120μm，地仗层厚度约1900μm（图4–110）。颜料层显色颜料为10~20μm的绿色球晶型晶体，部分呈扇状排列（图4–111），折射率大于1.74（表4–70），为巴黎绿的光学特征。地仗层上层（厚度约200μm）为大量20μm大小的灰色颗粒物组成的细灰层，接着是由30μm大小的灰色颗粒物及700μm大小的灰色块状物组成的中灰层（厚度1500μm），最底层是由30μm大小的灰色颗粒物及200μm大小的灰色块状物组成的捉缝灰层（厚度约200μm），推测为三道灰制作工艺。

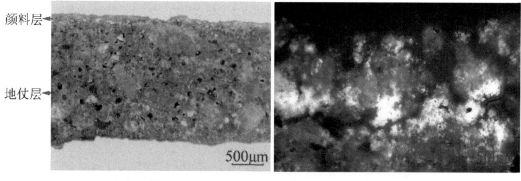

颜料层

地仗层

（a）整体   （b）颜料层

图4-110   南薰殿外檐正立面东梢间额枋绿色彩画的剖面显微形貌

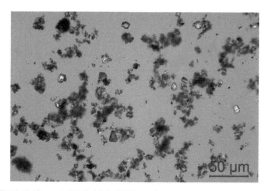

图4-111   南薰殿外檐正立面东梢间额枋绿色彩画显色颜料颗粒的偏光显微形貌

表4-70   南薰殿外檐正立面东梢间额枋绿色彩画显色颜料颗粒的光学参数

名称	颗粒大小	形状	折射率	具体描述
正立面额枋绿色颜料	10~20μm	球晶型晶体，部分呈扇状排列	>1.74	10~20μm的绿色球晶型晶体组成，部分呈扇状排列

为进一步验证绿色彩画颜料成分，对绿色彩画表面进行 SEM-EDS 测试（图 4-112 和表 4-71），结果表明该彩画表面主要含 Ca、S、As、O、Cu、Si、Ba 等元素，因此推测该绿色彩画显色颜料为巴黎绿 [$Cu(C_2H_3O_2)\cdot 3Cu(AsO_2)_2$]，可能添加少量硫酸钡（$BaSO_4$）作为调色剂。

（a）OM   （b）SEM

图4-112   南薰殿外檐正立面东梢间额枋绿色彩画表面微观形貌

表4-71　南薰殿外檐正立面东梢间额枋绿色彩画表面的SEM-EDS测试结果

元素	C	O	Al	Si	S	Cl	K	Ca	Ba	Fe	Cu	As
wt.%	7.16	11.4	3.69	10.22	13.38	0.76	1.16	16.65	9.56	2.66	10.34	13.02
at.%	18.94	22.65	4.35	11.56	13.26	0.68	0.94	13.2	2.21	1.52	5.17	5.52

为确定正立面额枋地仗的无机物具体成分,对其进行XRF、XRD测试(图4-113和表4-72),结果表明该地仗主要含 SiO_2(46.10%)、CaO(13.15%)、Al_2O_3(11.35%)、Fe_2O_3(10.29%)、K_2O(2.96%)等,且XRD测试结果表明,地仗层成分为石英(quartz,SiO_2)、钙霞石 [yoshiokaite,$Ca(Al,Si)_2O_4$]、钙长石(anorthite,$CaAl_2Si_2O_8$)、微斜长石(microcline,$KAlSi_3O_8$)和石膏(gypsum,$CaSO_4 \cdot 2H_2O$)。由文献可知,石英、长石为砖灰的主要成分。结合以上各测试结果,正立面额枋地仗层无机物主要为砖灰和石膏。

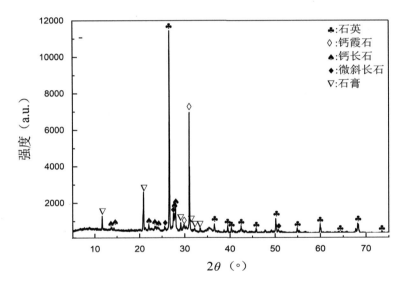

图4-113　南薰殿外檐正立面东梢间额枋彩画地仗XRD测试解析结果

表4-72　南薰殿外檐正立面东梢间额枋彩画地仗XRF测试结果

元素	SiO_2	CaO	SO_3	Al_2O_3	Fe_2O_3	K_2O	As_2O_3	CuO	BaO	TiO_2	其他
wt.%	46.10	13.15	11.81	11.35	10.29	2.96	2.14	0.70	0.63	0.60	0.28

为获得地仗中各组分的含量,对其热失重分析(图4-114),结果表明正立面额枋彩画地仗样品在0~200℃失重约2.26%,200~550℃失重约5.74%,550~930℃失重约5.13%。其热失重机理为:随着温度升高,地仗样品首先失去的是游离水和吸附水(如石膏),大约在200℃以后有机物(如猪血、桐油、淀粉等)逐渐分解并放热,550℃以后白土粉($CaCO_3$)受热分解变成氧化钙(CaO)。因此推测该地仗样品含无机物——砖灰(74%)、石膏(<8%)、白土粉(12%)等,有机物——桐油、猪血、淀粉等(6%)。

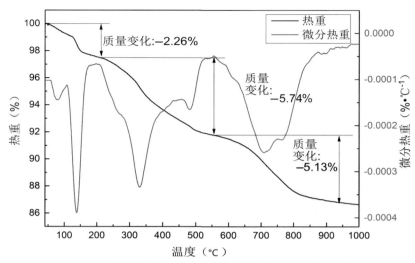

图4-114　南薰殿外檐正立面东梢间额枋彩画地仗热分析结果

为判断地仗中有机物是否含淀粉、猪血等，分别进行淀粉和猪血的定性分析，滴加碘液后，无显色反应，说明该地仗中未添加面粉（图4-115）。滴加高山试剂后，正立面额枋地仗有少量樱红色物质观察到，说明该地仗层中可能含少量猪血（图4-116）。

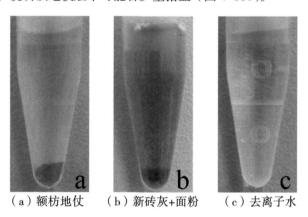

（a）额枋地仗　　　　（b）新砖灰+面粉　　　　（c）去离子水

图4-115　南薰殿外檐正立面东梢间额枋彩画地仗淀粉定性分析结果

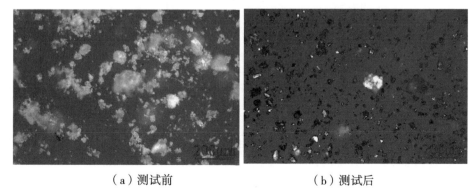

（a）测试前　　　　　　　　　　（b）测试后

图4-116　南薰殿外檐正立面东梢间额枋彩画地仗血料（高山试剂）定性分析结果

（2）蓝色彩画

南薰殿外檐正立面额枋蓝色彩画的颜料层厚度在20~110μm，地仗层厚度约2200μm（图4-117）。地仗层上层（厚度约150μm）为大量20μm大小的灰白色颗粒物组成的细灰层，接着是由30μm大小的灰色颗粒物及500μm大小的灰色块状物组成的中灰层（厚度约1500μm），最底层是由30μm大小的灰色颗粒物及300μm大小的灰色块状物组成的捉缝灰层（厚度约500μm），推测为三道灰制作工艺。颜料层显色颜料为均匀5μm左右的蓝色圆型晶体，边缘圆润（图4-118），折射率在1.47~1.74（表4-73），为群青的光学特征。

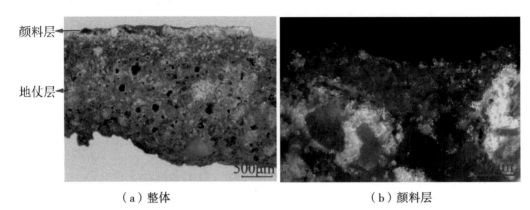

颜料层

地仗层

（a）整体　　　　　　　　　　　（b）颜料层

图4-117　南薰殿外檐正立面东梢间额枋蓝色彩画的剖面显微形貌

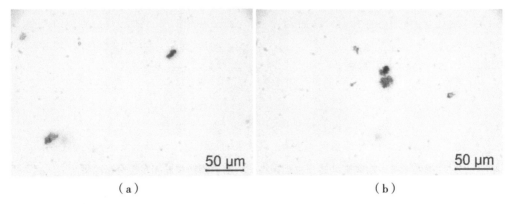

（a）　　　　　　　　　　　（b）

图4-118　南薰殿外檐正立面东梢间额枋蓝色彩画显色颜料颗粒的偏光显微形貌

表4-73　南薰殿外檐正立面东梢间额枋蓝色彩画显色颜料颗粒的光学参数

名称	颗粒大小	形状	折射率	具体描述
正立面额枋蓝色颜料	5μm	边缘圆润的蓝色圆形晶体	1.47~1.66	5μm左右的蓝色晶体

为进一步验证蓝色彩画颜料成分，对蓝色显色颜料进行拉曼光谱测试（图4-119），结果表明蓝色颜料颗粒物的拉曼光谱与青金石（Lazurite）吻合，由于群青与青金石的拉曼光谱基本一致，结合颜料颗粒物微观形貌，推测该蓝色颜料为群青。

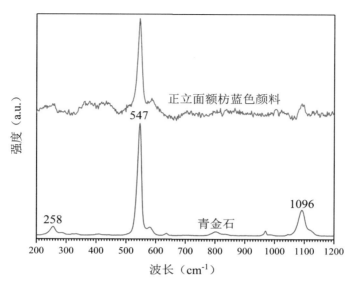

图4-119　南薰殿外檐正立面东梢间额枋彩画的的蓝色颜料拉曼光谱测试分析结果

南薰殿外檐正立面额枋蓝色彩画的颜料层厚度为20~110μm，显色颜料为群青；地仗层厚度为2200μm，采用三道灰制作工艺。

（3）黑色彩画

南薰殿外檐正立面额枋黑色彩画的颜料层厚度在30~100μm，地仗层厚度为2000~4000μm（图4-120）。颜料层显色颜料为均匀5~10μm的黑色圆形颗粒，无晶体棱角，为炭黑的光学特征（图4-121、表4-74）。地仗层上层（厚度约150μm）为大量10~20μm大小的灰白色颗粒物组成的细灰层，接着是由30μm大小的灰色颗粒物及500μm大小的灰色块状物组成的中灰层（厚度为1800~2800μm），最底层是由30μm大小的灰色颗粒物及250μm大小的灰色块状物组成的捉缝灰层（厚度约800μm），推测为三道灰制作工艺。

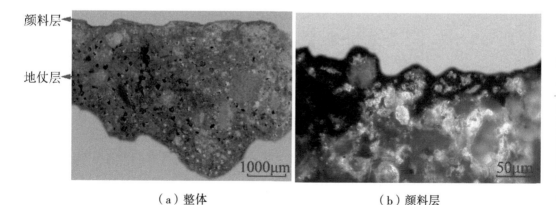

（a）整体　　　　　　　　　　（b）颜料层

图4-120　南薰殿外檐正立面东梢间额枋黑色彩画的剖面显微形貌

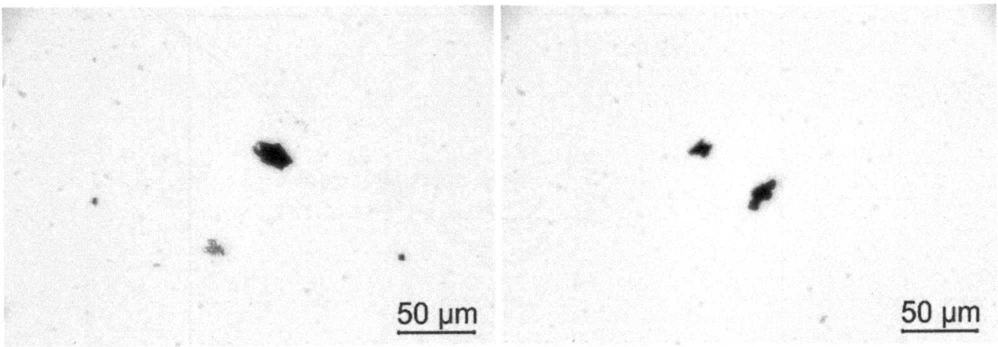

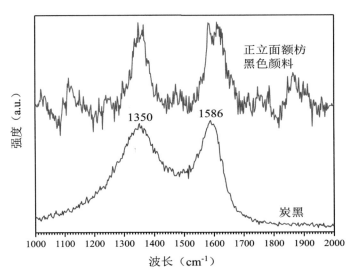

| (a) | (b) |

图4-121　南薰殿外檐正立面东梢间额枋黑色彩画显色颜料颗粒的偏光显微形貌

表4-74　南薰殿外檐正立面东梢间额枋黑色彩画显色颜料颗粒的光学参数

名称	颗粒大小	形状	折射率	具体描述
正立面额枋黑色颜料	5~10μm	圆形颗粒，无晶体棱角	无	5~10μm黑色圆形颗粒，无晶体棱角

为进一步验证黑色彩画颜料成分，对黑色显色颜料进行拉曼光谱测试（图4-122），结果表明该黑色颜料颗粒物的拉曼光谱与炭黑（Carbon black）吻合，因此该黑色彩画的显色颜料为炭黑。

图4-122　南薰殿外檐正立面东梢间额枋黑色颜料的拉曼光谱测试分析结果

南薰殿外檐正立面额枋黑色彩画的颜料层厚度为30~100μm，显色颜料为炭黑；地仗层厚度为2000~4000μm，采用三道灰制作工艺。

南薰殿外檐正立面东梢间额枋彩画测试结果汇总至表4-75，颜料层厚度在40~150μm之间，绿色显色颜料为巴黎绿，蓝色显色颜料为群青，黑色显色颜料为炭黑；地仗层厚度在1900~4000μm，为三道灰的单披灰制作工艺，地仗含砖灰、石膏、白土粉、猪血、桐油等。

表4-75　南薰殿外檐正立面东梢间额枋彩画测试结果汇总

	颜料层颜色	颜料层厚度	显色颜料颗粒形貌及粒径	显色颜料成分
颜料层	绿色	40~120μm	球晶型晶体，部分呈扇状排列，10~20μm	巴黎绿
	蓝色	20~110μm	边缘圆润的蓝色圆形晶体，5μm	群青
	黑色	100~150μm	无晶体棱角的圆形颗粒，5~10μm	炭黑
地仗层	地仗厚度	地仗成分		地仗制作工艺
	1900~4000μm	砖灰（74%）、石膏（<8%）、白土粉（12%）、有机物（血料、桐油等，6%）		单披灰（三道灰）

4.2.2.2　正立面斗栱

南薰殿外檐正立面西次间斗栱上分别采集绿色、蓝色、黑色、白色彩画样品进行测试（图4-123）。

蓝色彩画
白色彩画
绿色彩画
黑色彩画

图4-123　南薰殿外檐正立面西次间斗栱各色彩画

（1）绿色彩画

南薰殿外檐正立面斗栱绿色彩画的颜料层厚度在150μm左右，地仗层厚度约1000μm（图4-124）。颜料层显色颜料为10~20μm的绿色球晶型晶体，部分呈扇状排列（图4-125），折射率大于1.74（表4-76），为巴黎绿的光学特征。地仗层上层（厚度为200~300μm）为大量20μm大小的灰色颗粒物组成的细灰层，接着是由30μm大小的灰色颗粒物及400μm大小的灰色块状物组成的中灰层（厚度500μm），最底层是由30μm大小的灰色颗粒物组成的通灰层（厚度约200μm），推测为三道灰制作工艺。

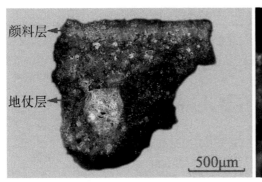
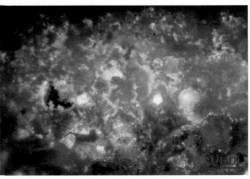

颜料层

地仗层

（a）整体 　　　　　　　　　　（b）颜料层

图4-124　南薰殿外檐正立面西次间斗栱绿色彩画的剖面显微形貌

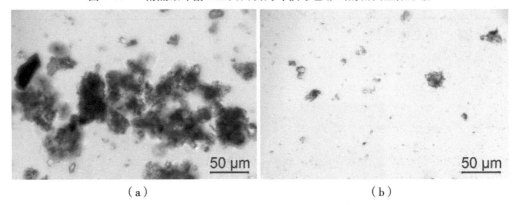

（a）　　　　　　　　　　　　（b）

图4-125　南薰殿外檐正立面西次间斗栱绿色彩画显色颜料颗粒的偏光显微形貌

表4-76　南薰殿外檐正立面西次间斗栱绿色彩画显色颜料颗粒的光学参数

名称	颗粒大小	形状	折射率	具体描述
正立面斗栱绿色颜料	10~20μm	球晶型晶体，部分呈扇状排列	>1.74	10~20μm的绿色球晶型晶体组成，部分呈扇状排列

为进一步验证绿色彩画颜料成分，对绿色彩画表面进行SEM-EDS测试（图4-126和表4-77），其表面有大量20μm左右的呈扇状排列的颗粒物，推测该绿色颜料应为巴黎绿；SEM-EDS测试结果表明，正立面斗栱绿色颜料颗粒物主要含As、Cu、Ca等元素，因此可判断该绿色彩画显色颜料为巴黎绿 [$Cu(C_2H_3O_2) \cdot 3Cu(AsO_2)_2$]。

（a）OM　　　　　　　　　　（b）SEM

图4-126　南薰殿外檐正立面西次间斗栱绿色彩画表面微观形貌

表4-77　南薰殿外檐正立面西次间斗栱绿色彩画表面的SEM-EDS测试结果

元素	O	Cl	K	Ca	Cu	As
wt.%	1.60	1.21	0.55	3.10	41.71	51.82
at.%	6.37	2.18	0.89	4.92	41.71	43.94

为确定正立面斗栱地仗的无机物具体成分,对其进行XRF、XRD测试(图4-127和表4-78),结果表明该地仗主要含 SiO_2(52.72%)、CaO(12.59%)、Al_2O_3(12.38%)、Fe_2O_3(8.34%)、SO_3(6.84%)等,且XRD测试结果表明,地仗层成分为石英(quartz, SiO_2)、钙霞石[yoshiokaite, $Ca(Al,Si)_2O_4$]、钙长石(anorthite, $CaAl_2Si_2O_8$)、微斜长石(microcline, $KAlSi_3O_8$)和石膏(gypsum, $CaSO_4 \cdot 2H_2O$)。结合以上各测试结果,正立面斗栱地仗无机物主要为砖灰和石膏。

表4-78　南薰殿外檐正立面西次间斗栱彩画地仗XRF测试结果

元素	SiO_2	CaO	Al_2O_3	Fe_2O_3	SO_3	MgO	K_2O	TiO_2	BaO	MnO	其他
wt.%	52.72	12.59	12.38	8.34	6.84	3.05	2.95	0.68	0.23	0.15	0.09

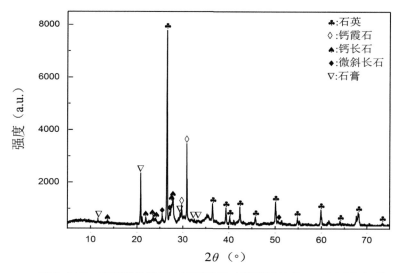

图4-127　南薰殿外檐正立面西次间斗栱彩画地仗XRD测试解析结果

对样品进行热失重分析(图4-128),结果表明正立面斗栱彩画地仗样品在0~200℃失重约1.60%,200~550℃失重约5.64%,550~930℃失重约4.49%。其热失重机理为:随着温度升高,地仗样品首先失去的是游离水和吸附水(如石膏),大约在200℃以后有机物(如猪血、桐油)逐渐分解并放热,550℃以后白土粉($CaCO_3$)受热分解变成氧化钙(CaO)。因此推测该地仗样品含无机物——砖灰(78%)、石膏(<6%)、白土粉(10%)等,有机物——淀粉、桐油、猪血等(6%)。

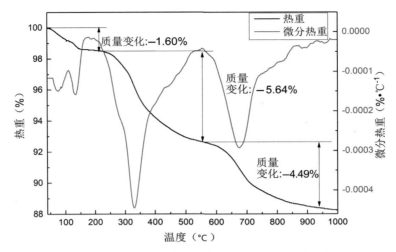

图4-128　南薰殿外檐正立面西次间斗栱彩画地仗热分析结果

对正立面斗栱地仗进行碘—淀粉测试，滴加碘液后，无显色反应，说明该地仗中未添加面粉（图4-129）。

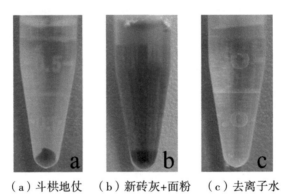

（a）斗栱地仗　　（b）新砖灰+面粉　　（c）去离子水

图4-129　南薰殿外檐正立面西次间斗栱彩画地仗淀粉定性分析结果

对正立面斗栱地仗进行血料定性测试，未观察到樱红色物质，说明该地仗层中可能不含猪血（图4-130）。

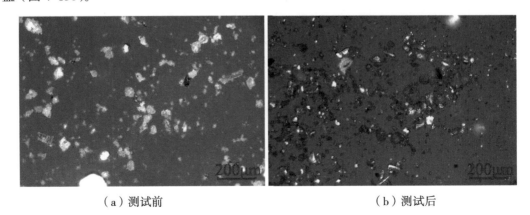

（a）测试前　　　　　　　　　　　　（b）测试后

图4-130　南薰殿外檐正立面西次间斗栱彩画地仗血料（高山试剂）定性分析结果

南薰殿外檐正立面斗栱绿色彩画的颜料层厚度约150μm，显色颜料为巴黎绿；地仗层厚度约1000μm，采用三道灰制作工艺，含砖灰（78%）、石膏（<6%）、白土粉（10%）、有机物（桐油等，6%）。

（2）蓝色彩画

南薰殿外檐正立面斗栱蓝色彩画的颜料层厚度在20~100μm，地仗层厚度约4000μm（图4-131）。颜料层显色颜料为均匀5μm左右的蓝色圆型晶体，边缘圆润（图4-132），折射率在1.47~1.74（表4-79），为群青的光学特征。地仗层上层（厚度约500μm）为大量30~70μm的灰色颗粒物组成的细灰层，接着是由70μm大小的灰色颗粒物及400~800μm大小的灰色块状物组成的中灰层（厚度约1700μm），最底层是由30μm大小的灰色颗粒物及200~300μm的灰色块状物组成的捉缝灰层（厚度约1800μm），推测为三道灰制作工艺。

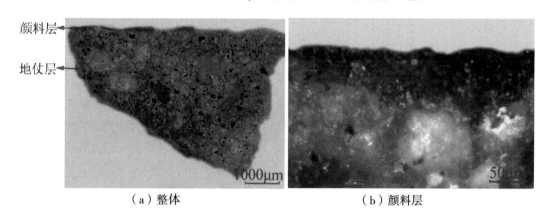

颜料层

地仗层

（a）整体   （b）颜料层

图4-131　南薰殿外檐正立面西次间斗栱蓝色彩画的剖面显微形貌

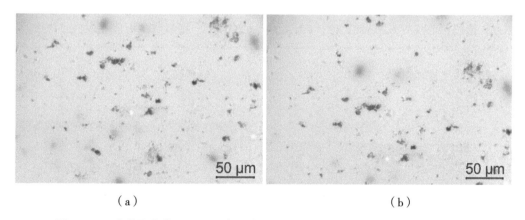

（a）　　　　　　　　　　　　（b）

图4-132　南薰殿外檐正立面西次间斗栱蓝色彩画显色颜料颗粒的偏光显微形貌

表4-79　南薰殿外檐正立面西次间斗栱蓝色彩画显色颜料颗粒的光学参数

名称	颗粒大小	形状	折射率	具体描述
正立面斗栱蓝色颜料	5μm	边缘圆润的蓝色圆形晶体	1.47~1.66	5μm左右的蓝色晶体

为进一步验证蓝色彩画颜料成分，对蓝色显色颜料进行拉曼光谱测试（图4-133）。蓝色颜料拉曼光谱与青金石（Lazurite）或群青吻合，结合颜料颗粒物微观形貌，因此可判断该蓝色颜料为群青。

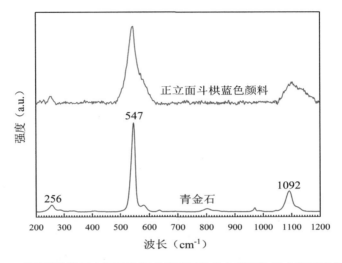

图4-133　南薰殿外檐正立面西次间斗栱彩画的蓝色颜料拉曼光谱测试分析结果

南薰殿外檐正立面斗栱蓝色彩画的颜料层厚度为20~100μm，显色颜料为群青；地仗层厚度约4000μm，采用三道灰制作工艺。

（3）黑色彩画

南薰殿外檐正立面斗栱黑色彩画的颜料层总厚度在100~140μm，其中黑色颜料涂刷绿色颜料表面，黑色颜料的厚度为20~40μm，绿色颜料的厚度为90~130μm。地仗层总厚度为450~600μm，由40~60μm大小的灰色颗粒物组成，应为细灰层，结合斗栱其他位置彩画的测试结果，推测该地仗应采用三道灰制作工艺（其他中灰层、捉缝灰层可能在取样过程中脱落）（图4-134）。

斗栱黑色彩画中的显色颜料为均匀5~10μm的黑色圆形颗粒，无晶体棱角，为炭黑的光学特征（图4-135、表4-80）。

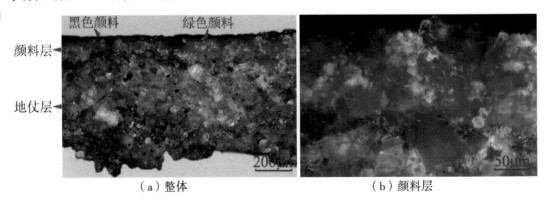

（a）整体　　　　　　　　　　　　（b）颜料层

图4-134　南薰殿外檐正立面西次间斗栱黑色彩画的剖面显微形貌

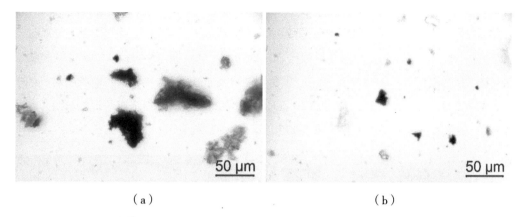

（a）　　　　　　　　　　　　　　　（b）

图4-135　南薰殿外檐正立面西次间斗栱黑色彩画显色颜料颗粒的偏光显微形貌

表4-80　南薰殿外檐正立面西次间斗栱黑色彩画显色颜料颗粒的光学参数

名称	颗粒大小	形状	折射率	具体描述
正立面斗栱黑色颜料	5~10μm	圆形颗粒，无晶体棱角	无	5~10μm黑色圆形颗粒，无晶体棱角

　　为进一步验证黑色彩画颜料成分，对黑色显色颜料进行拉曼光谱测试（图4-136），结果表明正立面斗栱黑色颜料颗粒物的拉曼光谱与炭黑（Carbon black）吻合，因此该黑色彩画的显色颜料为炭黑。

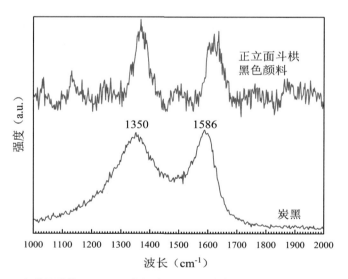

图4-136　南薰殿外檐正立面西次间斗栱彩画黑色颜料的拉曼光谱测试解析结果

　　南薰殿外檐正立面斗栱黑色彩画的颜料层厚度100~140μm（黑色颜料厚度20~40μm，底部为绿色颜料），显色颜料为炭黑；地仗层厚度450~600μm，采用三道灰制作工艺。

（4）白色彩画

　　南薰殿外檐正立面斗栱白色彩画的颜料层总厚度在150~200μm，其中底部的绿色颜料厚度为 80~160 μm，表面的白色颜料层厚度为 50~70 μm（图 4-137）。白色显色颜料为 10~40 μm 的白色长方形岩石状晶体（图 4-138），折射率在 1.47~1.66（表 4-81），为石膏的光学特征。地仗层总厚度为 350~500 μm，上层（厚度为 70~200 μm）为大量 20~40 μm 的灰色颗粒物组成的细灰层，接着是由 50 μm 大小的灰色、黑色颗粒物及 200 μm 大小的灰色块状物组成的中灰层（厚度为 200~300 μm），最底层是由 10~30 μm 大小的灰色颗粒物组成的捉缝灰层（厚度为 200 μm），推测为三道灰制作工艺（图 4-137）。

（a）整体　　　　　　　　　　　（b）颜料层

图4-137　南薰殿外檐正立面西次间斗栱白色彩画的剖面显微形貌

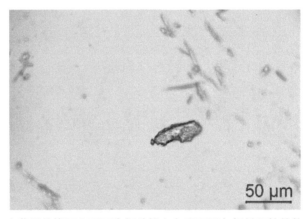

图4-138　南薰殿外檐正立面西次间斗栱白色彩画显色颜料颗粒的偏光显微形貌

表4-81　南薰殿外檐正立面西次间斗栱白色彩画显色颜料颗粒的光学参数

名称	颗粒大小	形状	折射率	具体描述
正立面斗栱白色颜料	10~40 μm	长方形岩石状晶体，边缘清晰	1.47~1.66	10~40 μm 的长方形岩石状晶体

　　为进一步验证白色彩画颜料成分，对白色显色颜料进行拉曼光谱测试（图 4-139），结果表明正立面斗栱白色颜料颗粒物的拉曼光谱与石膏（Gypsum）吻合，因此该白色彩画的显色颜料颗粒物为石膏。

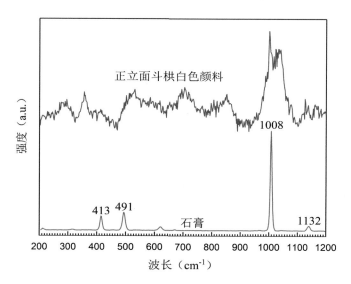

图4-139　南薰殿外檐正立面西次间斗栱彩画的白色颜料拉曼光谱测试分析结果

南薰殿外檐正立面斗栱黑色彩画的颜料层总厚度为100~140μm（白色颜料厚度约50~70μm，底部为绿色颜料），显色颜料为石膏；地仗层厚度为350~500μm，采用三道灰制作工艺。

南薰殿外檐正立面西次间斗栱各色彩画测试结果汇总至表4-82，各色彩画颜料层厚度在20~160μm，绿色显色颜料为巴黎绿，蓝色显色颜料为群青，黑色显色颜料为炭黑，白色显色颜料为石膏；地仗层厚度在350~4000μm，采用单披灰（三道灰）制作工艺，地仗含砖灰、石膏、白土粉、桐油等。

表4-82　南薰殿外檐正立面西次间斗栱彩画测试结果汇总

	颜料层颜色	颜料层厚度	显色颜料颗粒形貌及粒径	显色颜料成分
颜料层	绿色	80~160μm	球晶型晶体，部分呈扇状排列，10~20μm	巴黎绿
	蓝色	20~100μm	边缘圆润的蓝色圆形晶体，5μm	群青
	黑色	20~40μm	无晶体棱角的圆形颗粒，5~10μm	炭黑
	白色	50~70μm	长方形岩石状晶体颗粒，10~40μm	石膏
地仗层	地仗厚度	地仗制作工艺	地仗成分	
	350~4000μm	单披灰（三道灰）	砖灰（78%）、石膏（<6%）、白土粉（10%）、有机物（桐油等，6%）	

4.2.2.3　正立面垫栱板

南薰殿外檐正立面明间垫拱板上分别采集红色、绿色、黑色、白色彩画样品进行测试（图4-140）。

绿色彩画
白色彩画
黑色彩画
红色彩画

图4-140　南薰殿外檐正立面明间垫栱板各色彩画

（1）红色彩画

南薰殿外檐正立面垫拱板第一层彩画的红色颜料层厚度在100~140μm，颜料分两层，表层厚度为10~15μm，底层厚度为100~140μm，推测绘制时采用两道颜料光油。第一层彩画地仗层总厚度为1100~2000μm，分两层，上层（厚度为200~350μm）为大量20~40μm的灰色、白色颗粒物组成的细灰层，接着是由20~40μm大小的灰色颗粒物及400μm左右的灰色块状物组成的中灰层（厚度900~1600μm），推测为两道灰制作工艺。第二层彩画仅有一层厚度为20~30μm的橘红色颜料被观察到，推测可能为章丹（图4-141）。

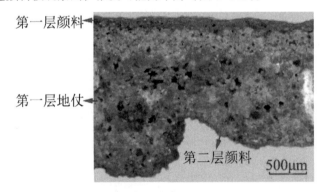

第一层颜料
第一层地仗
第二层颜料
500μm

（a）整体

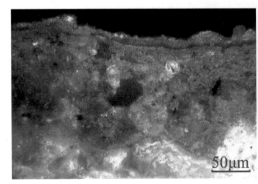

50μm

（b）第一层颜料

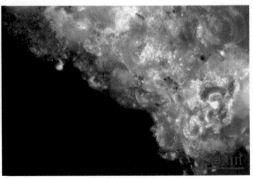

（c）第二层颜料

图4-141　南薰殿外檐正立面明间垫栱板红色彩画的剖面显微形貌

对红色显色颜料进行拉曼光谱测试（图4-142），结果表明第一层彩画的红色颜料颗粒物的拉曼光谱与铅黄（即一氧化铅，Litharge）吻合。章丹（即铅丹）主要含四氧化三铅或一氧化铅、二氧化铅的混合物，因此推测该层彩画的红色显色颜料颗粒物为章丹。

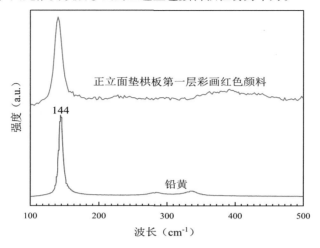

图4-142 南薰殿外檐正立面明间垫栱板第一层彩画的红色颜料拉曼光谱测试分析结果

为确定正立面垫拱板第一层彩画地仗的无机物具体成分，进行 XRF、XRD 测试（图4-143、表4-83），结果表明该地仗主要含 SiO_2（53.35%）、CaO（12.96%）、Al_2O_3（12.39%）、Fe_2O_3（8.46%）、SO_3（4.47%）等，且 XRD 测试结果表明，地仗层成分为石英（Quartz, SiO_2）、钙霞石 [Yoshiokaite, $Ca(Al,Si)_2O_4$]、钙长石（Anorthite, $CaAl_2Si_2O_8$）、微斜长石（Microcline, $KAlSi_3O_8$）和石膏（Gypsum, $CaSO_4·2H_2O$）。结合以上各测试结果，正立面垫拱板第一层彩画地仗无机物主要为砖灰和石膏。

表4-83 南薰殿外檐正立面明间垫栱板第一层彩画地仗XRF测试结果

元素	SiO_2	CaO	Al_2O_3	Fe_2O_3	SO_3	MgO	K_2O	As_2O_3	TiO_2	CuO	MnO	其他
wt.%	53.35	12.96	12.39	8.46	4.47	3.10	2.84	0.88	0.84	0.44	0.15	0.11

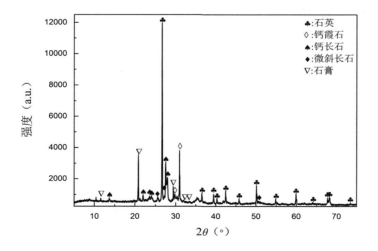

图4-143 南薰殿外檐正立面明间垫栱板第一层彩画地仗XRD测试解析结果

145

第4章 南薰殿彩画组成、含量及形貌剖析

对正立面垫拱板第一层彩画地仗进行热失重分析（图4-144），结果表明该地仗样品在0~160℃失重约2.48%，160~550℃失重约7.22%，550~900℃失重约5.24%。其热失重机理为：随着温度升高，地仗样品首先失去的是游离水和吸附水（如石膏），大约在160℃以后有机物（如猪血、桐油）逐渐分解并放热，550℃以后白土粉（CaCO₃）受热分解变成氧化钙（CaO）。因此推测该地仗样品含无机物——砖灰（72%）、石膏（<9%）、白土粉（12%）等，有机物——淀粉、桐油、猪血等（7%）。

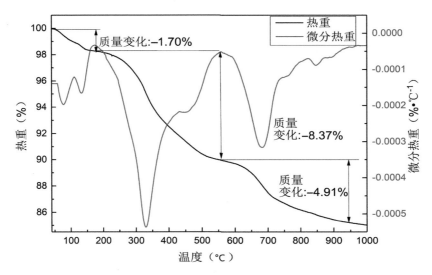

图4-144 南薰殿外檐正立面明间垫拱板第一层彩画地仗热分析结果

对正立面垫拱板第一层彩画地仗进行碘—淀粉测试，滴加碘液后，无显色反应，说明该地仗中未添加面粉（图4-145）。

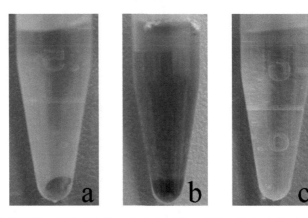

（a）垫拱板第一层彩画地仗　（b）新砖灰+面粉　（c）去离子水

图4-145 南薰殿外檐正立面明间垫拱板第一层彩画地仗淀粉定性分析结果

对正立面垫拱板第一层彩画地仗进行血料定性测试，滴加高山试剂后，有少量淡黄色物质被观察到，说明该地仗层中可能含少量猪血（图4-146）。

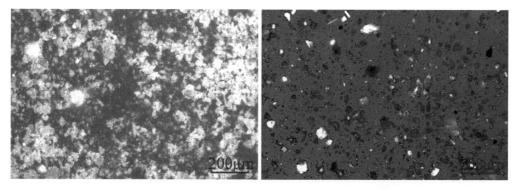

（a）测试前　　　　　　　　　　　　　　　　（b）测试后

图4-146　南薰殿外檐正立面明间垫拱板第一层彩画地仗血料（高山试剂）定性分析结果

南薰殿外檐正立面垫拱板第一层红色彩画的颜料层厚度约100~140μm，采用两道章丹油进行施涂；地仗层厚度约1100~2000μm，采用两道灰制作工艺，含砖灰（72%）、石膏（<9%）、白土粉（12%）、有机物（血料、桐油等，7%）等。第二层红色彩画的颜料层厚度大于20~30μm，显色颜料为章丹。

（2）黑色彩画

南薰殿外檐正立面垫拱板第一层黑色彩画的颜料层有三层颜料（总厚度约230μm），最表层为黑色颜料，厚度在10~30μm之间；第二层为绿色颜料，厚度在60~120μm；第三层为红色颜料，厚度在60~100μm之间（图4-147）。其中黑色显色颜料为均匀5~10μm的黑色圆形颗粒，无晶体棱角（图4-148a），为炭黑的光学特征；绿色显色颜料为10~20μm的绿色球晶型晶体组成，部分呈扇状排列（图4-148b），折射率大于1.74，为巴黎绿的光学特征（表4-84）。第一层彩画地仗层总厚度约1600~2000μm，分两层，上层（厚度约350~500μm）为大量20~40μm的灰色、白色颗粒物组成的细灰层，底层由20~40μm大小的灰色颗粒物及400μm左右的灰色块状物组成的中灰层（厚度1200~1500μm），推测为两道灰制作工艺。第二层彩画仅有一层厚度约15~50μm的橘红色颜料被观察到，推测该显色颜料为章丹（图4-147）。

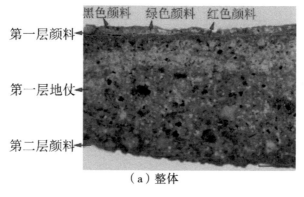

第一层颜料→　　黑色颜料　绿色颜料　红色颜料

第一层地仗→

第二层颜料→

（a）整体

图4-147

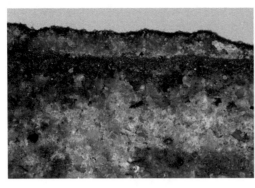 

（b）第一层颜料　　　　　　　　　　（c）第二层颜料

图4-147　南薰殿外檐正立面明间垫栱板黑色彩画的剖面显微形貌

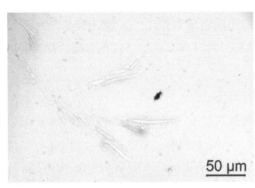 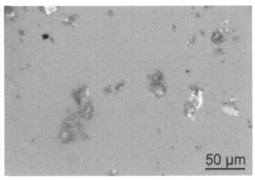

（a）黑色颜料　　　　　　　　　　（b）绿色颜料

图4-148　南薰殿外檐正立面明间垫栱板第一层彩画显色颜料颗粒的偏光显微形貌

表4-84　南薰殿外檐正立面明间垫栱板第一层彩画显色颜料颗粒的光学参数

名称	颗粒大小	形状	折射率	具体描述
正立面垫栱板第一层彩画黑色颜料	5~10μm	圆形颗粒，无晶体棱角	无	5~10μm黑色圆形颗粒，无晶体棱角
正立面垫栱板第一层彩画绿色颜料	10~20μm	球晶型晶体，部分呈扇状排列	＞1.74	10~20μm的绿色球晶型晶体组成，部分呈扇状排列

为进一步验证第一层彩画黑色颜料成分，对黑色显色颜料进行拉曼光谱测试（图4-149），该结果表明黑色颜料颗粒物的拉曼光谱与炭黑（Carbon black）吻合，因此该黑色彩画的显色颜料颗粒物为炭黑。

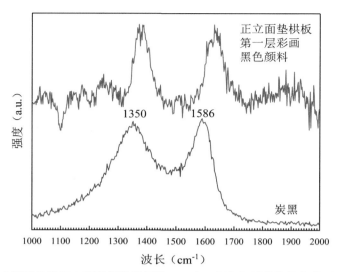

图4-149　南薰殿外檐正立面明间垫栱板第一层彩画黑色颜料的拉曼光谱测试分析结果

南薰殿外檐正立面垫拱板第一层黑色彩画的颜料层总厚度约230μm(表层黑色颜料为10~30μm，中间层绿色颜料为60~120μm，底层红色颜料约为60~100μm)，其中黑色颜料为炭黑，绿色颜料为巴黎绿；地仗层厚度为1600~2000μm，采用两道灰制作工艺。第二层红色彩画厚度为15~50μm，显色颜料为章丹。

（3）白色彩画

南薰殿外檐正立面垫拱板白色彩画的颜料层共有三层颜料（总厚度约220μm），最外层为白色颜料，厚度在20~30μm；第二层为绿色颜料，厚度在90~110μm之间；第三层为红色颜料，厚度在70~120μm(图4-150)。其中白色显色颜料为20~60μm左右的白色长方形岩石状晶体（图4-151），折射率在1.47~1.66之间（表4-85），为石膏的光学特征。地仗层总厚度约1200~1300μm，分两层，上层（厚度约300~700μm）为大量20~40μm的灰色、白色颗粒物组成的细灰层，底层由20~40μm大小的灰色、黑色颗粒物及300μm左右的灰色块状物组成的中灰层（厚度500~800μm），推测为两道灰制作工艺（图4-150）。

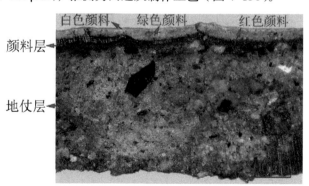

（a）整体

图4-150

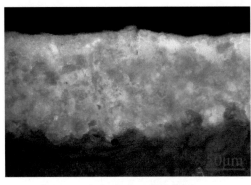

（b）白色、绿色颜料　　　　　　　　　（c）红色颜料

图4-150　南薰殿外檐正立面明间垫栱板白色彩画的剖面显微形貌

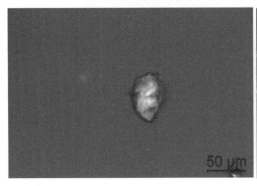
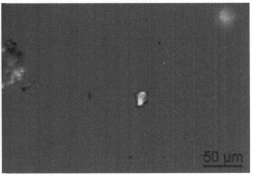

（a）　　　　　　　　　　　　　　　　（b）

图4-151　南薰殿外檐正立面明间垫栱板第一层白色彩画显色颜料颗粒的偏光显微形貌

表4-85　南薰殿外檐正立面明间垫栱板第一层白色彩画显色颜料颗粒的光学参数

名称	颗粒大小	形状	折射率	具体描述
正立面垫栱板第一层彩画白色颜料	20~60μm	长方形岩石状晶体，边缘清晰	1.47~1.66	20~60μm的长方形岩石状晶体

　　为进一步验证白色彩画颜料成分，对白色显色颜料进行拉曼光谱测试（图4-152），结果表明白色颜料颗粒物的拉曼光谱与石膏（Gypsum）吻合，因此该层彩画的白色显色颜料为石膏。

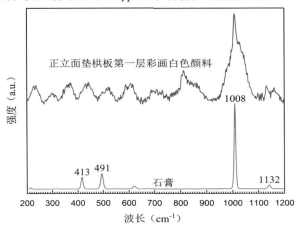

图4-152　南薰殿外檐正立面明间垫栱板第一层彩画白色颜料的拉曼光谱测试分析结果

南薰殿外檐正立面垫栱板第一层白色彩画颜料层总厚度约220μm（表层白色颜料约20~30μm，中间层绿色颜料约90~110μm，底层红色颜料约为70~120μm），其中白色颜料为石膏；地仗层厚度约1200~1300μm，采用两道灰制作工艺。

南薰殿外檐正立面明间垫拱板各色彩画测试结果汇总至表4-86，颜料层厚度在10~140μm之间，红色显色颜料为章丹（绘制时采用两道油工艺），绿色显色颜料为巴黎绿，蓝色显色颜料为群青，黑色显色颜料为炭黑，白色显色颜料为石膏；地仗层厚度在1100~2000μm，采用单披灰（两道灰）制作工艺，地仗含砖灰、石膏、白土粉、血料、桐油等。第二层彩画剩余颜料层的厚度为20~30μm，红色显色颜料为章丹。

表4-86　南薰殿外檐正立面明间垫拱板彩画测试结果汇总

		颜料层颜色	颜料层厚度	显色颜料颗粒及粒径描述	显色颜料成分
第一层彩画	颜料层	红色	60~140μm	—	章丹（两道油）
		绿色	60~120μm	球晶型晶体，部分呈扇状排列，10~20μm	巴黎绿
		黑色	10~30μm	无晶体棱角的圆形颗粒，5~10μm	炭黑
		白色	20~30μm	长方形岩石状晶体颗粒，20~60μm	石膏
	地仗层	地仗厚度	地仗成分		地仗制作工艺
		1100~2000μm	砖灰（72%）、石膏（<9%）、白土粉（12%）、有机物（血料、桐油等，7%）		单披灰（两道灰）
第二层彩画	颜料层	颜料层颜色	颜料层厚度	显色颜料成分	
		红色	20~30μm	章丹	

4.2.2.4　正立面挑檐枋

南薰殿外檐正立面西次间挑檐枋上采集蓝色彩画样品进行测试（图4-153）。

　　　　　　　　　　　　　　　　　　　　　——蓝色彩画

图4-153　南薰殿外檐正立面西次间挑檐枋蓝色彩画

南薰殿外檐正立面挑檐枋蓝色彩画的颜料层厚度在20~70μm之间（图4-154），蓝色显色颜料为均匀 3~5μm 的蓝色圆型晶体,边缘圆润(图 4-155),折射率在 1.47~1.74 之间(表 4-87),
为群青的光学特征。地仗层总厚度约 600~700μm,分三层,上层(厚度约 60~200μm)为大
量 20~40μm 大小的灰色、白色、黑色颗粒物组成的细灰层;接着是由 30μm 大小的灰色、黑
色颗粒物及 400μm 大小的灰色块状物组成的中灰层(厚度 400μm),最底层是由 30μm 大小
的灰色颗粒物及 100μm 大小的灰色块状物组成的捉缝灰层(厚度约 200μm),推测为三道灰
制作工艺(图 4-154)。

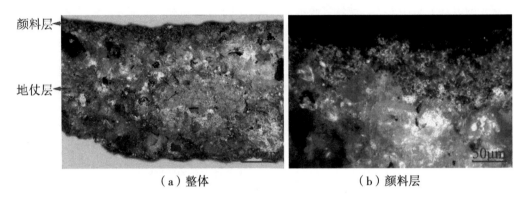

(a)整体　　　　　　　　　　　　　(b)颜料层

图4-154　南薰殿外檐正立面西次间挑檐枋蓝色彩画的剖面显微形貌

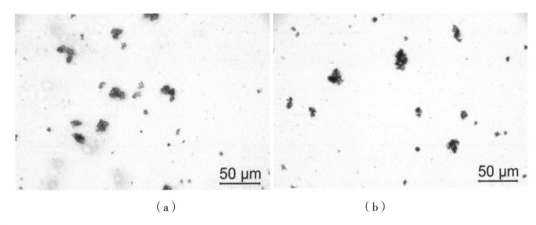

(a)　　　　　　　　　　　　　　(b)

图4-155　南薰殿外檐正立面西次间挑檐枋蓝色彩画显色颜料颗粒的偏光显微形貌

表4-87　南薰殿外檐正立面西次间挑檐枋蓝色彩画显色颜料颗粒的光学参数

名称	颗粒大小	形状	折射率	具体描述
正立面挑檐枋蓝色颜料	3~5μm	边缘圆润的蓝色圆形晶体	1.47~1.66	3~5μm 的蓝色晶体

为进一步验证蓝色彩画颜料成分,对蓝色显色颜料进行拉曼光谱测试(图 4-156),结果
表明该蓝色颜料颗粒物的拉曼光谱与青金石(Lazurite)或群青吻合,结合颜料颗粒物微观形貌,
推测该蓝色颜料为群青。

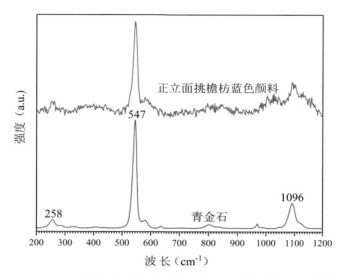

图4-156　南薰殿外檐正立面西次间挑檐枋彩画蓝色颜料的拉曼光谱测试分析结果

南薰殿外檐正立面挑檐枋蓝色彩画颜料层厚度为20~70μm，显色颜料为群青；地仗层厚度为600~700μm，采用三道灰制作工艺。

南薰殿外檐正立面西次间挑檐枋蓝色彩画测试结果汇总至表4-88，颜料层厚度在20~70μm之间，蓝色显色颜料为群青；地仗层厚度为600~700μm，采用三道灰制作工艺。

表4-88　南薰殿外檐正立面西次间挑檐枋彩画测试结果汇总

颜料层	颜料层颜色	颜料层厚度	显色颜料颗粒形貌及粒径	显色颜料成分
	蓝色	20~70μm	边缘圆润的蓝色圆形晶体，3~5μm	群青
地仗层	地仗厚度		地仗制作工艺	
	600~700μm		单披灰（三道灰）	

4.2.2.5　背立面额枋

南薰殿外檐背立面东次间额枋上分别采集绿色、蓝色、黑色、白色彩画样品进行测试（图4-157）。

黑色彩画
白色彩画
绿色彩画
蓝色彩画

图4-157　南薰殿外檐背立面东次间额枋各色彩画

（1）绿色彩画

南薰殿外檐背立面额枋第一层彩画的绿色颜料层基本脱落，地仗厚度约为100~200μm（为一道灰地仗制作工艺）。第一层地仗和第二层地仗间明间有一黑色分界线，推测最后一次修缮时可能由于旧彩画地仗保存较为完好，未进行斩砍，表面汁浆后直接抹试新地仗和绘制新彩画。第二层彩画仅残留少量的绿色、蓝色显色颜料，地仗层总厚度约1300μm，上层（厚度约300~500μm）为大量20~30μm大小的灰色、黑色颗粒物组成的细灰层；接着为由20~30μm大小的灰色颗粒物及200~500μm大小的灰色块状物组成的中灰层（厚度约800μm）。现场勘察时观察，额枋彩画地仗皆有使用麻，因此推测该样品采样时麻及其底部的地仗皆脱落，其可能采用一麻五灰或一麻四灰制作工艺（图4-158）。

（a）整体　　　　　　　　　　（b）第二层颜料

图4-158　南薰殿外檐背立面东次间额枋绿色彩画的剖面显微形貌

①第一层彩画。对第一层彩画绿色颜料表面进行SEM-EDS测试（图4-159、表4-89），结果表明第一层彩画绿色颜料表面主要含Cu、S、C、O、Pb等元素，同时含少量的As元素，因此推测该绿色彩画显色颜料可能为巴黎绿 $[Cu(C_2H_3O_2)\cdot 3Cu(AsO_2)_2]$。

（a）OM　　　　　　　　　　（b）SEM

图4-159　南薰殿外檐背立面东次间额枋第一层彩画绿色颜料表面微观形貌

表4-89　南薰殿外檐背立面东次间额枋第一层彩画绿色颜料表面的SEM-EDS测试结果

元素	C	O	Al	Si	S	Pb	Cl	K	Ca	Ba	Fe	Cu	As
wt.%	10.3	9.66	6.5	14.21	11.46	9.32	1.37	2.78	1.72	1.01	2.55	27.75	1.38
at.%	26.2	18.46	7.37	15.47	10.92	1.37	1.18	2.17	1.31	0.23	1.40	13.35	0.56

②第二层彩画。第二层彩画绿色显色颜料为 $20\sim40\mu m$ 的绿色晶体，边缘不清晰，呈颗粒堆积状（图 4-160a），折射率大于 1.74，为传统矿物颜料天然氯铜矿的光学特征；蓝色显色颜料为 $40\sim50\mu m$ 的蓝绿色岩石状颗粒物（图 4-160b），折射率为 1.47~1.66，为传统矿物颜料石青的光学特征（表 4-90）。

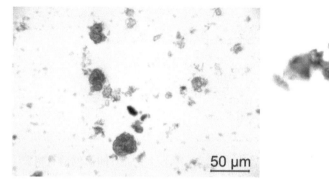

（a）绿色颜料　　　　　　　　　　（b）蓝色颜料

图4-160　南薰殿外檐背立面东次间额枋第二层彩画显色颜料颗粒的偏光显微形貌

表4-90　南薰殿外檐背立面东次间额枋第二层彩画显色颜料颗粒的光学参数

名称	颗粒大小	形状	折射率	具体描述
背立面额枋第二层彩画绿色颜料	$20\sim40\mu m$	颗粒堆积状晶体，晶体边缘不清晰	>1.74	$20\sim40\mu m$ 的绿色晶体组成，边缘不清晰，呈颗粒堆积状
背立面额枋第二层彩画蓝色颜料	$40\sim50\mu m$	蓝绿色岩石状，表面有破碎感	1.47~1.66	$40\sim50\mu m$ 的蓝绿色岩石状颗粒物组成

为确定第二层彩画地仗的无机物具体成分，对其进行 XRF、XRD 测试（表 4-91、图 4-161），结果表明第二层彩画地仗主要含 SiO_2（41.08%）、CaO（15.93%）、Al_2O_3（12.31%）、Fe_2O_3（11.42%）、SO_3（8.84%）等；XRD 测试结果表明，第二层彩画地仗成分为石英（Quartz，SiO_2）、钙霞石（Yoshiokaite，$Ca(Al,Si)_2O_4$）、钙长石（Anorthite，$CaAl_2Si_2O_8$）、微斜长石（Microcline，$KAlSi_3O_8$）和石膏（Gypsum，$CaSO_4\cdot2H_2O$）。结合以上各测试结果，背立面额枋第二层彩画地仗无机物主要为砖灰和石膏。

表4-91　南薰殿外檐背立面东次间额枋第二层彩画地仗XRF测试结果

元素	SiO_2	CaO	Al_2O_3	Fe_2O_3	SO_3	PbO	K_2O	CuO	BaO	TiO_2	其他
wt.%	41.08	15.93	12.31	11.42	8.84	3.81	3.26	1.68	0.77	0.69	0.22

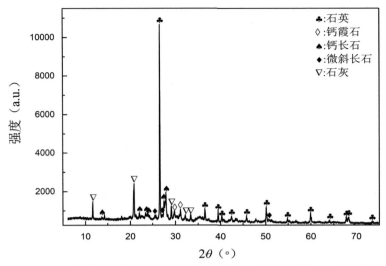

图4-161　南薰殿外檐背立面东次间额枋第二层彩画地仗XRD测试解析结果

对背立面额枋第二层彩画地仗进行热失重分析（图4-162），结果表明该地仗样品在0~160℃失重约2.93%，160~600℃失重约12.67%，550~900℃失重约5.90%。其热失重机理为：随着温度升高，地仗样品首先失去的是游离水和吸附水（如石膏），大约在160℃以后有机物（如猪血、桐油）逐渐分解并放热，550℃以后白土粉（CaCO₃）受热分解变成氧化钙（CaO）。因此推测该地仗样品含无机物——砖灰（63%）、石膏（<11%）白土粉（13%）等，有机物——淀粉、桐油、猪血等（13%）。

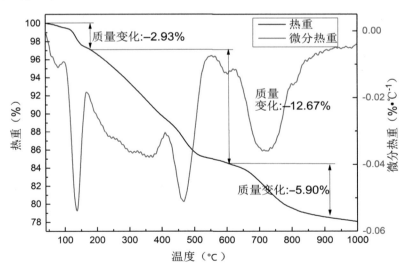

图4-162　南薰殿外檐背立面东次间额枋第二层彩画地仗热分析结果

对背立面额枋第二层彩画地仗进行碘—淀粉测试，滴加碘液后，无显色反应，说明该地仗中未添加面粉（图4-163）。

（a）额枋第二层彩画地仗 　（b）新砖灰+面粉 　（c）去离子水

图4-163　南薰殿外檐背立面东次间额枋第二层彩画地仗淀粉定性分析结果

对背立面额枋第二层彩画地仗进行血料定性测试，滴加高山试剂后，仅有少量樱红色物质被观察到，说明该地仗层中可能含少量猪血（图4-164）。

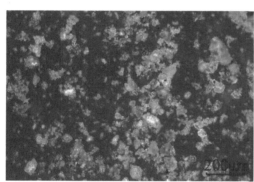

（a）测试前　　　　　　　　　　　（b）测试后

图4-164　南薰殿外檐背立面东次间额枋第二层彩画地仗血料（高山试剂）定性分析结果

南薰殿外檐背立面额枋第一层彩画绿色颜料为巴黎绿；地仗层厚度为100~200μm，采用一道灰制作工艺。第二层彩画绿色显色颜料为氯铜矿，蓝色显色颜料为石青，地仗层厚度约1300μm，含砖灰（63%）、石膏（<11%）、白土粉（13%）、有机物（血料、桐油等，13%），采用一麻五灰或一麻四灰制作工艺。

（2）蓝色彩画

南薰殿外檐背立面额枋第一层彩画蓝色颜料颗粒基本脱落，地仗厚度为100~200μm（主要由20μm的白色颗粒物组成）。第二层彩画地仗层总厚度为2000~2500μm，表层（厚度为100~130μm）为大量20~30μm大小的灰色颗粒物组成的细灰层，接着为由20~30μm大小的灰色颗粒物及100~300μm的灰色块状物组成的中灰层（厚度约300μm），麻层厚度约为500~800μm，麻层底部有一层由20~30μm大小的灰色颗粒物及150~200μm的白色块状物组成的通灰层（厚度约500μm），最底层是由30μm大小的灰色颗粒物及300~400μm大小的灰色块状物组成的捉缝灰层（厚度约400μm），推测该地仗为一麻五灰制作工艺（图4-165）。

（a）整体

（b）第一层地仗

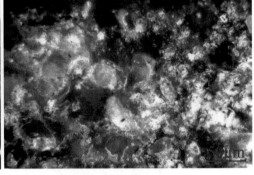

（c）第二层地仗

图4-165 南薰殿外檐背立面东次间额枋蓝色彩画的剖面显微形貌

第二层地仗拉结材料的燃烧测试结果如表4-92所示。

表4-92 南薰殿外檐背立面东次间额枋第二层彩画地仗纤维的燃烧结果

燃烧状态			燃烧时的气味	残留物特征	纤维种类
靠近火焰时	接触火焰时	离开火焰时			
不熔不缩	立即燃烧	迅速燃烧	纸燃味	呈细而软的灰白絮状	麻

　　由额枋地仗拉结材料的燃烧特征可初步判定该纤维为麻，为进一步确定其具体麻种类，同时进行横截面的微观形貌观察，发现额枋地仗纤维横截面为具有裂纹的腰圆形，因此推测该纤维为苎麻（图4-166）。该纤维的平均长径长约16μm，平均短径长约4μm，平均扁平度约0.239，纤维平均截面积约为64μm²（表4-93）。

图4-166 南薰殿外檐背立面东次间额枋第二层彩画地仗纤维横截面的显微形貌

表4-93　南薰殿外檐背立面东次间额枋第二层彩画地仗纤维横截面的形态特征

名称	长径长/μm	短径长/μm	扁平度	截面积/μm²
麻1	15	4	0.267	50
麻2	18	3	0.167	80
麻3	15	3	0.200	48
麻4	17	5	0.294	97
麻5	15	4	0.267	46
平均值	16±1	4±1	0.239±0.053	64±23

注：扁平度＝短径长／长径长，扁平度的值越小，其越扁平。

南薰殿外檐背立面额枋第一层彩画蓝色颜料基本脱落；地仗层厚度为100~200μm，采用一道灰制作工艺。第二层彩画地仗层厚度为2000~2500μm，采用一麻五灰制作工艺（麻层为苎麻）。

（3）黑色彩画

南薰殿外檐背立面额枋黑色彩画中的黑色颜料厚度在10~20μm，绿色颜料分两层（表层厚度为100~180μm，底层厚度为100~200μm，推测可能为两次涂刷的交界处）。地仗层厚度为200~350μm，主要由20~30μm大小的灰色、白色、黑色颗粒物组成，结合其他额枋彩画剖面分析结果，推测该样品取样时地仗层脱落严重，仅残留细灰层（图4-167）。

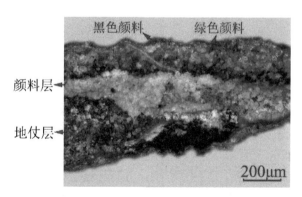

图4-167　南薰殿外檐背立面东次间额枋黑色彩画的剖面显微形貌

南薰殿外檐背立面额枋黑色颜料层厚度约10~20μm，底层绿色颜料层厚度约200~380μm；地仗层厚度约200~350μm。

（4）白色彩画

南薰殿外檐正立面额枋第一层彩画的白色颜料层厚度在10~40μm（图4-168），白色显色颜料为10~40μm的白色长方形岩石状晶体（图4-169），折射率在1.47~1.66（表4-94），为石膏的光学特征；地仗层厚度在40μm左右（主要由20μm左右的白色颗粒物组成）。第二层彩画地仗总厚度约600~1100μm，表层（厚度约100~130μm）为大量20~30μm大小的灰色颗粒物组成的细灰层，接着为由 20~30μm 大小的灰色颗粒物及 100~500μm 的灰色或白色块状物组成的中灰层（厚度约 1000μm）。结合其他额枋彩画剖面分析结果，推测该层地仗应采用一麻五灰制作工艺，样品取样时由于地仗层脱落严重，仅残留细灰层和中灰层（图 4-168）。

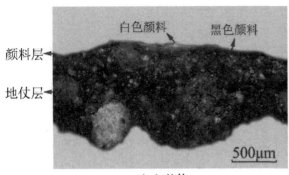 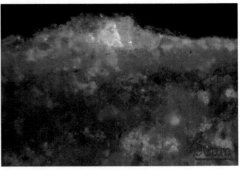

（a）整体　　　　　　　　　　　　　　　　（b）第一层彩画

图4-168　南薰殿外檐背立面东次间额枋白色彩画的剖面显微形貌

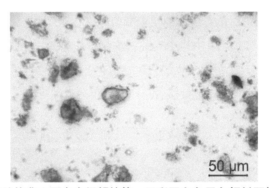

图4-169　南薰殿外檐背立面东次间额枋第一层彩画白色显色颜料颗粒的偏光显微形貌

表4-94　南薰殿外檐背立面东次间额枋第一层彩画白色显色颜料颗粒的光学参数

名称	颗粒大小	形状	折射率	具体描述
背立面额枋第一层彩画白色颜料	10~40μm	长方形岩石状晶体，边缘清晰	1.47~1.66	10~40μm 的长方形岩石状晶体

南薰殿外檐背立面额枋第一层彩画白色颜料厚度约 10~40μm，显色颜料为石膏；地仗层厚度约 40μm，采用一道灰制作工艺。第二层彩画地仗层厚度约 600~1100μm，采用一麻五灰制作工艺。

南薰殿外檐背立面东次间额枋各色彩画测试结果汇总至表 4-95，第一层彩画颜料层厚度在 10~200μm 之间，绿色显色颜料为巴黎绿，黑色显色颜料为炭黑，白色显色颜料为石膏；地仗层厚度在 100~200μm 之间，采用单披灰制作工艺。第二层彩画绿色显色颜料为氯铜矿，蓝色显色颜料为石青，地仗采用一麻五灰制作工艺，主要含砖灰、石膏、白土粉、血料、桐油等，麻纤维为苎麻。

表4-95　南薰殿外檐背立面东次间额枋彩画测试结果汇总

		颜料层颜色	颜料层厚度	显色颜料颗粒形貌及粒径	显色颜料成分
第一层彩画	颜料层	绿色	100~200μm	绿色颜料颗粒，20μm	巴黎绿
		黑色	10~20μm	无晶体棱角的圆形颗粒，5~10μm	炭黑
		白色	40~90μm	长方形岩石状晶体颗粒，10~40μm	石膏
	地仗层	地仗厚度		地仗制作工艺	
		100~200μm		单披灰（细灰）	
第二层彩画	颜料层	颜料层颜色	显色颜料颗粒形貌及粒径		显色颜料成分
		绿色	颗粒堆积状绿色晶体，20~40μm		氯铜矿
		蓝色	蓝绿色岩石状颗粒物，40~50μm		石青
	地仗层	地仗厚度	地仗成分		地仗制作工艺
		2000~2500μm	砖灰（63%）、石膏（<11%）、白土粉（13%）、有机物（血料、桐油等，13%）		一麻五灰（麻层为苎麻）

4.2.2.6　背立面平板枋

南薰殿外檐背立面东次间平板枋上有多层彩画（图4-170），采集两处彩画样品进行测试。

外层蓝色彩画

图4-170　南薰殿外檐背立面东次间平板枋多层彩画

背立面平板枋两个多层彩画样品的剖面形貌如图4-171、图4-172所示。外檐背立面平板枋共观察到四层彩画。第一层彩画的绿色颜料厚度约100~150μm（由20μm左右的深绿色颗粒物组成），蓝色颜料厚度约30~50μm（由大小均匀的5μm左右的蓝色颗粒物组成），白色颜料厚度约15~25μm，地仗厚度约为120~300μm（主要由20~30μm的灰色颗粒物组成，推测为细灰）。第二层彩画的绿色颜料厚度约70μm（由20~30μm的绿色颗粒物组成，与第三层绿色颜料颗粒形貌相同，推测为同一种颜料），蓝色颜料厚度约120μm（由50~70μm的蓝色颗粒物组成），地仗总厚度约为1200~1300μm，表层（厚度约300~700μm）为大量

30~50μm大小的灰色、白色、黑色颗粒物组成的细灰层，含麻层（厚度约400μm），下层也是由30~50μm的灰色、白色、黑色颗粒物组成的灰层（厚度约250~600μm）。第三层彩画的绿色颜料厚度约30μm，白色颜料厚度约40μm，黑色颜料厚度约30μm，地仗厚度约为300~1500μm（主要由20~30μm的灰色颗粒物组成，推测为细灰）。第四层彩画的绿色颜料厚度约40~100μm，地仗厚度约为700~900μm（主要由20~30μm的灰色颗粒物组成，推测为细灰）。

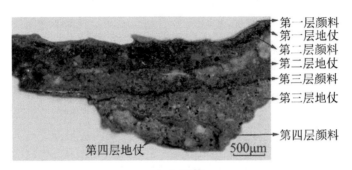

（a）整体

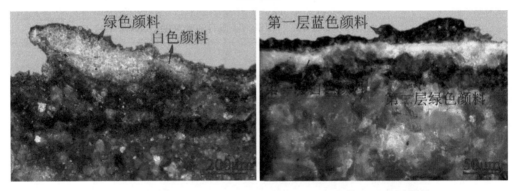

（b）第一层颜料　　　　　　　　　　　（c）第一、二层颜料

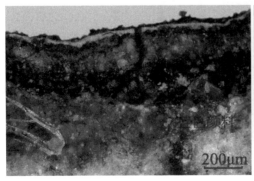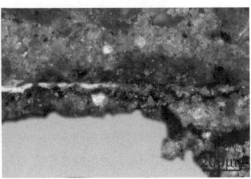

（d）第二层颜料　　　　　　　　　　　（e）第三层颜料

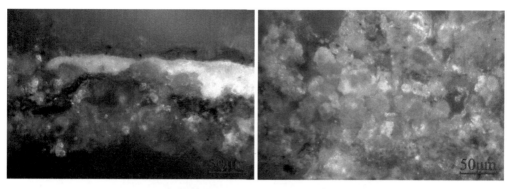

（f）第三层颜料　　　　　　　　（g）第四层颜料

图4-171　南薰殿外檐背立面东次间平板枋多层彩画1的剖面显微形貌

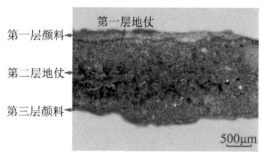

（a）整体

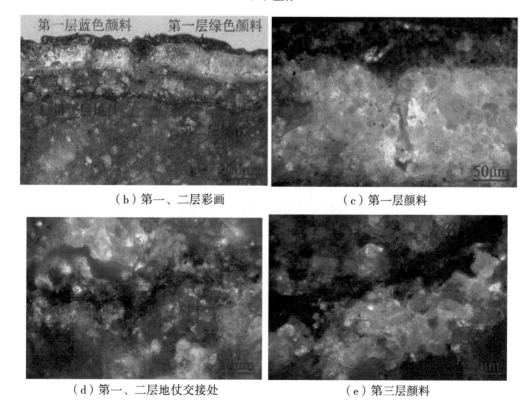

（b）第一、二层彩画　　　　　　　（c）第一层颜料

（d）第一、二层地仗交接处　　　　（e）第三层颜料

图4-172　南薰殿外檐背立面东次间平板枋多层彩画2的剖面显微形貌

（1）第一层彩画

第一层彩画绿色颜料表面的微观形貌及 SEM-EDS 测试结果（图 4-173、表 4-96）表明，该彩画表面主要含 Cu、Ca、C、S、Si、O 等元素，同时含少量的 As 元素，因此推测该绿色彩画显色颜料为巴黎绿 $[Cu(C_2H_3O_2)\cdot3Cu(AsO_2)_2]$。

（a）OM　　　　　　　　　　　（b）SEM

图4-173　南薰殿外檐背立面东次间平板枋第一层绿色彩画表面微观形貌

表4-96　南薰殿外檐背立面东次间平板枋第一层绿色彩画表面的SEM-EDS测试结果

元素	C	O	As	Al	Si	S	Cl	K	Ca	Fe	Cu
wt.%	13.04	10.57	3.45	4.85	11.31	11.65	1.40	1.90	16.50	6.36	18.98
at.%	29.73	18.10	1.26	4.93	11.04	9.95	1.08	1.33	11.28	3.12	8.18

第一层彩画蓝色显色颜料的拉曼光谱测试结果（图 4-174）表明，该蓝色颜料颗粒物的拉曼光谱与青金石（Lazurite）或群青吻合，结合剖面形貌中的蓝色颜料颗粒物微观形貌，推测该蓝色颜料为群青。

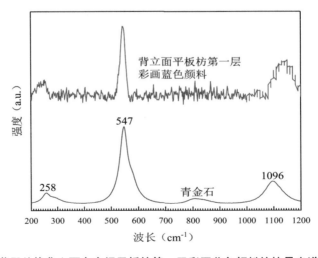

图4-174　南薰殿外檐背立面东次间平板枋第一层彩画蓝色颜料的拉曼光谱测试分析结果

（2）第二层彩画

第二层彩画蓝色显色颜料的拉曼光谱测试结果（图4-175）表明，该蓝色颜料颗粒物的拉曼光谱与石青（Azurite）吻合，因此该层彩画中的蓝色显色颜料为石青。

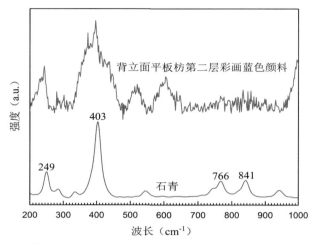

图4-175　南薰殿外檐背立面东次间平板枋第二层彩画蓝色颜料的拉曼光谱测试分析结果

第二层彩画地仗中拉结材料的燃烧测试结果如表4-97所示，可初步判定该纤维为麻。

表4-97　南薰殿外檐背立面东次间平板枋第二层彩画地仗纤维的燃烧结果

燃烧状态			燃烧时的气味	残留物特征	纤维种类
靠近火焰时	接触火焰时	离开火焰时			
不熔不缩	立即燃烧	迅速燃烧	纸燃味	呈细而软的灰白絮状	麻

为进一步确定其具体麻种类，同时进行横截面的微观形貌观察，发现平板枋第二层彩画地仗纤维横截面为具有裂纹的腰圆形，因此推测该纤维为苎麻（图4-176）。该纤维的平均长径长约 $14\mu m$，平均短径长约 $4\mu m$，平均扁平度约0.300，纤维平均截面积约为 $62\mu m^2$（表4-98）。

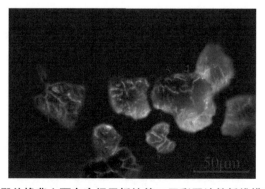

图4-176　南薰殿外檐背立面东次间平板枋第二层彩画地仗纤维横截面的显微形貌

表4-98 南薰殿外檐背立面东次间平板枋第二层彩画地仗纤维横截面的形态特征

名称	长径长/μm	短径长/μm	扁平度	截面积/μm²
麻1	14	5	0.357	50
麻2	13	5	0.385	63
麻3	16	3	0.188	63
麻4	16	3	0.188	76
麻5	13	5	0.385	57
平均值	14 ± 2	4 ± 1	0.300 ± 0.104	62 ± 10

注：扁平度 = 短径长 / 长径长，扁平度的值越小，其越扁平。

（3）第三层彩画

第三层绿色彩画显色颜料为20~50μm的绿色晶体，边缘不清晰，呈颗粒堆积状（图4-177），折射率大于1.74（表4-99），为传统矿物颜料天然氯铜矿的光学特征。

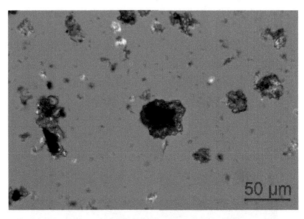

图4-177 南薰殿外檐背立面东次间平板枋第三层彩画绿色显色颜料颗粒的偏光显微形貌

表4-99 南薰殿外檐背立面东次间平板枋第三层彩画绿色显色颜料颗粒的光学参数

名称	颗粒大小	形状	折射率	具体描述
背立面平板枋第三层彩画绿色颜料	20~50μm	颗粒堆积状晶体，晶体边缘不清晰	＞1.74	20~50μm的绿色晶体组成，边缘不清晰，呈颗粒堆积状

第三层彩画蓝色、黑色显色颜料的拉曼光谱测试结果（图4-178）表明，蓝色颜料颗粒物的拉曼光谱与石青（Azurite）吻合，因此该层彩画中的蓝色显色颜料为石青；黑色颜料颗粒物的拉曼光谱与炭黑（Carbon black）吻合，因此该层彩画的黑色显色颜料为炭黑。

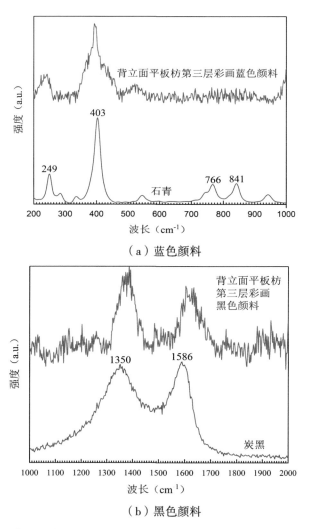

（a）蓝色颜料

（b）黑色颜料

图4-178　南薰殿外檐背立面东次间平板枋第三层彩画颜料的拉曼光谱测试分析结果

（4）第四层彩画

平板枋第四层彩画绿色显色颜料为20μm左右的绿色晶体，边缘不清晰，呈颗粒堆积状（图4-179），折射率大于1.74（表4-100），为传统矿物颜料天然氯铜矿的光学特征。

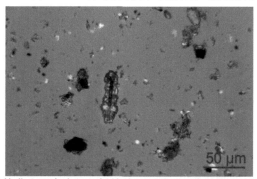

图4-179　南薰殿外檐背立面东次间平板枋第四层彩画绿色显色颜料颗粒的偏光显微形貌

表4-100　南薰殿外檐背立面东次间平板枋第四层彩画绿色显色颜料颗粒的光学参数

名称	颗粒大小	形状	折射率	具体描述
背立面平板枋第四层彩画绿色颜料	20μm左右	颗粒堆积状晶体，晶体边缘不清晰	>1.74	20μm左右的绿色晶体组成，边缘不清晰，呈颗粒堆积状

　　南薰殿外檐背立面东次间平板枋各色彩画测试结果汇总至表4-101，第一层彩画颜料层厚度在15~150μm，绿色显色颜料为巴黎绿，蓝色显色颜料为群青，地仗层厚度在120~300μm，为单披灰制作工艺。第二层彩画颜料层厚度在70~120μm，绿色显色颜料为氯铜矿，蓝色显色颜料为石青，地仗层厚度在1200~1300μm，为麻灰地仗制作工艺，麻层纤维为苎麻。第三层彩画颜料层厚度在30~40μm，绿色显色颜料为氯铜矿，黑色显色颜料为炭黑，地仗层厚度在300~1500μm，为单披灰制作工艺。第四层彩画颜料层厚度在40~100μm，绿色显色颜料为氯铜矿，地仗层厚度在700~900μm，为单披灰制作工艺。

表4-101　南薰殿外檐背立面东次间平板枋彩画测试结果汇总

		颜料层颜色	颜料层厚度	显色颜料颗粒及粒径描述	显色颜料成分
第一层彩画	颜料层	绿色	100~150μm	绿色颜料颗粒，20μm	巴黎绿
		蓝色	30~50μm	蓝色晶体颗粒，5μm	群青
		白色	15~25μm	—	—
	地仗层	地仗厚度		地仗制作工艺	
		120~300μm		单披灰	
第二层彩画	颜料层	颜料层颜色	颜料层厚度	显色颜料颗粒及粒径描述	显色颜料成分
		绿色	70μm	蓝绿色晶体颗粒，20~30μm	氯铜矿
		蓝色	120μm	蓝色晶体颗粒，50~70μm	石青
	地仗层	地仗厚度		地仗制作工艺	
		1200~1300μm		麻灰地仗（麻为苎麻）	
第三层彩画	颜料层	颜料层颜色	颜料层厚度	显色颜料颗粒及粒径描述	显色颜料成分
		绿色	30μm	颗粒堆积状绿色晶体，20~50μm	氯铜矿
		白色	40μm	—	—
		黑色	30μm	—	炭黑
	地仗层	地仗厚度		地仗制作工艺	
		300~1500μm		单披灰	
第四层彩画	颜料层	颜料层颜色	颜料层厚度	显色颜料颗粒及粒径描述	显色颜料成分
		绿色	40~100μm	颗粒堆积状绿色晶体，20μm	氯铜矿
	地仗层	地仗厚度		地仗制作工艺	
		700~900μm		单披灰	

4.2.2.7　背立面斗栱

南薰殿外檐背立面西次间斗栱上分别采集绿色、蓝色、黑色、白色彩画样品进行测试（图4–180）。

图4–180　南薰殿外檐背立面西次间斗栱各色彩画

（1）绿色彩画

南薰殿外檐背立面斗栱第一层彩画的绿色颜料厚度在180~250μm之间（由均匀的20~30μm绿色颗粒物组成），地仗层厚度约300~400μm（主要由30~50μm的灰色颗粒物组成，推测为细灰）。第二层彩画的绿色颜料厚度在100~300μm之间，由30~50μm绿色颜料颗粒物组成（图4–181）。

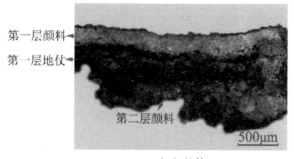

（a）整体

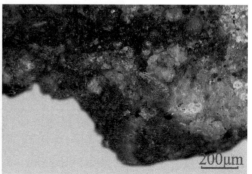

（b）第一层颜料　　　　　　　　　（c）第二层颜料

图4–181　南薰殿外檐背立面西次间斗栱绿色彩画的剖面显微形貌

①第一层彩画。第一层绿色彩画表面的微观形貌及SEM-EDS测试结果（图4-182、表4-102）表明，绿色彩画表面主要含Pb、As、S、Cu等元素，因此推测该绿色彩画显色颜料为巴黎绿 $[Cu(C_2H_3O_2)\cdot 3Cu(AsO_2)_2]$。

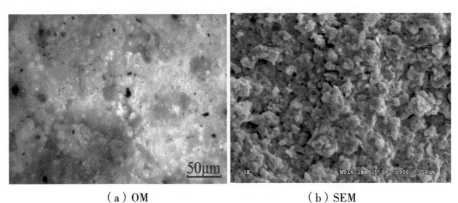

（a）OM　　　　　　　　　　　　　　（b）SEM

图4-182　南薰殿外檐背立面西次间斗栱第一层彩画绿色颜料表面微观形貌

表4-102　南薰殿外檐背立面西次间斗栱第一层彩画绿色颜料表面的SEM-EDS测试结果

元素	C	O	Al	Si	S	Pb	Cl	K	Ca	Ba	Fe	Cu	As
wt.%	2.94	4.30	1.1	2.35	10.16	40.34	0.25	1.57	3.95	0.67	0.75	7.8	23.82
at.%	13.97	15.31	2.33	4.76	18.06	11.1	0.41	2.28	5.62	0.28	0.77	7.0	18.12

②第二层彩画。第二层彩画绿色显色颜料为 $50\mu m$ 左右的绿色晶体，边缘不清晰，呈颗粒堆积状（图4-183），折射率大于1.74（表4-103），为传统矿物颜料天然氯铜矿的光学特征。

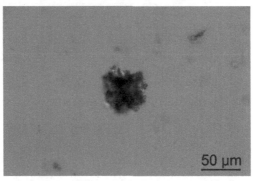

图4-183　南薰殿外檐背立面西次间斗栱第二层彩画绿色显色颜料颗粒的偏光显微形貌

表4-103　南薰殿外檐背立面西次间斗栱第二层彩画绿色显色颜料颗粒的光学参数

名称	颗粒大小	形状	折射率	具体描述
背立面斗栱第二层彩画绿色颜料	$50\mu m$ 左右	颗粒堆积状晶体，晶体边缘不清晰	>1.74	$50\mu m$ 左右的绿色晶体组成，边缘不清晰，呈颗粒堆积状

南薰殿外檐背立面斗栱第一层彩画绿色颜料厚度为180~250μm，显色颜料为巴黎绿；地
仗层厚度为300~400μm，采用一道灰制作工艺。第二层彩画绿色颜料厚度为100~300μm，显
色颜料为氯铜矿。

（2）蓝色彩画

南薰殿外檐背立面斗栱第一层彩画的蓝色颜料层厚度在60~120μm之间（主要由均匀的
3~5μm蓝色颗粒物组成），地仗层厚度为200~300μm（由20~30μm左右的灰色、白色颗粒物
组成，推测为细灰）。第二层彩画蓝色颜料层厚度在90~280μm（由30~50μm蓝色颗粒物组成），
蓝色颜料底部有一层厚度约为100μm的红色颜料（由20~50μm红色颗粒物组成），地仗层厚
度约100μm（图4-184）。

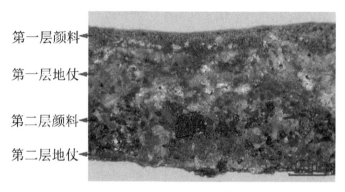

第一层颜料
第一层地仗
第二层颜料
第二层地仗

（a）整体

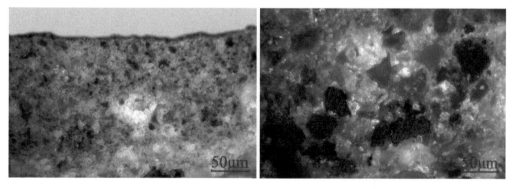

50μm

50μm

（b）第一层颜料　　　　　　　　　（c）第二层颜料

图4-184　南薰殿外檐背立面西次间斗栱蓝色彩画的剖面显微形貌

①第一层彩画。第一层彩画蓝色显色颜料的拉曼光谱测试结果（图4-185）表明，蓝色颜
料颗粒物的拉曼光谱与青金石（Lazurite）或群青吻合，结合剖面中的蓝色颜料颗粒物微观形貌，
推测该蓝色颜料为群青。

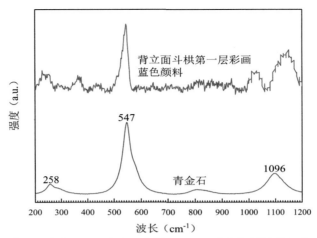

图4-185 南薰殿外檐背立面西次间斗栱第一层彩画蓝色颜料拉曼光谱测试分析结果

②第二层彩画。第二层彩画蓝色、红色显色颜料的拉曼光谱测试结果（图4-186）表明，蓝色颜料颗粒物的拉曼光谱与石青（Azurite）吻合，因此该层彩画中的蓝色显色颜料颗粒物为石青；红色颜料颗粒物的拉曼光谱与铅黄（Litharge）吻合，因此推测该层彩画的红色显色颜料颗粒物为章丹。

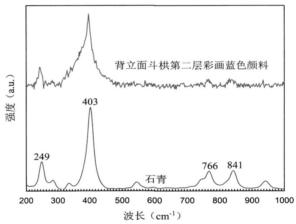

（a）蓝色颜料

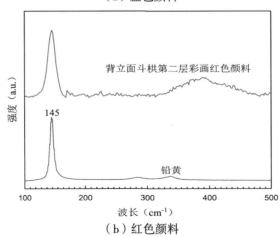

（b）红色颜料

图4-186 南薰殿外檐背立面西次间斗栱第二层彩画蓝色、红色颜料拉曼光谱测试分析结果

南薰殿外檐背立面斗栱第一层彩画蓝色颜料厚度为60~120μm，显色颜料为群青；地仗层厚度为200~300μm，采用一道灰制作工艺。第二层彩画蓝色颜料厚度为90~280μm，红色颜料厚度约100μm，蓝色显色颜料为石青，红色显色颜料为章丹。

（3）黑色彩画

南薰殿外檐背立面斗栱第一层彩画的黑色颜料厚度在50μm左右，绿色颜料厚度在60~160μm（由20μm左右的绿色颜料颗粒物组成），地仗层厚度为80~100μm（主要由20~30μm的灰色颗粒物组成，推测为细灰）。第二层彩画的绿色颜料厚度在70μm（由20μm左右的绿色颜料颗粒物组成），地仗层厚度为80~200μm（主要由20~30μm的灰色颗粒物组成，推测为细灰）（图4-187）。

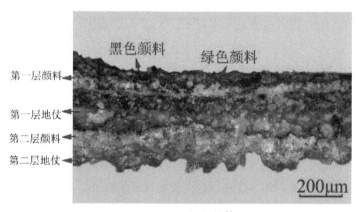

（a）整体

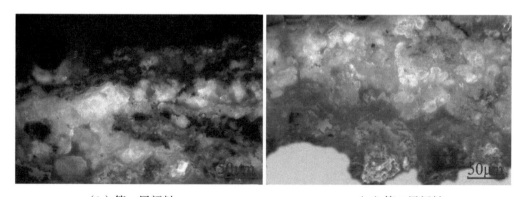

（b）第一层颜料　　　　　　　　　（c）第二层颜料

图4-187　南薰殿外檐背立面西次间斗栱黑色彩画的剖面显微形貌

第一层彩画黑色显色颜料的拉曼光谱测试结果（图4-188）表明，黑色颜料颗粒物的拉曼光谱与炭黑（Carbon black）吻合，因此该层彩画的黑色显色颜料颗粒物为炭黑。

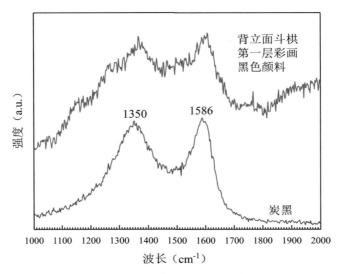

图4-188　南薰殿外檐背立面西次间斗栱第一层彩画黑色颜料的拉曼光谱测试分析结果

南薰殿外檐背立面斗栱第一层彩画黑色颜料厚度约50μm，底部绿色颜料厚度为60~160μm，黑色显色颜料为炭黑；地仗层厚度为80~100μm，采用一道灰制作工艺。第二层彩画绿色颜料厚度约70μm，地仗层厚度为80~200μm。

（4）白色彩画

南薰殿外檐背立面斗栱第一层彩画的白色颜料厚度约10μm（图4-189），白色显色颜料为10~30μm的白色长方形岩石状晶体（图4-190），折射率在1.47~1.66之间（表4-104），为石膏的光学特征；蓝色颜料厚度在70~400μm之间（由均匀的5μm左右的蓝色颗粒物组成，推测为群青）；地仗层厚度为90~130μm（由20μm左右的灰色颗粒物组成，推测为细灰）。第二层彩画的颜料层为蓝色，主要由50~150μm的蓝色颜料颗粒物组成，推测为石青（图4-189）。

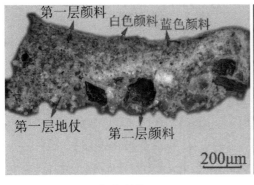
（a）整体

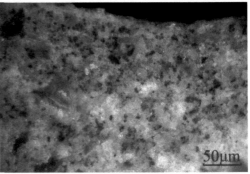
（b）第一层颜料

图4-189　南薰殿外檐背立面西次间斗栱白色彩画的剖面显微形貌

174

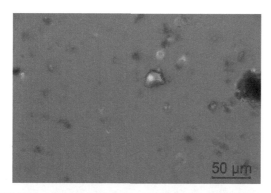

图4-190 南薰殿外檐背立面西次间斗栱第一层彩画白色显色颜料颗粒的偏光显微形貌

表4-104 南薰殿外檐背立面西次间斗栱第一层彩画白色显色颜料颗粒的光学参数

名称	颗粒大小	形状	折射率	具体描述
背立面斗栱白色颜料	10~30μm	长方形岩石状晶体，边缘清晰	1.47~1.66	10~30μm的长方形岩石状晶体

南薰殿外檐背立面斗栱第一层彩画白色颜料厚度约10μm，底部蓝色颜料厚度为70~400μm，白色显色颜料为石膏，蓝色显色颜料为群青；地仗层厚度约90~130μm，采用一道灰制作工艺。第二层彩画蓝色显色颜料为石青。

南薰殿外檐背立面西次间斗栱各色彩画测试结果汇总至表4-105。第一层彩画颜料层厚度在10~400μm，绿色显色颜料为巴黎绿，蓝色显色颜料为群青，黑色显色颜料为炭黑，白色显色颜料为石膏，地仗层厚度在80~400μm，采用单披灰制作工艺。第二层彩画颜料层厚度在70~300μm，绿色显色颜料为氯铜矿，蓝色显色颜料为石青，红色显色颜料为章丹，地仗层厚度在80~200μm，采用单披灰制作工艺。

表4-105 南薰殿外檐背立面西次间斗栱彩画测试结果汇总

第一层彩画	颜料层	颜料层颜色	颜料层厚度	显色颜料颗粒及粒径描述	显色颜料成分
		绿色	60~250μm	绿色颗粒物，20~30μm	巴黎绿
		蓝色	60~400μm	蓝色晶体颗粒，3~5μm	群青
		黑色	50μm	—	炭黑
		白色	10μm	长方形岩石状晶体颗粒，10~30μm	石膏
	地仗层	地仗厚度		地仗制作工艺	
		80~400μm		单披灰（细灰）	
第二层彩画	颜料层	颜料层颜色	颜料层厚度	显色颜料颗粒及粒径描述	显色颜料成分
		绿色	70~300μm	颗粒堆积状绿色晶体，50μm	氯铜矿
		蓝色	90~280μm	蓝色晶体颗粒，30~150μm	石青
		红色	100μm	红色晶体颗粒，20~50μm	章丹
	地仗层	地仗厚度		地仗制作工艺	
		80~200μm		单披灰（细灰）	

4.2.2.8 东山面垫栱板

南薰殿外檐东山面明间垫拱板上分别采集绿色、蓝色、黑色、白色彩画样品进行测试（图4-191）。

图4-191 南薰殿外檐东山面明间垫栱板各色彩画

（1）红色彩画

南薰殿外檐东山面垫拱板第一层彩画的红色颜料厚度在100~280μm。地仗层厚度约600~900μm（主要由20~40μm大小的灰色颗粒物组成，推测为细灰）。第二层彩画的红色颜料厚度约10~40μm，为橘红色，推测该颜料可能为章丹（图4-192）。

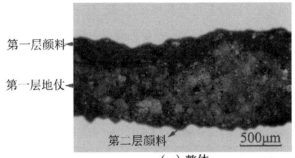

第一层颜料

第一层地仗

第二层颜料　500μm

（a）整体

200μm

（b）第一层颜料

50μm

（c）第二层颜料

图4-192 南薰殿外檐东山面明间垫栱板红色彩画的剖面显微形貌

垫拱板第一、二层彩画中的红色显色颜料皆为橘红色晶体，无良好晶体边缘，正交偏光下蓝绿异常消光（图4-193），折射率大于1.74（表4-106），为章丹的光学特征。

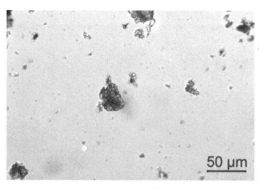

（a）第一层彩画　　　　　　　　　　　　（b）第二层彩画

图4-193　南薰殿外檐东山面明间垫栱板红色彩画显色颜料颗粒的偏光显微形貌

表4-106　南薰殿外檐东山面明间垫栱板红色彩画显色颜料颗粒的光学参数

名称	颗粒大小	形状	折射率	具体描述
东山面垫栱板第一层彩画红色颜料	20~40μm	无良好晶体边缘，正交偏光下蓝绿异常消光	>1.74	20~40μm的橘红色晶体组成，无良好晶体边缘，正交偏光下蓝绿异常消光
东山面垫栱板第二层彩画红色颜料	40~50μm	无良好晶体边缘，正交偏光下蓝绿异常消光	>1.74	40~50μm的橘红色晶体组成，无良好晶体边缘，正交偏光下蓝绿异常消光

南薰殿外檐东山面垫拱板第一层彩画红色颜料厚度为100~280μm，显色颜料为章丹；地仗层厚度为600~900μm，采用一道灰制作工艺。第二层彩画红色颜料厚度为10~40μm，显色颜料为章丹。

（2）绿色、白色彩画

南薰殿外檐东山面垫拱板第一层彩画的白色颜料厚度在20~90μm，绿色颜料厚度在60~200μm（图4-194）。其中绿色显色颜料为10~20μm的绿色球晶型晶体，部分呈扇状排列（图4-195a），折射率大于1.74（表4-107），为巴黎绿的光学特征；白色显色颜料为10~40μm左右的白色长方形岩石状晶体组成（图4-195b），折射率在1.47~1.66之间（表4-107），为石膏的光学特征。第一层彩画地仗厚度约400~600μm（主要由20~40μm的灰色、白色、黑色颗粒物组成，推测为细灰）（图4-194）。

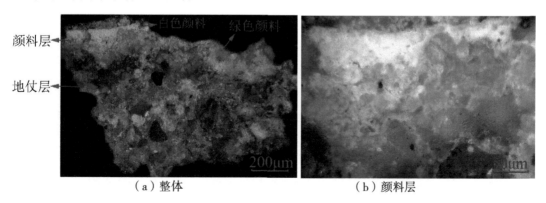

（a）整体　　　　　　　　　　　　　　　（b）颜料层

图4-194　南薰殿外檐东山面明间垫拱板绿色、白色彩画的剖面显微形貌

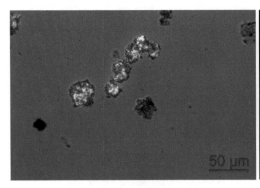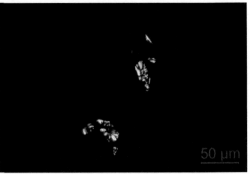

（a）绿色颜料　　　　　　　　　　　（b）白色颜料

图4-195　南薰殿外檐东山面明间垫栱板绿色、白色彩画显色颜料颗粒的偏光显微形貌

表4-107　南薰殿外檐东山面明间垫栱板绿色、白色彩画显色颜料颗粒的光学参数

名称	颗粒大小	形状	折射率	具体描述
东山面垫栱板绿色颜料	10~20μm	球晶型晶体，部分呈扇状排列	>1.74	10~20μm的绿色球晶型晶体组成，部分呈扇状排列
东山面垫栱板白色颜料	10~40μm	长方形岩石状晶体，边缘清晰	1.47~1.66	10~40μm的长方形岩石状晶体

为进一步验证绿色彩画颜料成分，对绿色彩画表面进行 SEM-EDS 测试（图 4-196、表 4-108），结果表明绿色彩画表面主要含 C、Si、As、Cu、Ca、O 等元素，因此推测该绿色彩画显色颜料为巴黎绿 $[Cu(C_2H_3O_2)\cdot 3Cu(AsO_2)_2]$。

（a）OM　　　　　　　　　　　（b）SEM

图4-196　南薰殿外檐东山面明间垫栱板绿色彩画表面微观形貌

表4-108　南薰殿外檐东山面明间垫栱板绿色彩画表面的SEM-EDS测试结果

元素	C	O	Al	Si	S	Cl	K	Ca	Ba	Fe	Cu	As
wt.%	15.64	10.02	5.31	15.23	5.87	1.01	2.18	12.26	2.36	2.98	12.51	14.63
at.%	35.16	16.91	5.32	14.64	4.94	0.77	1.50	8.26	0.46	1.44	5.32	5.27

南薰殿外檐东山面垫栱板第一层彩画白色颜料厚度为 20~90μm，绿色颜料厚度为 60~200μm，绿色显色颜料为巴黎绿，白色显色颜料为石膏；地仗层厚度为 400~600μm，采用一道灰制作工艺。

（3）黑色彩画

南薰殿外檐东山面垫拱板第一层彩画的黑色颜料厚度在 $10\mu m$ 左右（结合其他构件的表层颜料信息，推测其应为炭黑），红色颜料厚度在 $60~170\mu m$，地仗层总厚度为 $700~900\mu m$（主要由 $20~60\mu m$ 大小的灰色、白色、黑色颗粒物组成，推测为细灰）（图4-197）。

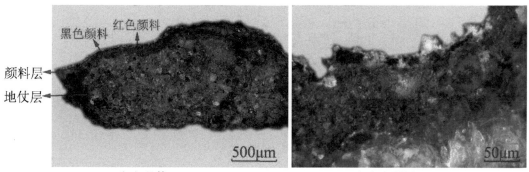

（a）整体　　　　　　　　　　　　　　　（b）颜料层

图4-197　南薰殿外檐东山面明间垫栱板黑色彩画的剖面显微形貌

南薰殿外檐东山面垫拱板第一层彩画黑色颜料厚度约 $10\mu m$，底部红色颜料厚度约 $60~170\mu m$，黑色显色颜料为炭黑；地仗层厚度为 $700~900\mu m$，采用一道灰制作工艺。

南薰殿外檐东山面明间垫拱板各色彩画测试结果汇总至表4-109。第一层彩画颜料层厚度在 $10~280\mu m$ 之间，其中红色显色颜料为章丹，绿色显色颜料为巴黎绿，白色显色颜料为石膏，黑色显色颜料为炭黑；地仗层厚度在 $400~900\mu m$ 之间，采用单披灰制作工艺。第二层彩画的红色颜料层厚度约 $10~40\mu m$，显色颜料为章丹。

表4-109　南薰殿外檐东山面明间垫栱板彩画测试结果汇总

		颜料层颜色	颜料层厚度	显色颜料颗粒及粒径描述	显色颜料成分
第一层彩画	颜料层	红色	$100~280\mu m$	橘红色晶体，$20~40\mu m$	章丹
		绿色	$60~200\mu m$	球晶型晶体，部分呈扇状排列，$10~20\mu m$	巴黎绿
		白色	$20~90\mu m$	长方形岩石状晶体颗粒，$10~40\mu m$	石膏
		黑色	$10\mu m$	——	炭黑
	地仗层	地仗厚度		地仗制作工艺	
		$400~900\mu m$		单披灰（细灰）	
第二层彩画	颜料层	颜料层颜色	颜料层厚度	显色颜料颗粒及粒径描述	显色颜料成分
		红色	$10~40\mu m$	橘红色晶体，$40~50\mu m$	章丹

4.2.2.9　东山面挑檐檩

南薰殿外檐东山面南次间挑檐檩有多层彩画，分别采集外层绿色、蓝色、黑色、白色彩画以及内层绿色、蓝色、黑色、白色彩画样品进行测试（图4-198）。

图4-198 南薰殿外檐东山面南次间挑檐檩多层彩画

南薰殿外檐东山面挑檐檩各多层彩画的剖面形貌如图4-199~图4-201所示，共观察到五层彩画。第一层彩画的绿色颜料厚度约30~230μm（由20μm左右的深绿色颗粒物组成），蓝色颜料厚度约90~150μm（由大小均匀的5μm左右的蓝色颗粒物组成），黑色颜料厚度为20~70μm，白色颜料厚度约70~190μm，地仗厚度约为300μm（主要由20~30μm的灰色、白色、黑色颗粒物组成，推测为细灰）。第二层彩画的绿色颜料厚度约70~100μm（由20~30μm的绿色颗粒物组成，与第五层绿色颜料颗粒形貌相同，推测为同一种颜料），地仗总厚度约为2600~2800μm，表层（厚度约300~350μm）为大量30~50μm大小的灰色、白色、黑色颗粒物组成的细灰层，下层由30μm大小的灰色颗粒物及500~1200μm大小的灰色块状物组成的中灰层（厚度约700~1000μm），接着是厚度为300~900μm的麻层，最底层是由30μm大小的灰色颗粒物组成的通灰层（厚度约300~700μm），推测为一麻四灰制作工艺。第三层彩画的红色颜料厚度为20~60μm，地仗厚度为200~250μm（主要由20~30μm的灰色颗粒物组成，推测为细灰）。第四层彩画的红色颜料厚度为30~200μm，地仗厚度为30~200μm（主要由20~30μm的灰色颗粒物组成，推测为细灰）。第五层彩画的绿色颜料厚度为40~100μm（由20~30μm的绿色颗粒物组成），地仗厚度为130~170μm（主要由20~30μm的灰色颗粒物组成，推测为细灰）。

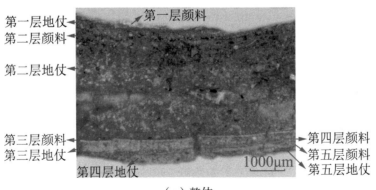

（a）整体

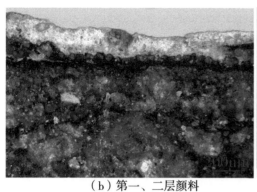

（b）第一、二层颜料　　　　　　　（c）第三、四、五层颜料

图4-199　南薰殿外檐东山面南次间挑檐檩多层彩画1的剖面显微形貌

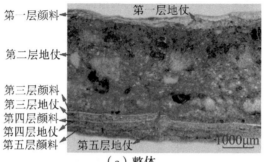

第一层颜料　　　　　　　　第一层地仗
第二层地仗
第三层颜料
第三层地仗
第四层颜料
第四层地仗
第五层颜料　　　第五层地仗

（a）整体

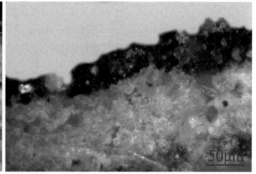

（b）第一层颜料　　　　　　　　　　（c）第一层颜料

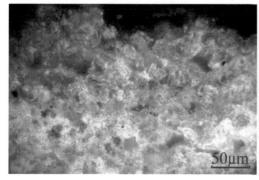

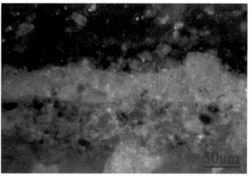

（d）第一层颜料　　　　　　　　　　（e）第三层颜料

图4-200

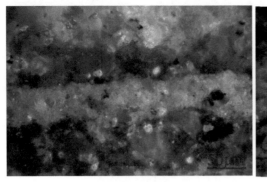 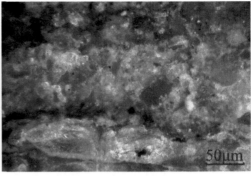

（f）第四层颜料 （g）第五层颜料

图4-200 南薰殿外檐东山面南次间挑檐檩多层彩画2的剖面显微形貌

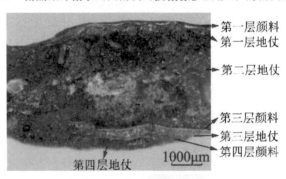

→ 第一层颜料
→ 第一层地仗
→ 第二层地仗
→ 第三层颜料
→ 第三层地仗
→ 第四层颜料

第四层地仗

（a）整体

（b）第一层颜料 （c）第三、四层颜料

图4-201 南薰殿外檐东山面南次间挑檐檩多层彩画3的剖面显微形貌

（1）第一层彩画

第一层彩画绿色显色颜料为10~20μm的绿色球晶型晶体，部分呈扇状排列（图4-202a），折射率大于1.74，为巴黎绿的光学特征；蓝色显色颜料为均匀5μm左右的蓝色圆型晶体，边缘圆润（图4-202b），折射率在1.47~1.74之间，为群青的光学特征；黑色显色颜料为均匀5~10μm左右的黑色圆形颗粒，无晶体棱角（图4-202c），为炭黑的光学特征；白色显色颜料为10~40μm的白色长方形岩石状晶体（图4-202d），折射率在1.47~1.66之间，为石膏的光学特征（表4-110）。

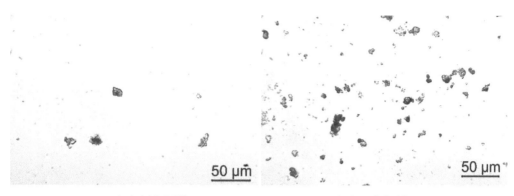

（a）绿色颜料　　　　　　　　　　　（b）蓝色颜料

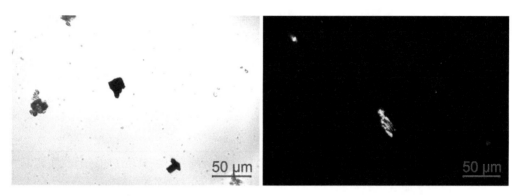

（c）黑色颜料　　　　　　　　　　　（d）白色颜料

图4-202　南薰殿外檐东山面南次间挑檐檩第一层彩画显色颜料颗粒的偏光显微形貌

表4-110　南薰殿外檐东山面南次间挑檐檩第一层彩画显色颜料颗粒的光学参数

名称	颗粒大小	形状	折射率	具体描述
东山面第一层彩画绿色颜料	10~20μm	球晶型晶体，部分呈扇状排列	>1.74	10~20μm的绿色球晶型晶体组成，部分呈扇状排列
东山面第一层彩画蓝色颜料	5μm	边缘圆润的蓝色圆形晶体	1.47~1.66	5μm左右的蓝色晶体
东山面第一层彩画黑色颜料	5~10μm	圆形颗粒，无晶体棱角	无	5~10μm黑色圆形颗粒，无晶体棱角
东山面第一层彩画白色颜料	10~40μm	长方形岩石状晶体，边缘清晰	1.47~1.66	10~40μm的长方形岩石状晶体

为进一步验证第一层绿色彩画颜料成分，对绿色彩画表面进行 SEM-EDS 测试（图 4-203、表 4-111），结果表明绿色彩画表面主要含 Cu、As、S、C、Si、O 等元素，因此可判断绿色彩画显色颜料为巴黎绿 $[Cu(C_2H_3O_2) \cdot 3Cu(AsO_2)_2]$。

（a）OM	（b）SEM

图4-203　南薰殿外檐东山面南次间挑檐檩第一层绿色彩画表面微观形貌

表4-111　南薰殿外檐东山面南次间挑檐檩第一层绿色彩画表面的SEM-EDS测试结果

元素	C	O	Al	Si	S	Cl	K	Ca	Ba	Fe	Cu	As
wt.%	9.43	8.1	4.24	9.18	10.58	0.94	3.58	7.07	2.86	2.7	27.34	13.98
at.%	25.44	16.4	5.09	10.59	10.69	0.86	2.96	5.72	0.68	1.56	13.95	6.05

　　为进一步验证第一层蓝色、黑色彩画颜料成分，对蓝色、黑色显色颜料进行拉曼光谱测试
（图4-204），结果表明蓝色颜料颗粒物的拉曼光谱与青金石（Lazurite）或群青吻合，结合颜料
颗粒物微观形貌，推测该蓝色颜料为群青；黑色颜料颗粒物的拉曼光谱与炭黑（Carbon black）
吻合，因此该层彩画的黑色显色颜料为炭黑。

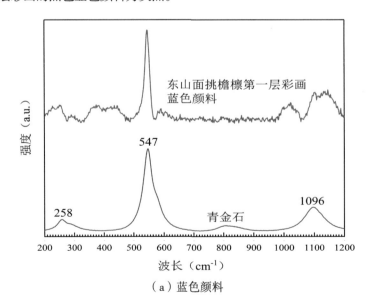

（a）蓝色颜料

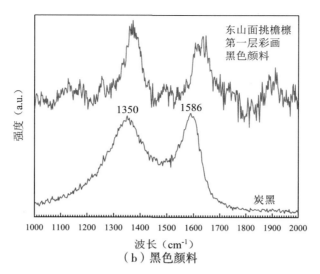

（b）黑色颜料

图4-204　南薰殿外檐东山面南次间挑檐檩第一层彩画颜料拉曼光谱测试解析结果

（2）第二层彩画

为确定第二层彩画地仗的无机物具体成分，对其进行XRF、XRD测试（图4-205、表4-112），结果表明该地仗主要含SiO_2（48.78%）、Al_2O_3（14.20%）、CaO（12.53%）、Fe_2O_3（11.41%）、CuO（5.78%）等。XRD测试结果表明，该地仗层成分为石英（Quartz，SiO_2）、钙霞石[Yoshiokaite，$Ca(Al,Si)_2O_4$]、钙长石（Anorthite，$CaAl_2Si_2O_8$）、微斜长石（Microcline，$KAlSi_3O_8$）和石膏（Gypsum，$CaSO_4\cdot2H_2O$）。结合以上各测试结果，东山面挑檐檩第二层彩画地仗无机物主要为砖灰和石膏。

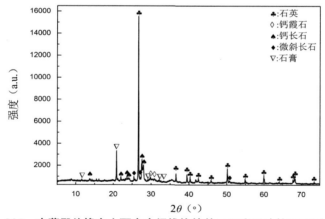

图4-205　南薰殿外檐东山面南次间挑檐檩第二层彩画地仗XRD测试解析结果

表4-112　南薰殿外檐东山面南次间挑檐檩第二层彩画地仗XRF测试结果

元素	SiO_2	Al_2O_3	CaO	Fe_2O_3	CuO	K_2O	PbO	BaO	TiO_2	其他
wt.%	48.78	14.20	12.53	11.41	5.78	3.29	1.82	0.80	0.73	0.68

对第二层彩画地仗进行热失重分析（图4-206），结果表明该地仗样品在0~160℃失重约1.81%，160~550℃失重约12.62%，550~950℃失重约3.44%。其热失重机理为：随着温度升高，地仗样品首先失去的是游离水和吸附水（如石膏），大约在160℃以后有机物（如猪血、桐油、

淀粉等）逐渐分解并放热，550℃以后白土粉（$CaCO_3$）受热分解变成氧化钙（CaO）。因此推测该地仗样品含无机物——砖灰（72%）、石膏（<7%）、白土粉（8%）等，有机物——淀粉、桐油、猪血等（13%）。

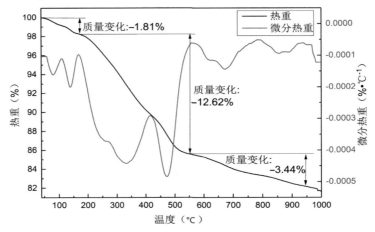

图4-206 南薰殿外檐东山面南次间挑檐檩第二层彩画地仗热分析结果

对第二层彩画地仗进行碘—淀粉测试，滴加碘液后，无显色反应，说明该地仗中未添加面粉（图4-207）。

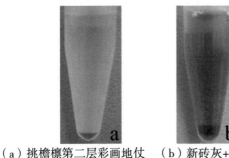

（a）挑檐檩第二层彩画地仗　（b）新砖灰+面粉　（c）去离子水

图4-207 南薰殿东山面南次间挑檐檩第二层彩画地仗淀粉定性分析结果

对第二层彩画地仗进行血料定性测试，滴加高山试剂后，无樱红色物质被观察到，说明该地仗层中可能不含猪血（图4-208）。

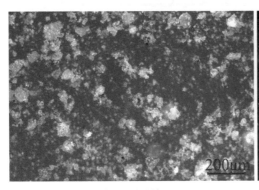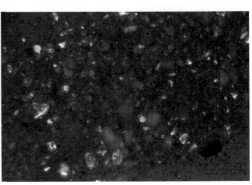

（a）测试前　　　　　　　　　　　　　　（b）测试后

图4-208 南薰殿外檐东山面南次间挑檐檩第二层彩画地仗血料（高山试剂）定性分析结果

第二层彩画地仗拉结材料的燃烧测试结果如表4-113所示，根据燃烧特征可初步判定该纤维为麻。

表4-113　南薰殿外檐东山面南次间挑檐檩第二层彩画地仗纤维的燃烧结果

燃烧状态			燃烧时的气味	残留物特征	纤维种类
靠近火焰时	接触火焰时	离开火焰时			
不熔不缩	立即燃烧	迅速燃烧	纸燃味	呈细而软的灰白絮状	麻

为进一步确定其具体麻种类，同时进行横截面的微观形貌观察，发现第二层彩画地仗纤维横截面为具有裂纹的腰圆形，因此推测该纤维为苎麻（图4-209）。该纤维的平均长径长约21μm，平均短径长约5μm，平均扁平度约0.269，纤维平均截面积约为120μm²（表4-114）。

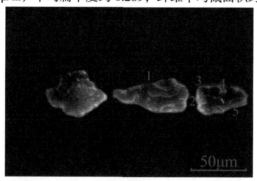

图4-209　南薰殿外檐东山面南次间挑檐檩第二层彩画地仗纤维横截面的显微形貌

表4-114　南薰殿外檐东山面南次间挑檐檩第二层彩画地仗纤维横截面的形态特征

名称	长径长/μm	短径长/μm	扁平度	截面积/μm²
麻1	28	6	0.214	152
麻2	20	6	0.300	116
麻3	19	5	0.263	122
麻4	15	5	0.333	103
麻5	21	5	0.238	107
平均值	21 ± 5	5 ± 1	0.269 ± 0.048	120 ± 19

注：扁平度 = 短径长 / 长径长，扁平度的值越小，其越扁平。

（3）第三层彩画

第三层彩画红色显色颜料拉曼光谱测试结果（图4-210）表明，该红色颜料颗粒物的拉曼光谱与铅黄（Litharge）吻合，因此推测该层彩画的红色显色颜料颗粒物为章丹。

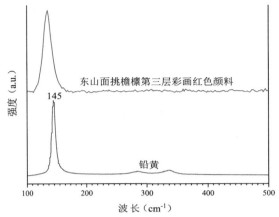

图4-210 南薰殿外檐东山面南次间挑檐檩第三层彩画红色颜料拉曼光谱测试解析结果

（4）第四层彩画

第四层彩画红色显色颜料拉曼光谱测试结果（图4-211）表明，该红色颜料颗粒物的拉曼光谱与章丹（Minium）吻合，因此该层彩画的红色显色颜料颗粒物为章丹。

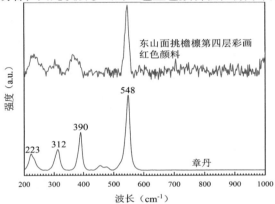

图4-211 南薰殿外檐东山面南次间挑檐檩第四层彩画红色颜料拉曼光谱测试解析结果

（5）第五层彩画

第五层绿色彩画表面的微观形貌及SEM-EDS测试结果（图4-212、表4-115）表明，该绿色彩画表面主要含Cu、C、Cl、O等元素，不含砷，因此推测该绿色彩画显色颜料为氯铜矿 [$Cu_2Cl(OH)_3$]。

（a）OM　　　　　　　　（b）SEM

图4-212 南薰殿外檐东山面南次间挑檐檩第五层绿色彩画表面微观形貌

表4-115 南薰殿外檐东山面南次间挑檐檩第五层绿色彩画表面的SEM-EDS测试结果

元素	C	O	Mg	Al	Si	Cl	Ca	Cu
wt.%	12.26	4.14	0.94	1.4	1.23	10.4	2.93	66.7
at.%	36.08	9.13	1.36	1.83	1.55	10.37	2.58	37.09

南薰殿外檐东山面南次间挑檐檩各层彩画测试结果汇总至表4-116。第一层彩画颜料层厚度在10~120μm之间，绿色显色颜料为巴黎绿，蓝色显色颜料为群青，黑色显色颜料为炭黑，白色显色颜料为石膏，地仗层厚度约300μm，为单披灰制作工艺。第二层彩画绿色颜料层厚度约70~100μm，显色颜料为氯铜矿，地仗层厚度在2600~2800μm之间，采用一麻四灰制作工艺，麻层纤维为苎麻。第三层彩画红色颜料层厚度约20~60μm，显色颜料为章丹，地仗层厚度在200~250μm之间，为单披灰制作工艺。第四层彩画红色颜料层厚度在10~50μm之间，显色颜料为章丹，地仗层厚度在30~200μm之间，为单披灰制作工艺。第五层彩画绿色颜料层厚度在40~100μm之间，显色颜料为氯铜矿，地仗层厚度在130~170μm之间，为单披灰制作工艺。

表4-116 南薰殿外檐东山面南次间挑檐檩彩画测试结果汇总

		颜料层颜色	颜料层厚度	显色颜料颗粒及粒径描述	显色颜料成分
第一层彩画	颜料层	绿色	60~120μm	球晶型晶体，部分呈扇状排列，10~20μm	巴黎绿
		蓝色	20~70μm	边缘圆润的蓝色圆形晶体，5μm	群青
		黑色	10~30μm	无晶体棱角的圆形颗粒，5~10μm	炭黑
		白色	20~30μm	长方形岩石状晶体颗粒，10~40μm	石膏
	地仗层	地仗厚度		地仗制作工艺	
		300μm		单披灰（细灰）	
第二层彩画	颜料层	颜料层颜色	颜料层厚度	显色颜料成分	
		绿色	70~100μm	氯铜矿	
	地仗层	地仗厚度	地仗成分		地仗制作工艺
		2600~2800μm	砖灰（72%）、石膏（<7%）、白土粉（8%）、有机物（桐油等，13%）		一麻四灰（麻纤维为苎麻）
第三层彩画	颜料层	颜料层颜色	颜料层厚度	显色颜料成分	
		红色	20~60μm	章丹	
	地仗层	地仗厚度		地仗制作工艺	
		200~250μm		单披灰（细灰）	
第四层彩画	颜料层	颜料层颜色	颜料层厚度	显色颜料成分	
		红色	10~50μm	章丹	
	地仗层	地仗厚度		地仗制作工艺	
		30~200μm		单披灰（细灰）	
第五层彩画	颜料层	颜料层颜色	颜料层厚度	显色颜料颗粒及粒径描述	显色颜料成分
		绿色	40~100μm	绿色晶体颗粒，20~30μm	氯铜矿
	地仗层	地仗厚度		地仗制作工艺	
		130~170μm		单披灰（细灰）	

4.2.2.10 西山面挑檐檩

南薰殿外檐西山面北次间挑檐檩有多层彩画，分别采集外层绿色、蓝色、黑色彩画以及内层绿色、蓝色彩画样品进行测试（图4-213）。

图4-213 南薰殿外檐西山面北次间挑檐檩多层彩画

（1）外层绿色彩画

南薰殿外檐西山面挑檐檩第一层彩画绿色颜料层厚度为50~100μm（由20~30μm的绿色晶体颗粒物组成）。第二层彩画绿色颜料厚度约为100μm，地仗层厚度约500μm（主要由20~30μm的白色、黑色、灰色颗粒物组成，推测为细灰）（图4-214）。

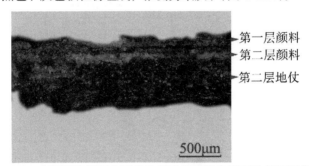

图4-214 南薰殿外檐西山面北次间挑檐檩绿色彩画的剖面显微形貌

第一层绿色彩画表面的微观形貌及SEM-EDS测试结果（图4-215、表4-117）表明，该绿色彩画表面主要含Si、Cu、O、C、S、Ca等元素，同时含少量As元素，因此推测该绿色彩画显色颜料为巴黎绿$[Cu(C_2H_3O_2) \cdot 3Cu(AsO_2)_2]$。

（a）OM　　　　　　　　　　（b）SEM

图4-215 南薰殿外檐西山面北次间挑檐檩第一层绿色彩画表面微观形貌

表4–117　南薰殿外檐西山面北次间挑檐檩第一层绿色彩画表面的SEM–EDS测试结果

元素	C	O	Na	Mg	Al	Si	S	Cl	K	Ca	Fe	Cu	As
wt.%	12.94	13.45	1.03	1.37	5.28	20.15	11.01	0.34	1.62	9.83	4.97	16.27	1.75
at.%	27.34	21.34	1.13	1.42	4.96	18.21	8.71	0.25	1.05	6.23	2.26	6.50	0.59

第二层彩画绿色显色颜料为20~30μm的绿色晶体,边缘不清晰,呈颗粒堆积状(图4–216),折射率大于1.74(表4–118),为传统矿物颜料天然氯铜矿的光学特征。

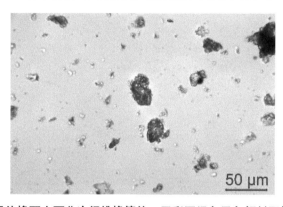

图4–216　南薰殿外檐西山面北次间挑檐檩第二层彩画绿色显色颜料颗粒的偏光显微形貌

表4–118　南薰殿外檐西山面北次间挑檐檩第二层彩画绿色显色颜料颗粒的光学参数

名称	颗粒大小	形状	折射率	具体描述
西山面挑檐檩第二层彩画绿色颜料	20~30μm	颗粒堆积状晶体,晶体边缘不清晰	>1.74	20~30μm的绿色晶体组成,边缘不清晰,呈颗粒堆积状

南薰殿外檐西山面挑檐檩第一层彩画绿色颜料厚度为50~100μm,显色颜料为巴黎绿。第二层绿色颜料厚度约100μm,显色颜料为氯铜矿;地仗层厚度约500μm,采用一道灰制作工艺。

（2）外层蓝色、黑色彩画

南薰殿外檐西山面挑檐檩第一层彩画的蓝色颜料厚度在20~100μm之间（主要由5μm左右的蓝色颗粒物组成），黑色颜料厚度约为10μm；地仗层厚度为100~200μm（为大量20μm大小的白色颗粒物组成的细灰层）。第二层地仗总厚度约为700μm,表层由20~40μm大小的灰色颗粒物组成的细灰层（厚度约200μm）,接着由30μm大小的灰色颗粒物及100~200μm大小的灰色块状物组成的中灰层（厚度约500μm）,现场勘测时发现挑檐檩地仗中有麻层,推测取样时麻层以下的地仗皆脱落,因此该彩画的地仗可能采用一麻四灰或一麻五灰制作工艺（图4–217）。

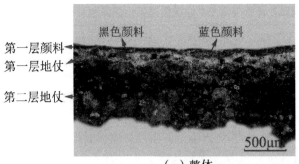

（a）整体

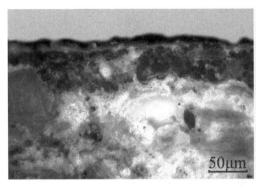

（b）第一层颜料

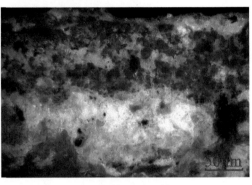

（c）第一层地仗

图4-217　南薰殿外檐西山面北次间挑檐檩蓝色、黑色彩画的剖面显微形貌

①第一层彩画。第一层彩画蓝色显色颜料为均匀5μm左右的蓝色圆型晶体，边缘圆润（图4-218a），折射率在1.47~1.74之间，为群青的光学特征；黑色显色颜料为均匀5~10μm的黑色圆形颗粒，无晶体棱角（图4-218b），为炭黑的光学特征（表4-119）。

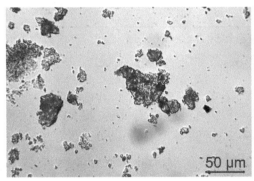

（a）蓝色颜料

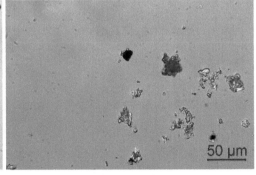

（b）黑色颜料

图4-218　南薰殿外檐西山面北次间挑檐檩第一层彩画蓝色、黑色颜料颗粒的偏光显微形貌

表4-119　南薰殿外檐西山面北次间挑檐檩第一层彩画蓝色、黑色颜料颗粒的光学参数

名称	颗粒大小	形状	折射率	具体描述
西山面挑檐檩第一层彩画蓝色颜料	5μm	边缘圆润的蓝色圆形晶体	1.47~1.66	5μm左右的蓝色晶体
西山面挑檐檩第一层彩画黑色颜料	5~10μm	圆形颗粒，无晶体棱角	无	5~10μm黑色圆形颗粒，无晶体棱角

为进一步验证蓝色彩画颜料成分，对蓝色显色颜料进行拉曼光谱测试（图4-219），结果表明该蓝色颜料颗粒物的拉曼光谱与青金石（Lazurite）或群青吻合，结合颜料颗粒物微观形貌，推测该蓝色颜料为群青。

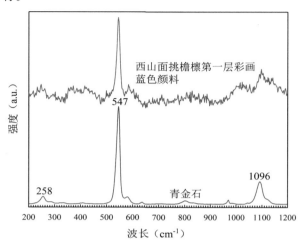

图4-219　南薰殿外檐西山面北次间挑檐檩第一层彩画蓝色颜料的拉曼光谱测试分析结果

②第二层彩画。为确定第二层彩画地仗的无机物具体成分，对其进行 XRF、XRD 测试（图4-220、表4-120），结果表明该彩画地仗主要含 SiO_2（44.86%）、Al_2O_3（13.18%）、CaO（12.17%）、SO_3（10.62%）、Fe_2O_3（9.54%）等。XRD 测试结果表明，地仗层成分为石英（Quartz，SiO_2）、钙霞石 [Yoshiokaite，$Ca(Al,Si)_2O_4$]、钙长石（Anorthite，$CaAl_2Si_2O_8$）、微斜长石（Microcline，$KAlSi_3O_8$）和石膏（Gypsum，$CaSO_4·2H_2O$）。结合以上各测试结果，第二层彩画地仗无机物主要为砖灰和石膏。

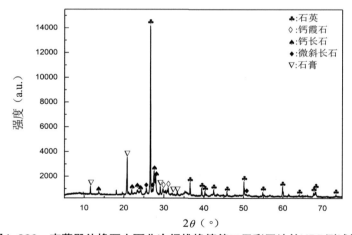

图4-220　南薰殿外檐西山面北次间挑檐檩第二层彩画地仗XRD测试解析结果

表4-120　南薰殿外檐西山面北次间挑檐檩第二层彩画地仗XRF测试结果

元素	SiO_2	Al_2O_3	CaO	SO_3	Fe_2O_3	MgO	K_2O	CuO	TiO_2	PbO	BaO	其他
wt.%	44.86	13.18	12.17	10.62	9.54	3.04	2.95	1.65	0.65	0.53	0.53	0.28

对第二层彩画地仗进行热失重分析（图4-221），结果表明该地仗样品在0~160℃失重约2.48%，160~550℃失重约7.22%，550~900℃失重约5.24%。其热失重机理为：随着温度升高，地仗样品首先失去的是游离水和吸附水（如石膏），大约在160℃以后有机物（如猪血、桐油）逐渐分解并放热，550℃以后白土粉（CaCO₃）受热分解变成氧化钙（CaO）。因此推测该地仗样品含无机物——砖灰（72%）、石膏（＜9%）、白土粉（12%）等，有机物——桐油、猪血等（7%）。

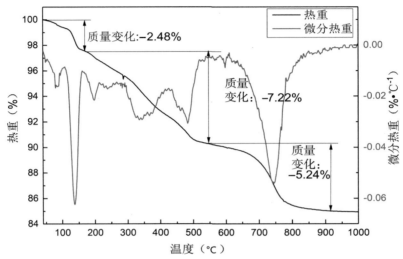

图4-221 南薰殿外檐西山面北次间挑檐檩第二层彩画地仗热分析结果

对第二层彩画地仗进行碘—淀粉测试，滴加碘液后，无显色反应，说明该地仗中未添加面粉（图4-222）。

（a）挑檐檩第二层彩画地仗　（b）新砖灰+面粉　（c）去离子水

图4-222 南薰殿西山面北次间挑檐檩第一层彩画地仗淀粉定性分析结果

对第二层彩画地仗进行血料定性测试，滴加高山试剂后，无樱红色物质被观察到，说明该地仗层中可能不含猪血（图4-223）。

故宫南薰殿彩画对比分析及保护技术研究

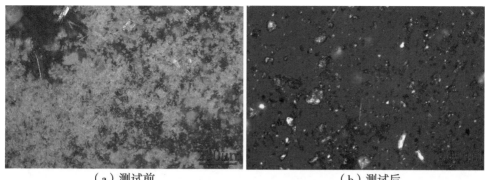

| （a）测试前 | （b）测试后 |

图4-223　南薰殿外檐西山面北次间挑檐檩第二层彩画地仗血料（高山试剂）定性分析结果

南薰殿外檐西山面挑檐檩第一层彩画黑色颜料厚度约10μm，底部蓝色颜料厚度为20~100μm，蓝色显色颜料为群青，黑色显色颜料为炭黑；地仗层厚度为100~200μm，采用一道灰制作工艺。第二层彩画地仗层厚度约500μm，含砖灰（72%）、石膏（＜9%）、白土粉（12%）、有机物（桐油等，7%）等，采用一麻四灰或一麻五灰制作工艺。

（3）内层彩画

南薰殿外檐西山面挑檐檩第三层彩画的绿色颜料厚度为20~40μm，蓝色颜料厚度为120~140μm（由30~60μm的蓝色晶体颗粒物组成），地仗厚度为160~180μm（主要由20~30μm的灰色颗粒物组成，推测为细灰）。第四层彩画的白色颜料厚度为10~30μm，地仗厚度为80~120μm（主要由20~30μm的灰色颗粒物组成，推测为细灰）。第五层彩画的白色颜料厚度为20~40μm，地仗厚度为100~300μm（主要由20~30μm的灰色颗粒物组成，推测为细灰）（图4-224、图4-225）。

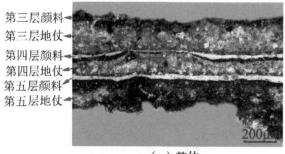

第三层颜料
第三层地仗
第四层颜料
第四层地仗
第五层颜料
第五层地仗

（a）整体

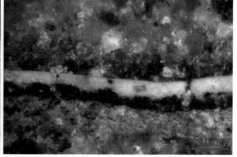

（b）第三层颜料　　　　　　　（c）第四层颜料

图4-224

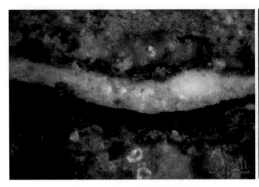

（d）第五层颜料　　　　　　　　　　　（e）第五层地仗

图4-224　南薰殿外檐西山面北次间挑檐檩内层绿色彩画的剖面显微形貌

（a）整体　　　　　　　　　　　　　　（b）颜料层

图4-225　南薰殿外檐西山面北次间挑檐檩内层蓝色彩画的剖面显微形貌

　　第三层彩画绿色显色颜料为20~30μm的绿色晶体，边缘不清晰，呈颗粒堆积状（图4-226a），折射率大于1.74，为传统矿物颜料天然氯铜矿的光学特征；蓝色显色颜料为10~60μm的蓝绿色岩石状颗粒物（图4-226b），折射率在1.47~1.66之间，为传统矿物颜料石青的光学特征（表4-121）。

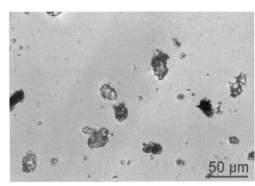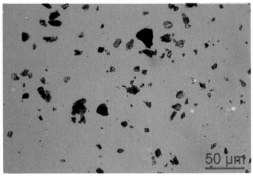

（a）绿色颜料　　　　　　　　　　　　（b）蓝色颜料

图4-226　南薰殿外檐西山面北次间挑檐檩第三层彩画显色颜料颗粒的偏光显微形貌

故宫南薰殿彩画对比分析及保护技术研究

表4-121 南薰殿外檐西山面北次间挑檐檩第三层彩画显色颜料颗粒的光学参数

名称	颗粒大小	形状	折射率	具体描述
西山面挑檐檩第三层彩画绿色颜料	20~30μm	颗粒堆积状晶体，晶体边缘不清晰	＞1.74	20~30μm的绿色晶体组成，边缘不清晰，呈颗粒堆积状
西山面挑檐檩第三层彩画蓝色颜料	10~60μm	蓝绿色岩石状，表面有破碎感	1.47~1.66	10~60μm的蓝绿色岩石状颗粒物组成

为进一步验证第三层彩画蓝色颜料成分，对蓝色显色颜料进行拉曼光谱测试（图4-227），结果表明该蓝色颜料颗粒物的拉曼光谱与石青（Azurite）吻合，因此该层彩画中的蓝色显色颜料颗粒物为石青。

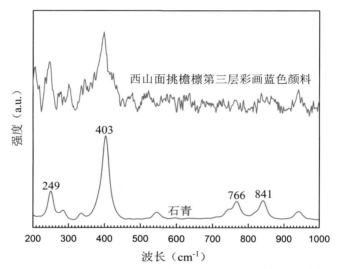

图4-227 南薰殿外檐西山面北次间挑檐檩第三层彩画蓝色颜料的拉曼光谱测试分析结果

南薰殿外檐西山面挑檐檩第三层彩画绿色颜料厚度为20~40μm，蓝色颜料厚度为120~140μm，绿色显色颜料为氯铜矿，蓝色显色颜料为石青；地仗层厚度为160~180μm，采用一道灰制作工艺。第四层彩画白色颜料厚度为10~30μm，地仗层厚度为80~120μm，采用一道灰制作工艺。第五层彩画白色颜料厚度为20~40μm，地仗厚度为100~300μm，采用一道灰制作工艺。

南薰殿外檐西山面北次间挑檐檩各层彩画测试结果汇总至表4-122。第一层彩画颜料层厚度在10~100μm之间，绿色显色颜料为巴黎绿，蓝色显色颜料为群青，黑色显色颜料为炭黑，地仗层厚度为100~200μm，采用单披灰地仗制作工艺。第二层彩画绿色显色颜料为氯铜矿，地仗厚度大于800μm，采用一麻四灰或一麻五灰制作工艺。第三层彩画颜料层厚度为20~140μm，绿色显色颜料为氯铜矿，蓝色显色颜料为石青，地仗层厚度在160~180μm之间，采用单披灰制作工艺。第四层彩画白色颜料层厚度为10~30μm，地仗层厚度在80~120μm之间，为单披灰制作工艺。第五层彩画白色颜料层厚度在20~40μm之间，地仗层厚度在100~300μm之间，为单披灰制作工艺。

表4-122 南薰殿外檐西山面北次间挑檐檩彩画测试结果汇总

		颜料层颜色	颜料层厚度	显色颜料颗粒及粒径描述	显色颜料成分
第一层彩画	颜料层	绿色	50~100μm	绿色晶体颗粒，20~30	巴黎绿
		蓝色	20~100μm	边缘圆润的蓝色圆形晶体，5μm	群青
		黑色	10μm	无晶体棱角的圆形颗粒，5~10μm	炭黑
	地仗层	地仗厚度		地仗制作工艺	
		100~200μm		单披灰	
第二层彩画	颜料层	颜料层颜色	颜料层厚度	显色颜料颗粒及粒径描述	显色颜料成分
		绿色	100μm	颗粒堆积状绿色晶体，20~30μm	氯铜矿
	地仗层	地仗厚度	地仗成分		地仗制作工艺
		>800μm	砖灰（72%）、石膏（<9%）、白土粉（12%）、有机物（桐油等，7%）		一麻四灰或一麻五灰
第三层彩画	颜料层	颜料层颜色	颜料层厚度	显色颜料颗粒及粒径描述	显色颜料成分
		绿色	20~40μm	颗粒堆积状绿色晶体，20~30μm	氯铜矿
		蓝色	120~140μm	蓝色晶体颗粒，10~60μm	石青
	地仗层	地仗厚度		地仗制作工艺	
		160~180μm		单披灰（细灰）	
第四层彩画	颜料层	颜料层颜色		颜料层厚度	
		白色		10~30μm	
	地仗层	地仗厚度		地仗制作工艺	
		80~120μm		单披灰（细灰）	
第五层彩画	颜料层	颜料层颜色		颜料层厚度	
		白色		20~40μm	
	地仗层	地仗厚度		地仗制作工艺	
		100~300μm		单披灰（细灰）	

4.3 本章小结

南薰殿内檐各构件仅观察到单层彩画，因此内檐彩画极有可能为南薰殿在明代早中期绘制的原始彩画，其中绿色显色颜料为天然氯铜矿，蓝色显色颜料为石青，贴金彩画使用的金箔为库金箔，贴金前涂刷两遍含铁红的金胶油，地仗采用单披灰制作工艺，地仗含石英、白土粉、淀粉等成分。

南薰殿外檐正立面各构件彩画皆采用单披灰（两道灰或三道灰）地仗制作工艺，基本为单层彩画（仅有个别位置观察到两层彩画），其中绿色显色颜料为巴黎绿，蓝色显色颜料为群青，黑色显色颜料为炭黑，白色显色颜料为石膏，红色显色颜料为章丹。推测外檐正立面最后一次修缮时皆将前期残存彩画斩砍干净，再进行新彩画的制作，结合修缮记录及其保存状态，推测其修缮时间可能为1936—1938年。

南薰殿外檐背立面彩画最多可观察到四层彩画，其中最外层彩画采用单披灰地仗制作工艺（仅采用细灰），绿色显色颜料为巴黎绿，蓝色显色颜料为群青，黑色显色颜料为炭黑，白色显色颜料为石膏，推测该层彩画与正立面彩画绘制时期相同，且最后一次修缮时为直接在旧彩画表面绘制新彩画（未进行旧彩画斩砍）。第二层彩画采用一麻五灰地仗制作工艺（麻纤维为苎麻），绿色显色颜料为氯铜矿，蓝色显色颜料为石青，红色显色颜料为章丹。第三层和第四层彩画的绿色显色颜料皆为氯铜矿，地仗皆采用单披灰制作工艺。

南薰殿外檐东山面彩画最多可观察到五层彩画，其中最外层彩画采用单披灰地仗制作工艺（仅采用细灰），绿色显色颜料为巴黎绿，蓝色显色颜料为群青，黑色显色颜料为炭黑，白色显色颜料为石膏，红色显色颜料为章丹，推测该层彩画也与正立面彩画绘制时期相同，且最后一次修缮时为直接在旧彩画表面绘制新彩画（未进行旧彩画斩砍）。第二层彩画采用一麻四灰地仗制作工艺（麻纤维为苎麻），绿色显色颜料为氯铜矿，红色显色颜料为章丹。第三层和第四层彩画的红色显色颜料皆为章丹，地仗皆采用单披灰制作工艺。第五层彩画绿色显色颜料为氯铜矿，地仗采用单披灰制作工艺。

南薰殿外檐西山面彩画最多也可观察到五层彩画，其中最外层彩画采用单披灰地仗制作工艺（仅采用细灰），绿色显色颜料为巴黎绿，蓝色显色颜料为群青，黑色显色颜料为炭黑，推测该层彩画也与正立面彩画绘制时期相同，且最后一次修缮时为直接在旧彩画表面绘制新彩画（未进行旧彩画斩砍）。第二层彩画采用一麻四灰或一麻五灰地仗制作工艺，绿色显色颜料为氯铜矿。第三层彩画绿色显色颜料为氯铜矿，蓝色显色颜料为石青，地仗采用单披灰制作工艺。第四层和第五层彩画皆采用白色颜料，地仗皆采用单披灰制作工艺。

第5章 南薰殿彩画保护技术研究

针对南薰殿彩画的具体保存状况，对其保护技术进行研究，通过实验室及现场试验筛选出适合南薰殿彩画的保护材料及保护技术，为后续彩画修缮工程实践提供参考。

5.1 彩画清洗技术研究

根据文献查阅结果，文物中常用的清洗材料有茶皂素、十二烷基苯磺酸钠、EDTA二钠、乙醇、丙酮、2A、3A等试剂。其中茶皂素是一种非离子型表面活性剂，是由茶树种子中提取出来的一类醣苷化合物，属于天然植物清洗材料，在江苏常熟严呐宅明代彩绘中使用过。十二烷基苯磺酸钠是阴离子型表面活性剂，具有优良的去油去污作用，对铁质文物的清洗有一定的效果。EDTA二钠是一种螯合剂，具有较强的络合能力，对铁器、瓷器、丝织品文物清洗中具有良好效果，同时也应用在西岳庙等彩绘表层结垢清洗中。乙醇作为有机溶剂，对不溶于水而溶于有机溶剂的污渍具有较好的去除效果，在北京颐和园、洛阳山陕会馆、云南筇竹寺等古建彩画清洗中使用。丙酮、2A、3A溶液等也在彩画清洗保护中大量使用。

5.1.1 积尘清洗技术研究

5.1.1.1 实验室积尘检测

为获得南薰殿内檐彩画表面积尘的主要成分，采用XRF、XRD进行测试（图5-1、表5-1），发现彩画表面积尘主要含 SiO_2（52.69%）、Al_2O_3（20.25%）、CaO（12.77%）、Fe_2O_3（4.05%）等，XRD测试结果表明，积尘的主要成分为石英（Quartz，SiO_2）、钙霞石[Yoshiokaite，$Ca(Al,Si)_2O_4$]和钙长石（Anorthite，$CaAl_2Si_2O_8$），因此推测积尘主要为空气中的沙土颗粒物（主要成分为石英）。

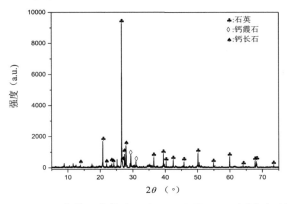

图5-1 南薰殿内檐彩画表面积尘的XRD测试解析结果

表5-1　南薰殿内檐彩画表面积尘的XRF测试结果

元素	SiO$_2$	Al$_2$O$_3$	CaO	SO$_3$	Fe$_2$O$_3$	CuO	K$_2$O	TiO$_2$	MnO	PbO	ZnO	SrO
wt.%	52.69	20.25	12.77	6.28	4.05	1.77	1.57	0.41	0.08	0.07	0.04	0.04

5.1.1.2　现场积尘清洗实验

选取南薰殿内檐明间后檐斗栱（由东向西第四个）三福云彩画进行现场积尘清灰实验。初步除尘：首先使用大软毛刷从上到下沿一个方向整体刷除（每隔一段时间，将刷子上的灰尘弹去后，再继续刷除）。刷一遍后，使用新毛刷按如上方法继续刷除（贴金位置可采用小毛刷，顺着纹路方向刷除），整体三遍以上，直至无明显灰尘刷出（图5-2a）。彩画表面若有大量缝隙，采用洗耳球把缝隙中的尘土沿一个方向吹出（起翘位置处避开或控制洗耳球气流力度）（图5-2b）。采用色差计、光泽度计、硬度计、显微镜等对积尘清灰前不同颜色彩画进行各项指标测试。

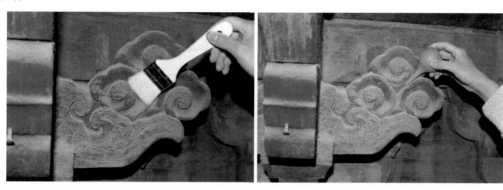

（a）毛刷清灰　　　　　　　　　　（b）洗耳球清灰

图5-2　南薰殿彩画现场初步除尘工艺及步骤

荞麦面清灰：将活好的荞麦面团，轻轻在彩画表面滚擦（随时观察面团表面是否有颜料脱落，若有，及时停止），滚擦三遍以上（图5-3a）。对三福云纹理沟槽处积尘，可将面团轻轻按压并迅速拔起，按压三次以上，直至纹理沟槽处无明显积尘（图5-3b）。采集各色彩画表面的各项指标数值，并与初步除尘后的数值进行对比。

（a）滚擦清灰　　　　　　　　　　（b）压拔清灰

图5-3　南薰殿彩画现场荞麦面清灰工艺及步骤

乙醇溶剂清灰：对于刷不干净、较顽固的积尘，采用棉签蘸 50% 的乙醇水溶液在彩画表面不同颜色的色块上轻轻滚动擦洗，观察棉签表面是否有颜料脱落，若有颜料脱落则增加溶液中的乙醇含量，直至棉签表面无颜料颗粒脱落（图 5-4）。确定出各颜色最佳清洗剂配方后，用棉签蘸清洗剂在各颜色上轻轻滚擦，当棉签表面沾满污渍后，更换棉签（注：不同颜色处棉签不可混用），每一位置处彩画滚擦至棉签表面无明显污渍。采集各色彩画表面的各项指标数值，并与初步除尘后的数值进行对比。

 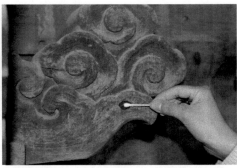

图5-4 南薰殿彩画现场乙醇溶剂清灰工艺及步骤

两种清灰工艺的整体宏观效果如图 5-5 ~ 图 5-7 所示。斗栱三福云未清灰前，表面覆盖一层厚厚的积尘，尤其纹理沟槽处积尘已经将底部彩画的颜色完全遮盖住。用毛刷、洗耳球初步清灰后，除纹理沟槽及顽固积尘外，彩画表面大多数浮尘已经脱落。无论是荞麦面团还是乙醇溶剂清灰后，积尘底部的彩画颜色基本显露。

（a）未清灰前 　　　　　　　　　　（b）初步除尘后

（c）荞麦面清灰后

图5-5 南薰殿彩画现场荞麦面清灰效果

（a）未清灰前

（b）初步除尘后

（c）乙醇溶剂清灰后

图5-6 南薰殿彩画现场乙醇溶剂清灰效果

（a）整体未清灰前

（b）初步除尘后

（c）清灰后

图5-7 南薰殿彩画现场清灰整体效果

从荞麦面团清灰后的现场清灰的微观效果图看到，绿色、黑色、红色彩画明显露出底层相应颜色颜料，蓝色彩画表面无明显变化，可能由于其表层有一层油污层遮盖（图5-8～图5-11）。

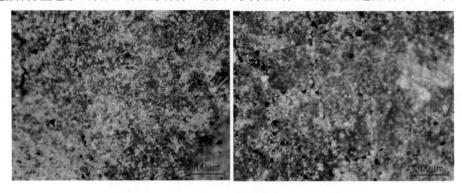

（a）清灰前　　　　　　　　　　　（b）清灰后

图5-8　南薰殿绿色彩画荞麦面清灰前后表面微观形貌

（a）清灰前　　　　　　　　　　　（b）清灰后

图5-9　南薰殿蓝色彩画荞麦面清灰前后表面微观形貌

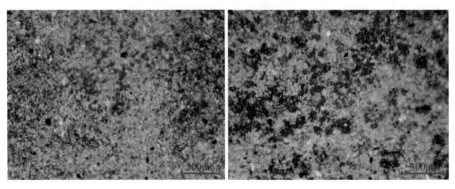

（a）清灰前　　　　　　　　　　　（b）清灰后

图5-10　南薰殿黑色彩画荞麦面清灰前后表面微观形貌

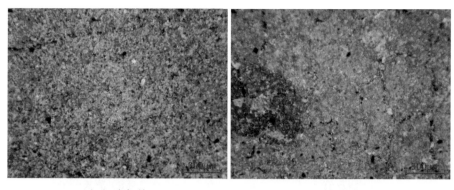

（a）清灰前 （b）清灰后

图5-11 南薰殿红色彩画荞麦面清灰前后表面微观形貌

从乙醇试剂清灰后的现场清灰的微观效果图看到，绿色、蓝色、黑色、红色彩画明显大量露出底层相应颜色颜料，其微观效果相对荞麦面团更好（图5-12～图5-15）。

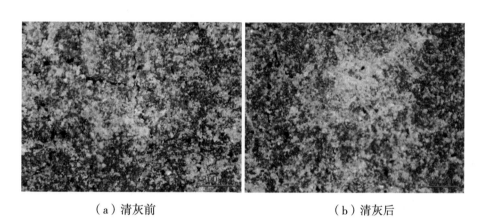

（a）清灰前 （b）清灰后

图5-12 南薰殿绿色彩画乙醇试剂清灰前后表面微观形貌

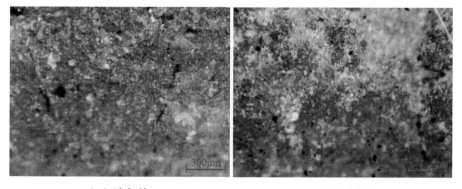

（a）清灰前 （b）清灰后

图5-13 南薰殿蓝色彩画乙醇试剂清灰前后表面微观形貌

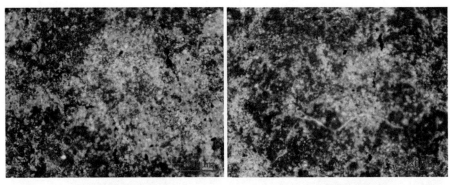

| （a）清灰前 | （b）清灰后 |

图5-14　南薰殿黑色彩画乙醇试剂清灰前后表面微观形貌

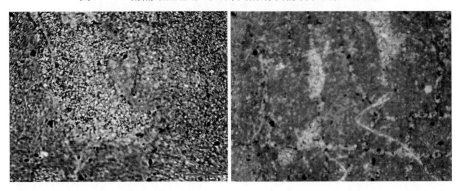

| （a）清灰前 | （b）清灰后 |

图5-15　南薰殿红色彩画乙醇试剂清灰前后表面微观形貌

对南薰殿彩画清灰前后色度值进行测试（表5-2），发现无论是荞麦面团还是乙醇溶剂清灰后，各彩画亮度皆发生一定程度的降低（除荞麦面团清灰的黑色彩画和乙醇溶剂清灰的蓝色彩画外），说明积尘易导致彩画表面亮度升高。ΔE值（皆小于5）表明，荞麦面团和乙醇溶剂清灰对初步除尘后的彩画表面颜色影响相对较小，无明显视觉差异。

表5-2　南薰殿彩画清灰前后色度值变化

位置		清灰前（初步除尘后）					清灰后					ΔE
		L	a	b	C	H	L	a	b	C	H	
荞麦面	绿色	42.2	0.9	9.6	10.5	81.7	40.7	0.5	9.1	9.4	84.8	1.63
	蓝色	31.0	0	5.3	5.3	88.0	30.5	0.1	5.5	5.9	81.6	0.55
	黑色	39.4	0.5	7.9	8.3	78	39.8	1.5	9.2	9.5	79.7	1.69
	红色	44.6	2.6	10.3	10.3	73.5	42.2	5.3	8.9	10.9	54.1	3.87
乙醇溶剂	绿色	42.2	1.3	10.0	9.9	82.5	39.3	1.7	8.0	9.0	79.4	3.55
	蓝色	30.6	0.2	5.3	5.1	82.5	30.7	1.3	3.8	3.8	77.2	1.86
	黑色	41.0	1.7	9.2	10.3	78.8	39.2	2.0	6.8	8.4	76.8	3.01
	红色	42.2	3.1	7.7	8.2	67.7	39.7	3.7	6.8	8.2	57.9	2.72

注：L—亮度，a—红绿色，b—黄蓝色，C—饱和度，H—色调。

对南薰殿彩画清灰前后光泽度、硬度、附着力进行测试（表5-3），发现无论是荞麦面团还是乙醇溶剂清灰后，各彩画表面光泽度、硬度基本无明显变化。

表5-3　南薰殿彩画清灰前后光泽度、硬度、附着力变化

位置		光泽度/Gu		硬度/HA		附着力条增加质量/mg	
		清灰前	清灰后	清灰前	清灰后	清灰前	清灰后
荞麦面	绿色	0.2	0.3	90	88	2.3	0.7
	蓝色	0.2	0.1	75	71	4.2	4.4
	黑色	0.4	0.4	82	85	9.4	12.2
	红色	0.3	0.3	94	90	6	2
乙醇溶剂	绿色	0.2	0.3	90	90	1.8	4.7
	蓝色	0.1	0.1	72	73	1.3	1.4
	黑色	0.4	0.3	84	99	24.4	1.2
	红色	0.3	0.3	96	91	3.1	1.6

5.1.2　污渍清洗技术研究

5.1.2.1　实验室污渍检测

选取南薰殿内檐天花表面污渍明显的彩画进行剖面分析，发现南薰殿内檐天花污渍彩画表面明显有一层烟薰油污层，且该烟薰油污已渗入彩画颜料层中，渗透深度最深处高达30μm（图5-16）。

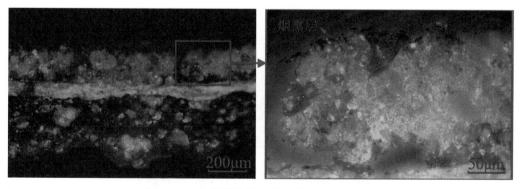

图5-16　南薰殿内檐天花污渍彩画剖面形貌

5.1.2.2　现场污渍清洗实验

选取南薰殿内檐明间藻井东侧支条彩画进行现场油污清洗实验。采用色差计、光泽度计、硬度计、显微镜等对油污清洗前彩画进行各项指标测试。

超声波清洗：首先用超声波振动刷蘸去离子水后，轻轻触碰在彩画表面，按照从上到下、

从左至右的顺序依次清洗（图 5-17）。清洗一段时间后，发现刷头无脏污，且油污彩画表面无明显清洗效果。将去离子水更换为碳酸钠清洗剂，刷头迅速脏污，在清水中涮洗后再使用。随时观察底层颜料及刷头情况，若底层颜料露出或刷头表面有颜料附着，立即停止清洗，以防出现由于清洗过度而导致的颜料脱落现象。用干燥脱脂棉吸附表面清洗剂，最后用脱脂棉蘸去离子水，在彩画表面轻轻擦拭三遍以上，用电吹风吹干。采集彩画表面的各项指标数值，并与清洗前数值进行对比。

图5-17　南薰殿彩画现场油污超声波清洗工艺及步骤

棉签滚擦清洗：用棉签蘸碳酸钠清洗剂在油烟污损彩画表面轻轻滚擦，当棉签表面沾满污渍后，更换棉签（注：不同颜色处棉签不可混用），直至油污底部的彩画纹饰轻微露出，则立即停止使用无水碳酸钠溶液，而改用去离子水，滚擦三遍以上（若棉签表面有颜料脱落，则立即停止清洗），用电吹风吹干。采集彩画表面的各项指标数值，并与清洗前数值进行对比（图 5-18）。

图5-18　南薰殿油污彩画现场棉签清洗工艺及步骤

从两种油污清洗工艺的宏观清洗效果图（图 5-19~ 图 5-21）可见，绿色彩画未清洗前，表面覆盖一层厚厚的黑色油污，将底部的彩画基本完全覆盖。超声波振动刷和棉签清洗后，彩画表面黑色油污都基本去除，露出底部的绿色颜料，但超声波清洗容易清洗过度（如颜料、地仗脱落）且易导致清洗剂流淌污染到周边其他区域。

（a）清洗前 （b）清洗后

图5-19 南薰殿油污绿色彩画超声波清洗效果

（a）清洗前 （b）清洗后

图5-20 南薰殿油污绿色彩画棉签清洗效果

 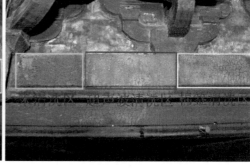

（a）清洗前 （b）清洗后

图5-21 南薰殿油污绿色彩画整体清洗效果

　　从现场清洗的微观效果图（图5-22）可见，彩画未清洗前，表面覆盖一层厚厚的发亮黑色油污层，底部的绿色颜料颗粒基本未显露。超声波振动刷和棉签清洗后，彩画表面黑色油污都基本去除，露出底部的绿色颜料颗粒，其中超声波清洗后彩画表面颜料颗粒数量相对棉签清洗少，其可能为超声波清洗过度导致的。

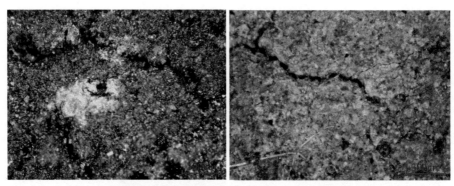

（a）清洗前　　　　　　　　　　　　（b）超声波清洗后

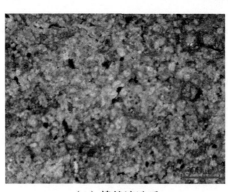

（c）棉签清洗后

图5-22　南薰殿油污绿色彩画清洗前后表面微观形貌

对南薰殿油污绿色彩画清洗前后色度值、光泽度、硬度、附着力进行测试，得到表5-4、表5-5。发现油污彩画清洗前后，ΔE 值为 7.55 和 6.68，色差变化较大，说明两种清洗方法基本将表面油污清洗干净。且两种清洗方法对光泽度和硬度基本无明显影响。结合微观形貌，建议采用棉签清洗，以防出现清洗过度现象。

表5-4　南薰殿油污绿色彩画清洗前后色度值变化

位置	清洗前					ΔE
	L	a	b	C	H	
清洗前	32.6	−0.3	3.4	3.5	95.7	—
超声波清洗后	39.6	0	6.2	8.9	103.6	7.55
棉签清洗后	38.9	0	5.6	8.4	105.1	6.68

注：L—亮度，a—红绿色，b—黄蓝色，C—饱和度，H—色调。

表5-5　南薰殿油污绿色彩画清洗前后光泽度、硬度变化

项目	清洗前	超声波清洗后	棉签清洗后
光泽度/Gu	0.1	0.2	0.2
硬度/HA	97	96	97

5.1.3 霉菌清洗技术研究

5.1.3.1 实验室霉菌鉴定

将南薰殿内檐明间藻井彩画发霉的表层彩画接种于 PDB 培养液（2.4g 的马铃薯葡萄糖水培养基加入 100mL 去离子水中，并在 121℃灭菌 20 min），在霉菌培养箱中 28℃下培养 5~10 天（图 5-23），吸取 100 μL 涂布于 PDA 培养基（3.7g 马铃薯葡萄糖琼脂培养基加入 100mL 去离子水中，并在 121℃灭菌 20 min）上，再放入霉菌培养箱中培养 2~3 天，观察菌落生长（图 5-24、图 5-25）。

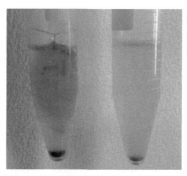

图5-23　南薰殿内檐彩画表面霉菌PDB培养液中培养10天后生长情况

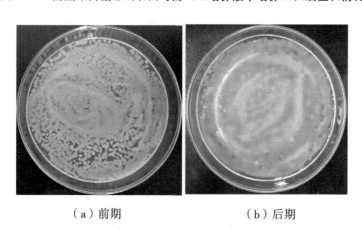

（a）前期　　　　　　　　（b）后期

图5-24　南薰殿内檐彩画表面菌株1在PDA培养液中的生长情况

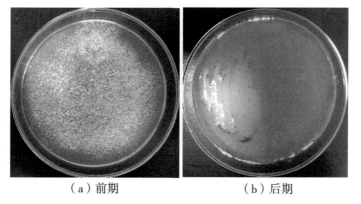

（a）前期　　　　　　　　（b）后期

图5-25　南薰殿内檐彩画表面菌株2在PDA培养液中的生长情况

在显微镜下分别对菌株 1、2 进行观察，菌株 1 的形态特征为细胞呈杆状，长约 2 μm，宽约 1 μm；在 PDA 培养基平板上菌落隆起，透明，有光泽，随着培养时间延长，菌落颜色变深、不透明（图 5-26）。菌株 2 的形态特征为细胞呈椭圆形，直径 2.5 μm；在 PDA 培养基中先有白色菌丝布满培养基，后期绿色菌落生长，基部根状，内部松软（图 5-27）。

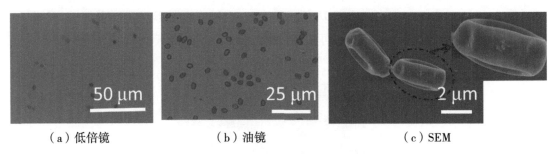

（a）低倍镜　　　　　　　（b）油镜　　　　　　　（c）SEM

图5-26　南薰殿内檐彩画表面菌株1的微观形貌

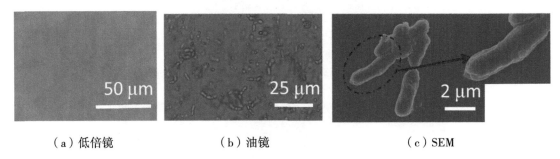

（a）低倍镜　　　　　　　（b）油镜　　　　　　　（c）SEM

图5-27　南薰殿内檐彩画表面菌株2的微观形貌

进一步对两种菌株进行分子鉴定，将两种菌株送往睿博兴科进行测序分析，分析结果如下。菌株 1 的测序结果为：

TCCACCTTAGGCGGCTAGCTCCTTACGGTTACTCCACCGACTTCGGGTGTTACAAACTC
TCGTGGTGTGACGGGCGGTGTGTACAAGGCCCGGGAACGTATTCACCGCGGCATGCTGATC
CGCGATTACTAGCGATTCCAGCTTCATGTAGGCGAGTTGCAGCCTACAATCCGAACTGAGA
ATGGTTTTATGGGATTGGCTTGACCTCGCGGTCTTGCAGCCCTTTGTACCATCCATTGTAGC
ACGTGTGTAGCCCAGGTCATAAGGGGCATGATGATTTGACGTCATCCCCACCTTCCTCCGGT
TTGTCACCGGCAGTCACCTTAGAGTGCCCAACTAAATGCTGGCAACTAAGATCAAGGGTTG
CGCTCGTTGCGGGACTTAACCCAACATCTCACGACACGAGCTGACGACAACCATGCACCAC
CTGTCACTCTGTCCCCCGAAGGGGAACGCTCTATCTCTAGAGTTGTCAGAGGATGTCAAGA
CCTGGTAAGGTTCTTCGCGTTGCTTCGAATTAAACCACATGCTCCACCGCTTGTGCGGGCCC
CCGTCAATTCCTTTGAGTTTCAGTCTTGCGACCGTACTCCCCAGGCGGAGTGCTTAATGCGT
TAGCTGCAGCACTAAAGGGCGGAAACCCTCTAACACTTAGCACTCATCGTTTACGGCGTGG
ACTACCAGGGTATCTAATCCTGTTTGCTCCCCACGCTTTCGCGCCTCAGCGTCAGTTACAGA

故宫南薰殿彩画对比分析及保护技术研究

CCAAAAAGCCGCCTTCGCCACTGGTGTTCCTCCACATCTCTACGCATTTCACCGCTACACGT
GGAATTCCGCTTTTCTCTTCTGCACTCAAGTTCCCCAGTTTCCAATGACCCTCCACGGTTGAG
CCGTGGGCTTTCACATCAGACTTAAGAAACCGCCTGCGCGCGCTTTACGCCCAATAATTCCG
GATAACGCTTGCCACCTACGTATTACCGCGGCTGCTGGCACGTAGTTAGCCGTGGCTTTCTG
GTTAGGTACCGTCAAGGTACGAGCAGTTACTCTCGTACTTGTTCTTCCCTAACAACAGAGTT
TTACGACCCGAAAGCCTTCATCACTCACGCGGCGTTGCTCCGTCAGACTTTCGTCCATTGCG
GAAGATTCCCTACTGCTGCCTCCCGTAGGAGTCTGGGCCGTGTCTCAGTCCCAGTGTGGCCG
ATCACCCTCTCAGGTCGGCTATGCATCGTTGCCTTGGTGAGCCGTTACCTCACCAACTAGCT
AATGCACCGCGGGCCCATCTGTAAGTGATAGCCGAAACCATCTTTCAATCATCTCCCATGA
AGGAGAAGATCCTATCCGGTATTAGCTTCGGTTTCCCGAAGTTATCCCAGTCTTACAGGCAG
GTTGCCCACGTGTTACTCACCCGTCCGCCGCTAACGTCATAGAAGCAAGCTTCTAATCAGTTC
GCTCG，利用 NCBI 数据库中的 Blast 程序进行 16S rDNA 序列的同源性分析，发现菌株 1 的
16S rDNA 序列同源性与 Bacillus megaterium strain CS52（即芽孢杆菌属巨大芽孢杆菌）高达
100%。

菌株 2 的测序结果为：

CTTCCGTAGGGGGGGCCTGCGGAGGGATCATTACCGAGTTTACAACTCCCAAACCCCA
ATGTGAACGTTACCAATCTGTTGCCTCGGCGGGATTCTCTTGCCCCGGGCGCGTCGCAGCCC
CGGATCCCATGGCGCCCGCCGGAGGACCAACTCCAAACTCTTTTTTCTCTCCGTCGCGGCTC
CCGTCGCGGCTCTGTTTTATTTTTGCTCTGAGCCTTTCTCGGCGACCCTAGCGGGCGTCTCG
AAAATGAATCAAAACTTTCAACAACGGATCTCTTGGTTCTGGCATCGATGAAGAACGCAGC
GAAATGCGATAAGTAATGTGAATTGCAGAATTCAGTGAATCATCGAATCTTTGAACGCACA
TTGCGCCCGCCAGTATTCTGGCGGGCATGCCTGTCCGAGCGTCATTTCAACCCTCGAACCCC
TCCGGGGGGTCGGCGTTGGGGATCGG，利用 NCBI 数据库中的 Blast 程序进行 16S rDNA 序
列的同源性分析，发现菌株 2 的 16S rDNA 序列同源性与 Trichoderma longibrachiatum isolate
Tlongi13（即木霉属长柄木霉菌）高达 98%。

通过菌形态分析和序列分析两种方法，对南薰殿内檐彩画表面菌株进行分类鉴定，经综合
分析确定，菌株 1 归属于芽孢杆菌属巨大芽孢杆菌，菌株 2 归属于木霉属长柄木霉菌。

5.1.3.2 现场霉菌清洗实验

选取南薰殿内檐明间藻井东北角和西北角斗栱底部长霉菌处彩画分别采用传统季铵盐型除
菌剂（除菌剂 1）和新型离子液体抗菌剂（除菌剂 2）进行现场清洗实验，使用棉签蘸除菌剂后，
在霉菌处滚擦，直至霉菌完全清除，干燥后拍照，与清洗前进行对比（图 5-28~ 图 5-30）。观
察到表面有菌斑的彩画使用除菌剂 1 和除菌剂 2 后，表面的菌斑基本去除，且肉眼可见无明显
视觉差异。

图5-28 南薰殿霉菌彩画现场棉签清洗工艺及步骤

（a）除菌前

（b）除菌后

图5-29 南薰殿霉菌彩画除菌剂1现场除菌效果

（a）除菌前　　　　　　　　　　　（b）除菌后

图5-30 南薰殿霉菌彩画除菌剂2现场除菌效果

5.1.4　清洗材料筛选结果

结合实验室检测及现场保护实验可知，南薰殿内檐积尘主要为沙土，对积尘彩画的保护处理过程建议为：一是使用大软毛刷初步除尘三遍以上，直至无明显灰尘刷出；二是荞麦面团或酒精棉球滚擦清灰（清灰过程中随时观察彩画颜料是否脱落）。南薰殿内檐污渍主要为烟薰油污，部分油污已渗透 $30\mu m$ 深度，建议采用棉签蘸碳酸钠清洗剂在污损彩画表面进行滚擦清洗。南薰殿内檐霉菌主要为芽孢杆菌属巨大芽孢杆菌和木霉属长柄木霉菌，建议使用棉签蘸除菌剂后，在霉菌彩画表面滚擦，直至霉菌完全清除。

5.2　彩画回贴技术研究

根据文献查阅结果，选择 4 种回贴材料进行筛选，其名称、配比、外观和气味如表 5-6 所示。改性丙烯酸酯胶黏剂以其粘贴强度高，可室温固化，适用于大多数金属和非金属材料的黏结，在壁画、彩画等文物保护中有一定的应用。聚醋酸乙烯酯是常见的胶黏材料之一，具有成膜性好、黏结强度高，固化速度快、耐稀酸稀碱性好、使用方便、价格便宜等优点，在故宫皇极殿、锦州广济寺、洛阳山陕会馆等古建彩画回贴时使用。白芨胶和油满则是清代建筑中常用的胶黏材料。

表5-6　待选回贴材料

材料名称	浓度与配制	pH	外观及气味
改性丙烯酸酯	A组分：B组分=1:1	—	半透明黏稠液体，强烈的刺激性气味
白芨胶	温水饱和溶液	6~7	棕色黏稠液体，药香气味
聚醋酸乙烯酯	现用（固含量22%，溶剂为水）	5~6	白色黏稠液体，无气味
油满	面粉：石灰水：灰油=1:1.3:1.95	—	棕色黏稠液体，桐油气味

5.2.1　基本性能测试

回贴材料需选用有较强的黏结力、抗老化能力强、对构件无损害、对环境无污染、对彩画颜色无影响、不形成反光膜的材料。由于外檐彩画极易受雨水侵蚀，为此回贴材料还须耐化学试剂性强。在实验室中对漆膜外观、固化时间、硬度、附着力、柔韧性、耐冲击性、颜色、光泽度、憎水性、拉伸强度、耐化学试剂性（酸、盐、水）等基本性能进行测试。

5.2.1.1　测试方法

漆膜制备：将马口铁片（120mm×50mm×0.3mm）用 200# 水砂纸沿纵向往复打磨除锈，用脱脂棉蘸酒精洗净、晾干后使用。玻璃板用洗涤剂洗涤，清水洗净，涂漆前用脱脂棉蘸酒精擦净、晾干使用。按照（GB 1727—1979）标准在马口铁片和玻璃板表面涂刷加固材料，涂刷6次，干燥24h。回贴材料各基本性能的测试方法如下。

漆膜外观：漆膜干燥后，用肉眼分别对马口铁片及玻璃板上的漆膜颜色、光泽、均匀性等进行观察。

干燥固化时间：不同的回贴材料化学组成不同，溶剂不同，其干燥固化时间也不尽相同。干燥固化时间是评价材料成膜性能的重要指标。在马口铁板上进行测试；测试方法为压棉球法。参照测试标准为 GB/T 1728—1979。

硬度测试：采用摆杆式硬度计测定摆杆在漆膜上 5°～ 2°内的摆动时间 t，同时以未涂膜的空白玻璃板上的摆动时间为校正时间 t_1。漆膜硬度 x 按下列公式计算。参照测试标准为 GB/T 1730—1993。

$$x=t/t_1 \tag{5-1}$$

附着力：采用型号为 Q165-07 的漆膜附着力测试仪（画圈法）测试涂膜在马口铁板表面的附着力。用放大镜观察圈内各部分完整程度并确定级别（1～7 级，1 级最好，7 级最差）。参照测试标准为 GB 1720—1989。

耐冲击性：采用型号为 Q153-3kJ 的漆膜冲击器测试涂膜的耐冲击性。以重锤的质量与落在涂膜的金属样板上而不引起涂膜破坏的最大高度表示。参照测试标准为 GB/T 1732—1993。

柔韧性：采用柔韧性测定器测定，以不引起漆膜破坏的漆膜轴棒直径表示。参照测试标准 GB/T 1731—1993。

颜色（色差）：白色 A4 打印纸作衬底，用色差计测定玻璃板上涂膜的颜色值，同时以未涂膜的空白玻璃板作对比，根据公式计算 NBS 色差值，判断其视觉差异效果（见表 5-7）。参照标准为 GB/T3181—1995。

$$\Delta E^*=[(L^*_1-L^*_0)^2+(a^*_1-a^*_0)^2+(b^*_1-b^*_0)^2]^{1/2} \tag{5-2}$$

$$NBS=0.92 \times \Delta E^* \tag{5-3}$$

表5-7　颜色分辨与NBS色差的关系

NBS色差值	视觉差异
0～0.50	极微
0.50～1.60	轻微
1.60～3.0	明显
3.0～6.0	很明显
6.0～12.0	强烈
≥12.0	很强烈

光泽度：白色 A4 打印纸作衬底，用光泽度计测定玻璃板上涂膜的光泽度值 g，同时以未涂膜的空白玻璃板作对比，取其比值作为测量结果 x。参照测试标准为 GB/T 1743—1989。

憎水性：用接触角测定仪测定水在玻璃板涂膜上的接触角，测 3 次，取平均值。参照标准为 GB/T 10299—1988。

拉伸强度：将两块马口铁片用回贴材料粘在一起，有效粘接面积为 10.6cm²，固化 48h，通过拉伸试验机测试回贴材料的粘接强度。

耐化学试剂性：将涂刷有四种待筛选回贴材料的玻璃板分别浸泡在模拟酸雨（0.2g/L

$Na_2SO_4+0.2g/L$ $NaHCO_3$，用稀硫酸调 pH 到 5）、3.5% NaCl、去离子水溶液中，定期观察涂膜的表面状况。参照测试标准为 GB 1763—1979(89)。

5.2.1.2　测试结果

油满的固化时间最长，其他三种材料的固化时间较为接近。白芨胶和聚醋酸乙烯酯的硬度较高，附着力较高，冲击强度也较高，视觉差异也都为轻微；而改性丙烯酸酯和油满的硬度较低，附着力和冲击强度也较差，视觉差异很明显。四种回贴材料的柔韧性相当。油满的光泽度明显低于其他三种材料，疏水性最强。改性丙烯酸酯的拉伸强度明显高于其他材料（表5-8）。

表5-8　回贴材料基本性能测试结果

性能		改性丙烯酸酯	白芨胶	聚醋酸乙烯酯	油满	空白
漆膜外观		发白	无色透明	无色透明	黄褐色	—
固化时间/min		300	300	420	960	—
硬度	t/s	107	387	280	105s	443
	x	0.24	0.87	0.63	0.24	—
附着力		7级	1级	2级	7级	—
耐冲击性/cm		10	50	50	<5	—
柔韧性/mm		1	1	1	1	—
光泽度	g/Gu	90.9	130.8	126.5	1.4	156.2
	x	0.58	0.84	0.81	0.01	—
色差值	L^*	78.6	82.7	82.9	54.5	82.6
	a^*	0	−0.5	−0.4	3.1	−0.7
	b^*	0.5	−1.0	−1.7	15.4	−1.6
	NBS	4.21	0.59	0.40	30.42	—
视觉差异		很明显	轻微	极微	很强烈	—
接触角/（°）		63.0	18.1	59.9	96.3	—
拉伸强度/N		>4385	67	101	93	—
耐化学试剂性		优	差	较差	较优	—

各回贴材料的回贴性状和效果见表5-9。

表5-9　回贴材料的回贴性状和效果

回贴材料	气味	颜色	黏稠度	油饰回贴效果	彩画回贴效果	天花回贴效果
改性丙烯酸酯	强烈的刺激性气味	白色	较黏稠	牢固	牢固	牢固、平整
白芨胶	药香味	淡黄色	一般	牢固	牢固	牢固、平整
聚醋酸乙烯酯	无气味	白色	一般	牢固	牢固	牢固、平整
油满	桐油味	黄褐色	很黏稠	牢固	牢固	牢固、不易平整

北京为典型的温带半湿润大陆性季风气候，夏季高温多雨，冬季寒冷干燥，为此耐冻融性将是回贴材料的一项重要指标。以 24h 为一个周期，将模拟回贴试样放入冰箱在 −20℃下冷冻 12h 后，室温下解冻 12h。每周期结束后观察试样变化。

经过 40 个冻融循环周期后，除用油满回贴的天花试样出现起翘现象，其他试样均无变化，粘接牢固。

从各材料的回贴性能及效果（表5-10）看，4种回贴材料各有优势，但改性丙烯酸酯和白芨胶的耐化学品性方面存在缺陷，综合考虑，推荐使用聚醋酸乙烯酯（白乳胶）和传统材料油满作为回贴材料。回贴材料主要使用在地仗层与木基层之间，聚醋酸乙烯酯的玻璃化转变温度为28~40℃，该材料已在大量的工程中应用且适合北京气候。

表5-10 回贴材料的回贴性能及效果

性能	改性丙烯酸酯	白芨胶	聚醋酸乙烯酯	油满
漆膜外观	—	√	√	—
固化时间	√	√	√	—
硬度	—	√	√	—
附着力	—	√	√	—
抗冲击性	—	√	√	—
颜色	×	√	√	×
憎水性	—	—	—	√
耐化学试剂性	×	×	√	—
粘接强度	√	—	—	—
模拟回贴效果	√	√	√	—
耐冻融性	√	√	√	—

注：√—效果优良，×—效果差。

5.2.2 现场回贴实验

选取南薰殿内檐明间后檐天花支条（由东向西第三和第四块天花）彩画进行现场回贴实验。首先采用小毛刷或洗耳球对剥离的支条背面进行清灰；接着对彩画表面使用小喷壶喷雾化乙醇，软化后用针管在支条内侧注入一层均匀的聚醋酸乙烯酯或油满（可结合使用长细铁丝将其铺展开）（图5-31~图5-33）。

（a）毛刷清灰　　　　　　　　　（b）洗耳球清灰

（c）彩画回软　　　　　　　　　　　（d）针筒注射

（e）铁丝铺展

图5-31　南薰殿彩画现场回贴工艺及步骤

由图 5-32 及图 5-33 可见，剥离的支条彩画无论采用聚醋酸乙烯酯还是油满，皆回贴完成。

由于文物的特殊性及"原材料、原工艺"的要求，建议采用传统材料油满进行彩画的回贴。

（a）回贴前

（b）回贴后

图5-32　南薰殿彩画现场聚醋酸乙烯酯回贴效果

（a）回贴前

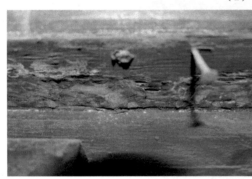

（b）回贴后

图5-33 南薰殿彩画现场油满回贴效果

5.2.3 回贴材料筛选结果

根据实验室回贴模拟实验及现场回贴保护实验，建议南薰殿内檐彩画采用油满进行回贴。

5.3 彩画加固技术研究

根据文献查阅结果及本课题组之前的研究成果，选择5种适用于彩画加固的材料，其名称、配比、外观、气味等如表5-11所示。其中B72是丙烯酸甲酯和甲基丙烯酸酯的共聚物，具有良好的稳定性，优良的成膜性和耐候性，广泛应用于古建彩画加固修复（如天水伏羲庙、锦州广济寺、洛阳山陕会馆、常熟彩衣堂等）。Primal AC-261是采用特殊工艺聚合而成的纯丙烯酸乳液，耐候性优良，水溶性，可避免使用易燃易爆的有机溶液，对操作人员、施工场地相对安全，且造价低，在福建莆田元妙观使用时效果理想。聚乙烯醇缩丁醛，具有较高的透明度和较好的成膜性，在象牙、骨角质、陶质及木质文物中广泛应用，在西岳庙等彩绘中也有一定的应用。有机硅材料具有优良的耐候性、耐热性、保光性和抗紫外光性能，广泛应用于石质文物和彩绘的加固保护。正硅酸乙酯无色透明，易发生水解作用生成多聚硅酸、乙醇及中间产物而显出良好的黏合性，在玉器文物、印山越国王陵墓、萧山跨湖桥独木舟等土遗址加固中使用效果良好。

表5-11 待筛选加固材料

编号	材料名称	浓度与配制	pH	外观及气味
A	改性B72	现用（固含量3%，主要成分为丙酮、B72、HWTG—02型渗透剂）	—	无色透明液体，有刺激性气味
B	AC—261	3%，溶剂为去离子水（原液固含量48.5%）	7~8	白色乳液，无刺激性气味
C	聚乙烯醇缩丁醛（PVB）	1%，溶剂为乙醇	—	无色透明液体，有刺激性气味
D	HWTG—01型有机硅	现用（固含量5%，溶剂为乙醇）	—	无色透明液体，有刺激性气味
E	正硅酸乙酯(ES)	现用	—	无色透明液体，有刺激性气味

5.3.1 基本性能测试

加固材料需选用对彩画颜色无改变、不形成反光膜、渗透性良好、较强的黏结力、抗老化能力强、对构件无损害、对环境无污染的材料。为此在实验室中主要对漆膜外观、干燥时间、渗透时间、硬度、附着力、柔韧性、耐冲击性、颜色、光泽度及憎水性这些基本性能进行测试。

5.3.1.1 测试方法

漆膜制备、外观、干燥时间、硬度、附着力、耐冲击性、柔韧性、颜色、光泽度、憎水性等的测试同5.2节。

渗透时间：在夯土块试样表面滴加3mL的加固材料，计算从开始滴加到试样表面不再有溶液滞留的时间。

5.3.1.2 测试结果

改性B72和聚乙烯醇缩丁醛的干燥时间最短，其次为HWTG—01型有机硅和正硅酸乙酯，AC—261的干燥时间较长。各加固材料的渗透性大小为：改性B72> AC—261> HWTG—01型有机硅 > 聚乙烯醇缩丁醛 > 正硅酸乙酯。HWTG—01型有机硅和AC—261的硬度最高。改性B72、AC—261和正硅酸乙酯的附着力达到最优，为1级，其余为2级。六种漆膜冲击强度、柔韧性均良好。改性B72和聚乙烯醇缩丁醛漆膜光泽度较高，而正硅酸乙酯漆膜光泽度最低。各加固材料憎水性（接触角）大小为：正硅酸乙酯 > 聚乙烯醇缩丁醛 > 改性B72 > HWTG—01型有机硅 > AC—261（表5-12）。

表5-12 加固材料漆膜基本性能测试结果

性能		改性B72	AC—261	PVB	HWTG—01型有机硅	ES	空白
干燥时间/min		5	360	9	60	60	—
渗透时间/s		30	32	90	73	123	—
硬度	t/s	415	431	396	432	427	443
	x	0.94	0.97	0.89	0.98	0.96	—

性能		改性B72	AC—261	PVB	HWTG—01型有机硅	ES	空白
附着力		1级	1级	2级	2级	1级	—
耐冲击性/cm		50	50	50	50	50	—
柔韧性/mm		1	1	1	1	1	—
光泽度	g/Gu	151.4	122.6	156.5	141.6	90.1	156.2
	x	0.97	0.78	1.00	0.91	0.58	—
色差值	L^*	81.8	82.0	81.2	81.8	83.7	82.6
	a^*	−0.9	−0.7	−0.3	−0.3	−0.6	−0.7
	b^*	−2.6	−2.1	−3.6	−3.6	−2.1	−1.6
	NBS	1.19	0.72	2.28	2.02	1.12	—
视觉差异		轻微	轻微	明显	明显	轻微	—
接触角/（°）		72	51	76	63	98	—

5.3.2 模拟加固实验

为与传统加固保护材料比较，选取常用的化学加固保护材料——3% 改性 B72 溶液与 1.5% 骨胶、1.5% 桃胶、1.5% 明胶溶液的加固效果对比实验，分别对龟裂、粉化的颜料层和纤维老化的地仗层进行实验室模拟加固实验。

取粉化、龟裂病害颜料层试样（已脱离木骨）进行加固实验（图 5-34）。实验结果表明，在实验室中对粉化、龟裂的蓝色颜料层加固后，其 ΔE 值除 1.5% 骨胶较大外，其余三种材料都较为接近（表 5-13）。但 1.5% 明胶的色彩饱和度降低较为明显（表 5-14），在使用的传统加固保护材料中，多使用骨胶和桃胶，为此在现场实验时选用骨胶和桃胶。

（a）加固前　　　　　　　　（b）加固后

图5-34　颜料层模拟加固效果（a—3%改性B72，b—1.5%骨胶，c—1.5%明胶，d—1.5%桃胶）

故宫南薰殿彩画对比分析及保护技术研究

表5-13　颜料层加固前后表面色差值

加固材料	加固前			加固后			ΔE
	L	a	b	L	a	b	
3%改性B72	51.6	0.8	8.8	48.2	0.3	8.7	3.44
1.5%骨胶	49.8	2.7	8.5	45.2	2.8	6.6	4.98
1.5%明胶	52.0	2.7	7.5	51.3	2.7	5.6	2.02
1.5%桃胶	54.3	2.5	9.1	52.3	3.4	9.8	2.30

注：L—亮度，a—红绿色，b—黄蓝色。

表5-14　颜料层加固前后色饱和度值

加固材料	加固前			加固后		
	L	C	H	L	C	H
3%改性B72	51.7	6.9	82.3	48.2	6.7	86.1
1.5%骨胶	49.2	6.6	68.7	45.2	5.5	59.9
1.5%明胶	52.2	6.2	63.9	51.3	4.6	52.5
1.5%桃胶	54.3	7.5	69.8	52.4	8.6	66.0

注：L—亮度，C—饱和度，H—色调。

5.3.3　现场加固实验

选取南薰殿外檐北立面西次间平板枋彩画进行现场加固实验，首先使用软毛刷对彩画表面进行除尘，然后往彩画表面喷涂加固保护材料（注：喷涂时对周边无须加固的彩画表面进行遮挡保护），干燥后，采集各色彩画表面的各项指标数值，并与加固前数值进行对比（图5-35）。

（a）毛刷清灰　　　　　　　　　　　　（b）喷涂加固材料

图5-35　南薰殿彩画现场加固实验工艺及步骤

从两种加固材料的宏观加固效果图看，外檐彩画无论使用 B72 还是桃胶加固后，表面皆无明显变色（图 5-36）。

（a）加固前　　　　　　　　　　　　（b）加固后

图5-36　南薰殿彩画现场加固效果

从保护材料微观加固效果图看，微观形貌彩画无论使用 B72 还是桃胶加固后，表面皆无明显变化（图 5-37 ~ 图 5-42）。

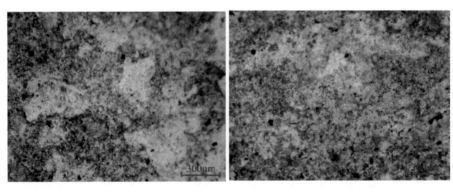

（a）加固前　　　　　　　　　　　　（b）加固后

图5-37　南薰殿绿色彩画B72加固前后表面微观形貌

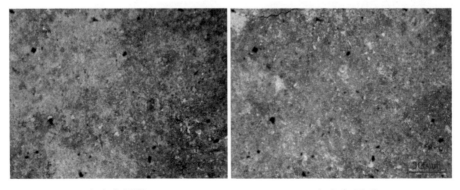

（a）加固前　　　　　　　　　　　　（b）加固后

图5-38　南薰殿蓝色彩画B72加固前后表面微观形貌

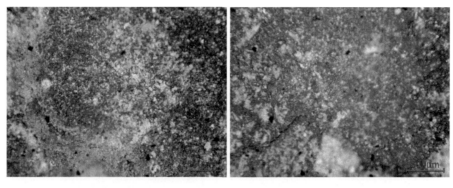

（a）加固前　　　　　　　　　　（b）加固后

图5-39　南薰殿黑色彩画B72加固前后表面微观形貌

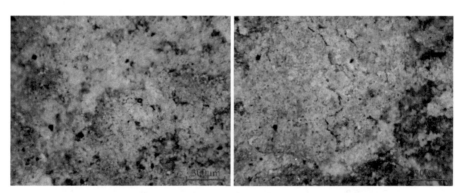

（a）加固前　　　　　　　　　　（b）加固后

图5-40　南薰殿绿色彩画桃胶加固前后表面微观形貌

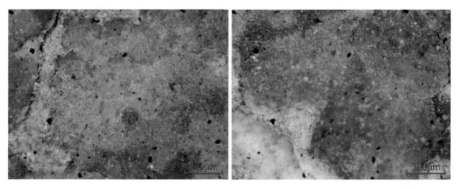

（a）加固前　　　　　　　　　　（b）加固后

图5-41　南薰殿蓝色彩画桃胶加固前后表面微观形貌

（a）加固前　　　　　　　　　　（b）加固后

图5-42　南薰殿黑色彩画桃胶加固前后表面微观形貌

对南薰殿彩画加固前后色度值、光泽度、硬度、附着力进行测试，发现两种材料加固后，彩画颜色皆发生一定的变化，其中桃胶加固后颜色变化相对较大（除黑色彩画外），加固前后光泽度和硬度值无明显变化（表5-15、表5-16）。

表5-15　南薰殿彩画加固前后色度值变化

位置		加固前					加固后					ΔE
		L	a	b	C	H	L	a	b	C	H	
B72	绿色	56.2	−5.4	9.1	10.6	123.1	52.6	−3.2	6.1	8.6	121.8	5.18
	蓝色	45.5	−0.5	−5.7	5.0	264.5	41.5	0.4	−8.3	6.6	275.5	4.85
	黑色	44.3	0.3	6.1	5.4	88.7	40.3	0.5	3.3	1.7	64.0	4.89
桃胶	绿色	54.1	−5.4	10.8	11.9	112.1	47.8	−3.3	9.0	11.0	116.1	6.88
	蓝色	45.2	−0.1	0	0.1	200.9	53.9	1.1	0.5	2.2	293.7	8.80
	黑色	40.7	−0.5	3.9	3.9	96.2	37.5	−0.1	2.8	1.7	77.2	3.41

注：L—亮度，a—红绿色，b—黄蓝色，C—饱和度，H—色调。

表5-16　南薰殿彩画加固前后光泽度、硬度、附着力变化

位置		光泽度/Gu		硬度/HA		附着力条增加质量/mg	
		加固前	加固后	加固前	加固后	加固前	加固后
B72	绿色	0.5	0.4	75	78	18	11.2
	蓝色	0.6	0.5	82	83	47.9	12.5
	黑色	0.7	0.4	96	92	18.2	6.6
桃胶	绿色	0.6	0.4	84	77	18	4.4
	蓝色	0.9	0.5	81	86	47.9	18.1
	黑色	0.5	0.3	94	88	18.2	4.9

5.3.4　加固材料筛选结果

现场加固实验及实验室实验中，改性B72溶液的效果最好，而且其具有无色透明、干燥时间短、渗透快等优点。北京属暖温带半湿润半干旱季风气候，年极端最高气温一般在35～40℃，而加固材料主要渗透进入彩画层内部，B72 的玻璃化转变温度为40℃，为此 B72 适合在北京气候中使用，同时该材料已在大量的工程中应用。虽然改性 B72 漆膜用在玻璃或马口铁板上光泽度高，本课题组也进行了在较新彩画上的渗透加固试验，发现可用微米级 SiO_2 消除反光现象且不留痕迹。故推荐如果使用改性 B72 溶液作为加固材料，需要时结合使用微米级 SiO_2 进行消光处理。传统加固保护材料中，桃胶的效果相对较好。结合文物的特殊性，建议采用传统材料 1.5% 桃胶进行喷涂加固。

5.4　本章小结

结合实验室检测及现场保护实验可知，南薰殿内檐积尘建议先采用大软毛刷初步除尘，然后使用荞麦面团或酒精棉球滚擦清灰；污渍建议采用棉签蘸碳酸钠清洗剂在污损彩画表面进行滚擦清洗；霉菌建议使用棉签蘸除菌剂在霉菌彩画表面滚擦清洗；起翘、脱落彩画建议采用油满进行回贴；外檐彩画建议采用桃胶溶液进行喷涂加固。

第6章 结论

南薰殿内檐额枋、七架梁为金琢墨石碾玉旋子彩画，有明代早中期彩画特征（如一波三折式方心头、石榴纹或如意纹旋眼、四合云图案盒子）；柱头为沥粉贴金整旋花彩画；平板枋为片金降魔云彩画；斗栱为平金边彩画；垫栱板为沥粉金边彩画；天花为二龙戏珠彩画；支条为辘轳纹彩画；藻井为浑金龙蟠纹彩画；脊檩为五彩祥云玉作彩画；脊垫板为纯青彩画。内檐彩画主要病害为积尘、变色、结垢、粉化、龟裂、酥解、金层剥落、颜料剥落等，部分构件含裂隙、水渍、起翘、地仗脱落、微生物损害、人为损害、油烟污损等病害。实验室检测发现，各构件仅观察到单层彩画，其中绿色显色颜料为天然氯铜矿，蓝色显色颜料为石青，贴金彩画使用的金箔为库金箔，贴金前涂刷两遍含铁红的金胶油，地仗采用单披灰制作工艺（含石英、白土粉、淀粉等）。因此无论是形制特征还是材料剖析结果皆表明，南薰殿内檐现存彩画极有可能为明代早中期初建时绘制的原始彩画。

南薰殿外檐额枋、挑檐檩为雅伍墨旋子彩画，有清中期后旋子彩画特征（如蝉状旋眼）；柱头为整旋花彩画；平板枋为降魔云彩画；斗栱为墨线彩画；垫栱板为素垫栱板彩画；挑檐枋为黑边纯青色彩画。南薰殿外檐彩画主要病害为裂隙、龟裂、酥解、粉化、颜料剥落、变色、积尘等，部分构件含地仗脱落、空鼓、起翘、剥离、水渍、结垢、动物损害、人为损害等病害。外檐彩画实验室检测发现多层彩画，其中正立面基本为单层彩画，背立面最多有四层彩画，东、西山面最多有五层彩画，因此除正立面最后一次修缮时皆将前期残存彩画斩砍干净再新绘彩画外，其余立面在旧彩画基础上直接抹试细灰层后再新绘彩画。各立面最外层彩画皆采用单披灰地仗制作工艺，绿色显色颜料为巴黎绿，蓝色显色颜料为群青，黑色显色颜料为炭黑，白色显色颜料为石膏，红色显色颜料为章丹（垫栱板施涂两道章丹油），结合修缮记录及其保存状态，推测其修缮时间可能为1633—1938年。第二层彩画基本采用一麻五灰或一麻四灰地仗制作工艺（麻纤维为苎麻），绿色显色颜料为氯铜矿，蓝色显色颜料为石青，红色显色颜料为章丹。第三层彩画采用单披灰地仗制作工艺，绿色显色颜料为氯铜矿，蓝色显色颜料为石青，红色显色颜料为章丹。第四层彩画采用单披灰地仗制作工艺，绿色显色颜料为氯铜矿，红色显色颜料为章丹。第五层彩画也采用单披灰地仗制作工艺，绿色显色颜料为氯铜矿。

南薰殿内檐积尘病害建议先采用大软毛刷初步除尘，然后使用荞麦面团或酒精棉球滚擦清灰；内檐污渍病害建议采用棉签蘸碳酸钠清洗剂在污损彩画表面进行滚擦清洗；内檐霉菌病害建议使用棉签蘸除菌剂在霉菌彩画表面滚擦清洗；起翘、脱落彩画建议采用油满进行回贴；外檐彩画建议整体采用桃胶溶液进行喷涂加固。

参考文献

[1] 徐怡涛．明清北京官式建筑角科斗栱形制分期研究——兼论故宫午门及奉先殿角科斗栱形制年代 [J]．故宫博物院院刊，2013，1：6-23，156.

[2] 杨珍．清宫遗事摭拾 [C]// 故宫博物院，明清宫廷史学术研讨会论文集　第 1 辑．北京：紫禁城出版社，2011.

[3] 胡南斯．北京紫禁城南熏殿建筑形制与修缮设计研究 [D]．北京：清华大学，2014.

[4] 杨红，纪立芳．紫禁城现存明代官式彩画分期探讨——从大木梁檩枋彩画纹饰切入的研究 [J]．故宫博物院院刊，2016，4：95-106，162.

[5] 曹振伟．明清官式建筑旋子彩画旋眼研究 [J]．古建园林技术，2016，3：22-27.

[6] 王天鹏．人工光照对中国古建筑油饰彩画影响的初步研究 [D]．天津：天津大学，2006.

[7] 许君．涂层附着力测试方法比较及影响因素探讨 [J]．现代涂料与涂装，2012，15（10）：18-20.

[8] 李雅梅．巴蜀地区明代壁画中贴金技法探析 [J]．美术观察，2014(5)：86-87.

[9] 张坤，张秉坚，方世强．中国传统血料灰浆的应用历史和科学性 [J]．文物保护与考古科学，2013，2：94-102.

[10] 周文晖，王丽琴，樊晓蕾，等．博格达汗宫古建柱子油饰制作工艺及材料研究 [J]．内蒙古大学学报 (自然科学版)，2010，41（5）：522-526.

[11] 李蔓，夏寅，于群力，等．四川广元千佛崖石窟绿色颜料分析研究 [J]．文物保护与考古科学，2014，2：22-27.

[12] 王传昌，李志敏，万鑫，等．山东长清灵岩寺宋代罗汉像彩绘分析研究 [J]．文物保护与考古科学，2018，30（6）：37-47.

[13] 李蔓．铜绿颜料的分析探究 [D]．西安：西北大学，2013.

[14] 夏寅，周铁，张志军．偏光显微粉末法在秦俑、汉阳陵颜料鉴定中的应用 [J]．文物保护与考古科学，2004，16（4）：32-35，70.

[15] 夏寅．遗彩寻微　中国古代颜料偏光显微分析研究 [M]．北京：科学出版社，2017：20-57.

[16] 边精一．中国古建筑油漆彩画 [M]．北京：中国建材工业出版社，2013：37-42.

[17] 蒋广全．中国传统建筑彩画讲座　第二讲：传统建筑彩画的颜材料成分、沿革、色彩代号、颜材料调配技术及防毒知识 [J]．古建园林技术，2013，26（4）：103-105.

[18] 赵翰生，邢声远，田方.大众纺织技术史[M].济南:山东科学技术出版社，2015:1-91.

[19] 张坚，张薇.石膏脱水热分解动力学研究[J].中国陶瓷，2013，49(10):29-31.

[20] 王丽琴，马彦妮，张亚旭，等.基于拉曼光谱鉴定世界遗产大足卧佛颜料及相关研究[J].光谱学与光谱分析，2020，40(10):3199-3204.

[21] 刘璐瑶，张秉坚.彩绘文物中蓝色颜料群青的鉴定技术研究[J].黑龙江科学，2021，12，2:7-14.

[22] 龚德才，王鸣军.传统材料及方法在江苏古建筑彩绘保护中的应用——漫谈江苏常熟严呐宅明代彩绘的保护研究[J].文博，2009，6:422-425.

[23] 许淳淳，何海平.钨酸钠与十二烷基苯磺酸钠协同缓蚀作用研究[J].表面技术，2005，3:33-35.

[24] 潘郁生，黄槐武.广西博物馆汉代铁器修复保护研究[J].文物保护与考古科学，2006，3:5-10，67-70.

[25] 汪自强，周旸.南昌明宁靖王妃墓出土丝织品结晶盐的分析与去除[J].文物保护与考古科学，2006，4:18-24，65-66.

[26] 包春磊.华光礁出水瓷器表面黄白色沉积物的分析及清除[J].化工进展，2014，5:1108-1112.

[27] 武小鹏.浅谈西岳庙古建筑原有油漆彩画保护及修复[J].陕西建筑，2009，9:41，43.

[28] 杨蔚青，肖东.洛阳山陕会馆古建筑彩画的保护与成效[J].古建园林技术，2011，4:26-28.

[29] 段修业，王旭东，李最雄，等.西藏萨迦寺银塔北殿壁画修复[J].敦煌研究，2006，4:105-108.

[30] 甄刚，马涛，白崇斌.古建彩画保护修复技术与方法[J].文博，2015，4:88-94.

[31] 郭泓，王时伟.故宫皇极殿内檐彩画的保护实践[C]// 中国文物保护技术协会第五次学术年会论文集.中国文物保护技术协会，故宫博物院文保科技部，2007:6.

[32] 沈大娲，胡源，陈青.古代建筑彩绘中所用净油满的分析研究[C]// 中国文物保护技术协会，故宫博物院文保科技部.中国文物保护技术协会，故宫博物院文保科技部，2007:6.

[33] 李宁民，马宏林，周萍，等.天水伏羲庙先天殿外檐古建油饰彩画保护修复[J].文博，2005，5:108-112.

[34] 赵兵兵，陈伯超，蔡葳蕤.锦州市广济寺彩绘保护技术的应用研究[J].沈阳建筑大学学报(自然科学版)，2006，22(5):755-758.

[35] 龚德才，何伟俊，张金萍，等.无地仗层彩绘保护技术研究[J].文物保护与考古科学，2004，16(1):29-32.

[36] 郑军.福建莆田元妙观三清殿及山门彩绘的保护 [J]. 文物保护与考古科学，2001，13（2）：54–57.

[37] 肖璘，孙杰.金沙遗址出土象牙、骨角质文物现场临时保护研究 [J]. 文物保护与考古科学，2002，2：26–30.

[38] 袁传勋.PVAc 和 PVB 改性硅溶胶加固保护陶质文物的研究 [J]. 文物保护与考古科学，2003，1：12–21.

[39] 张欢，许盟刚，刘成，等.可逆性加固剂在彩绘陶器覆土清理中的应用 [J]. 文博，2009，6：309–313.

[40] 张晋平.几种树脂加固木质文物的比较研究 [J]. 文博，1991，3：88–92.

[41] 杨隽永，万俐，等.印山越国王陵墓坑边坡化学加固试验研究 [J]. 岩石力学与工程学报，2010，29（11）：2370–2374.

[42] 韩涛，唐英.有机硅在石质文物保护中的研究进展 [J]. 涂料工业，2010，40（6）：73–78.

[43] 范敏，陈粤，崔海滨，等.有机硅材料在石质文物保护中的应用 [J]. 广东化工，2013，21：107–108.

[44] 张军，蔡玲，高翔，等.改性有机硅在模拟漆底彩绘保护中的应用研究 [J]. 文物保护与考古科学，2012，1：32–37.

[45] 张慧，张金萍，杨隽永.浙江萧山跨湖桥独木舟遗址加固保护试验研究 [J]. 文物保护与考古科学，2012，3：95–99.

[46] 范陶峰.新沂花厅遗址出土古玉串珠的保护探究 [J]. 文物保护与考古科学，2015，3:73–77.

附录

故宫南薰殿彩画病害调查图纸目录

序号	图纸名称	图号	序号	图纸名称	图号
1	内檐	1.1–1~1.5–6	2	外檐	2.1–1~2.4–3
1.1	西梢间	1.1–1~1.1–6	2.1	正立面	2.1–1~ 2.1–5
1.2	西次间	1.2–1~1.2–10	2.2	东山面	2.2–1~ 2.2–3
1.3	明间	1.3–1~1.3–16	2.3	背立面	2.3–1~ 2.3–5
1.4	东次间	1.4–1~1.4–9	2.4	西山面	2.4–1~ 2.4–3
1.5	东梢间	1.5–1~1.5–6			

故宫南薰殿彩画对比分析及保护技术研究

图名	勘测	杜文	绘图	吴玉清

缺失　金层剥落　裂隙　水渍　变色　龟裂　地仗脱落　结垢

项目名称	故宫南薰殿彩画对比分析及保护技术研究		
图名	南薰殿内檐西梢间彩画病害图	图号	1.1-1

北京化工大学

项目负责人　王菊琳　日期　2020.03　校对　郭晓雪

1 内檐

1.1 西梢间

1.1-1

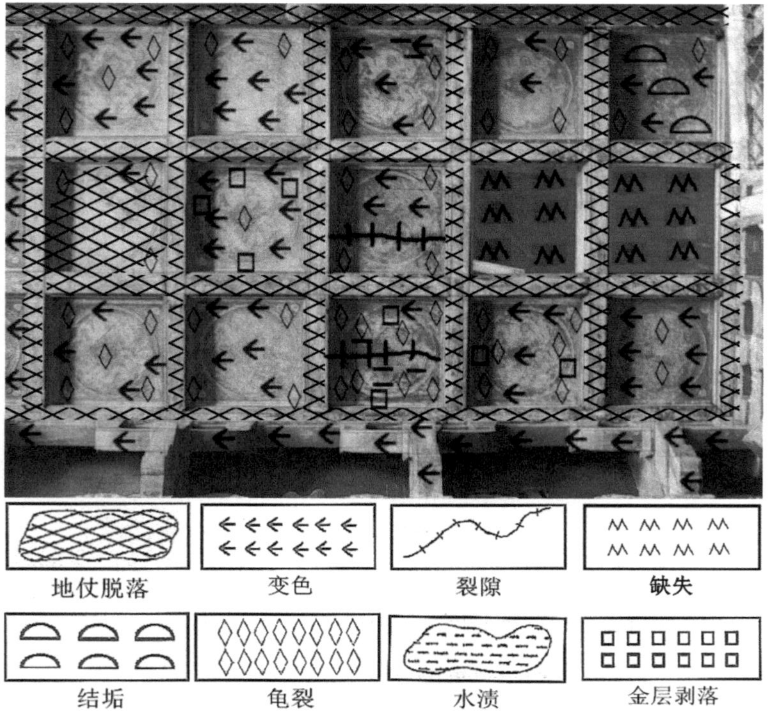

附录

233

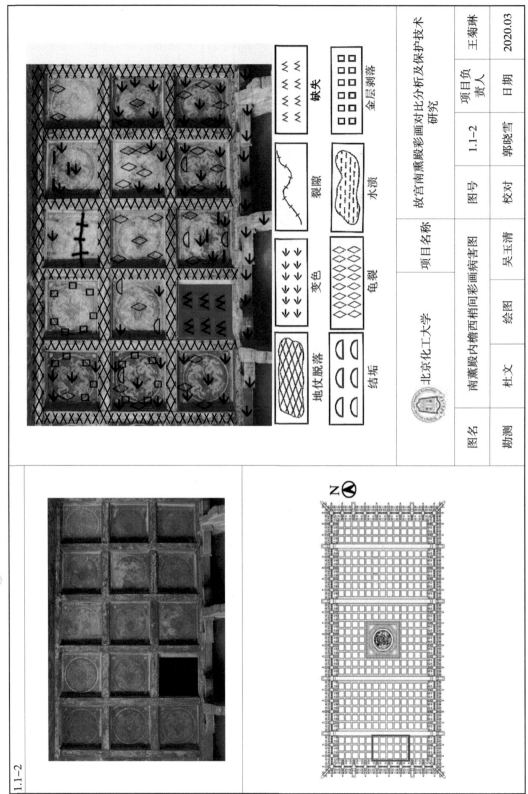

图名		项目名称	故宫南薰殿彩画对比分析及保护技术研究	项目负责人	王菊琳
勘测	南薰殿内檐西稍间彩画病害图	图号	1.1-2	日期	2020.03
	杜文	绘图	吴玉清	校对	郭晓雪

北京化工大学

缺失 金层剥落 裂隙 水渍 变色 龟裂 地仗脱落 结垢

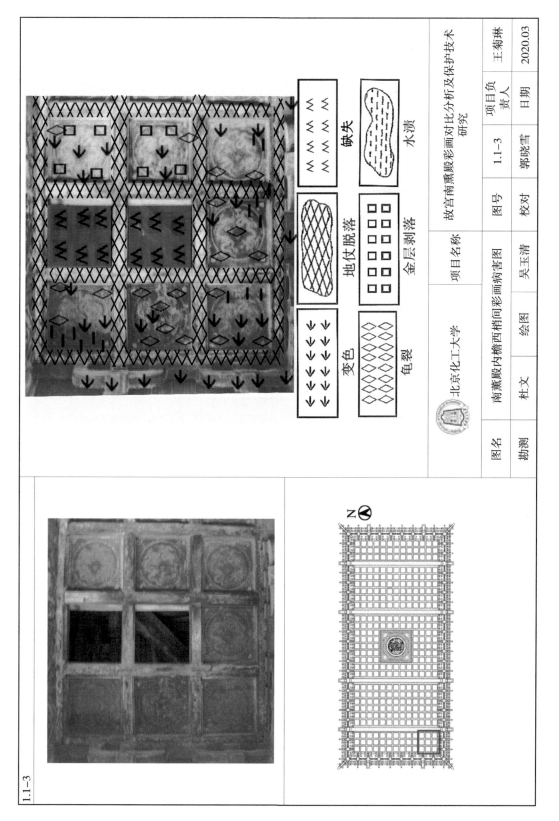

图名		项目名称	故宫南薰殿彩画对比分析及保护技术研究		项目负责人	王菊琳
勘测					日期	2020.03
		项目名称		图号	1.1-3	郭晓雪
	北京化工大学			校对		
	南薰殿内檐西梢间彩画病害图	绘图	吴玉清			
	杜文					

缺失

水渍

地仗脱落

金层剥落

变色

龟裂

1.1-3

附录

235

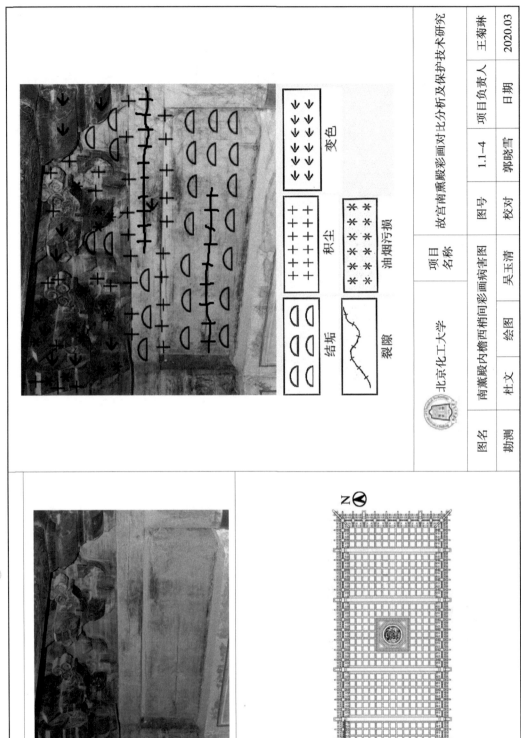

图名		项目名称	故宫南薰殿彩画对比分析及保护技术研究		王菊琳
勘测	南薰殿内檐西梢间彩画病害图		项目负责人		
		项目名称		日期	2020.03
北京化工大学	杜文	绘图	图号	1.1-4	
		吴玉清	校对	郭晓雪	

变色

积尘

油烟污损

结垢

裂隙

N

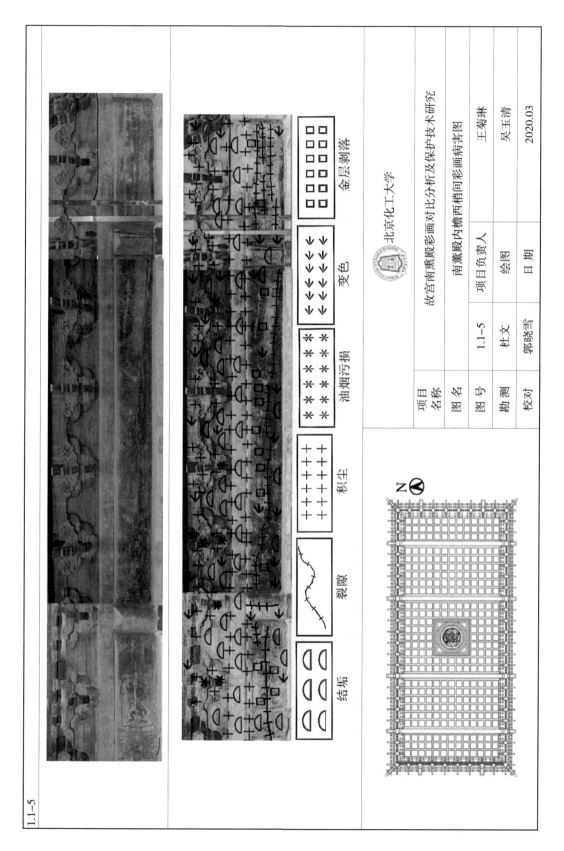

故宫南熏殿彩画对比分析及保护技术研究

北京化工大学

项目名称	故宫南熏殿彩画对比分析及保护技术研究		
图名	南熏殿内檐西梢间彩画病害图		
图号	1.1-5	项目负责人	王菊琳
勘测	杜文	绘图	吴玉清
校对	郭晓雪	日期	2020.03

金层剥落

变色

油烟污损

积尘

裂隙

结垢

N

1.1-5

附录

237

图名	南薰殿内檐西梢间彩画病害图	绘图	吴玉清	项目名称	南薰殿内檐西梢间彩画病害图	图号	1.1-6	校对	郭晓雪	故宫南薰殿彩画对比分析及保护技术研究

变色

人为损害

积尘

油烟污损

结垢

裂隙

北京化工大学

项目负责人 王菊琳
日期 2020.03

图名 勘测   杜文

N

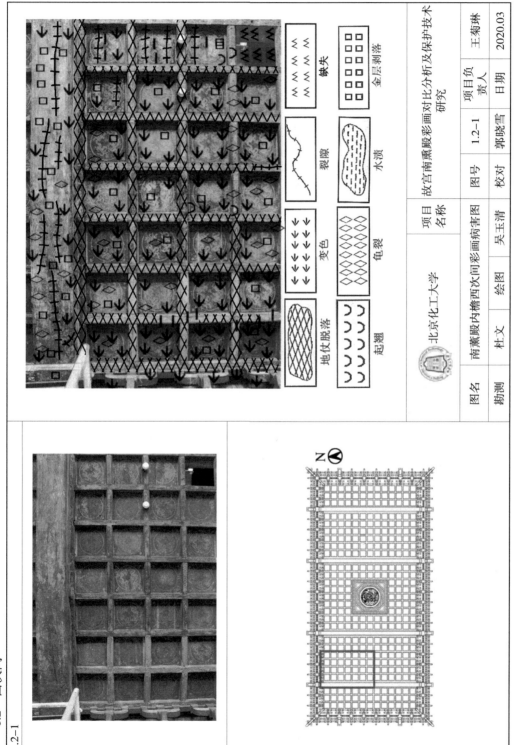

1.2 西次间

1.2-1

图名	南薰殿内檐西次间彩画病害图			项目名称	故宫南薰殿彩画对比分析及保护技术研究				
	北京化工大学	绘图	吴玉清			图号	1.2-1	项目负责人	王菊琳
勘测	杜文					校对	郭晓雪	日期	2020.03

缺失

金层剥落

裂隙

水渍

变色

龟裂

地仗脱落

起翘

附录

239

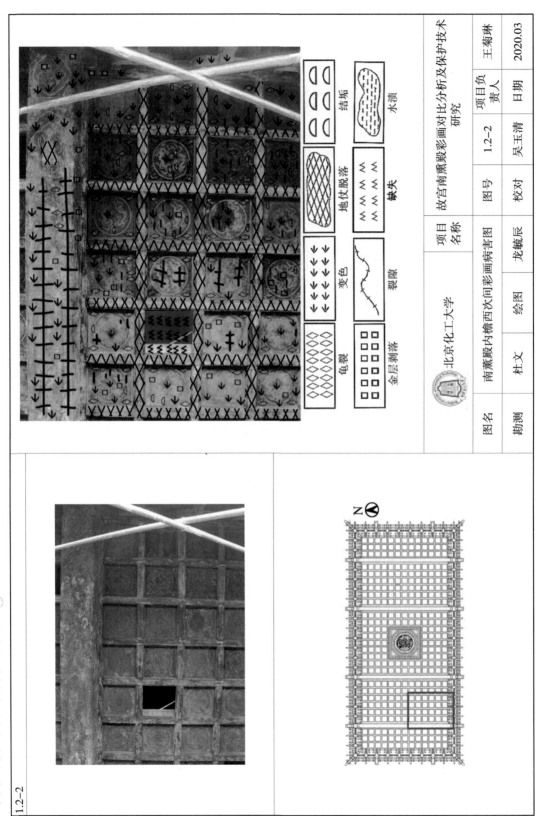

		项目名称	故宫南薰殿彩画对比分析及保护技术研究		
				项目负责人	王菊琳
	北京化工大学			日期	2020.03
图名	项目名称	图号	1.2-2		
	南薰殿内檐西次间彩画病害图	校对	吴玉清		
勘测	杜文	绘图	龙毓辰		

图例：结垢、水渍、地仗脱落、缺失、变色、裂隙、龟裂、金层剥落

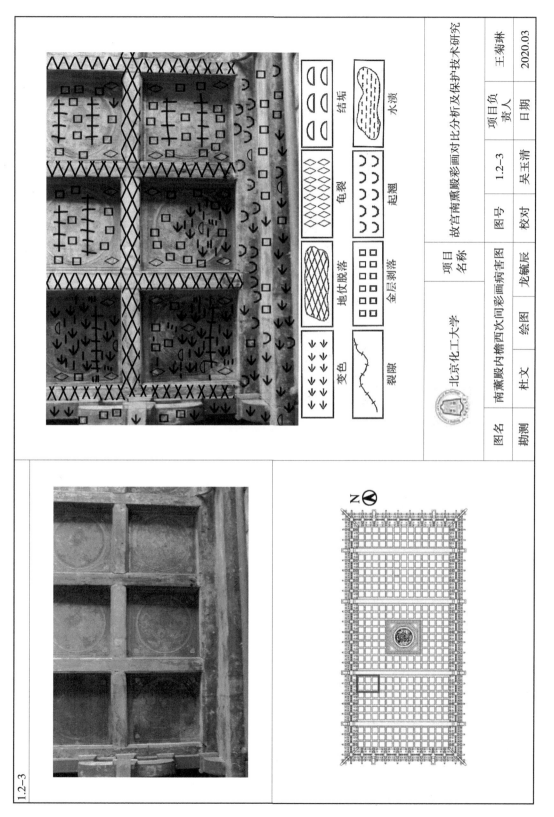

图名	南薰殿内檐西次间彩画病害图	绘图	龙毓辰	项目名称	故宫南薰殿彩画对比分析及保护技术研究
勘测	杜文	校对	吴玉清	图号	1.2-3
	北京化工大学			项目负责人	王菊琳
				日期	2020.03

图例：结垢　水渍　龟裂　起翘　地仗脱落　金层剥落　变色　裂隙

1.2-3

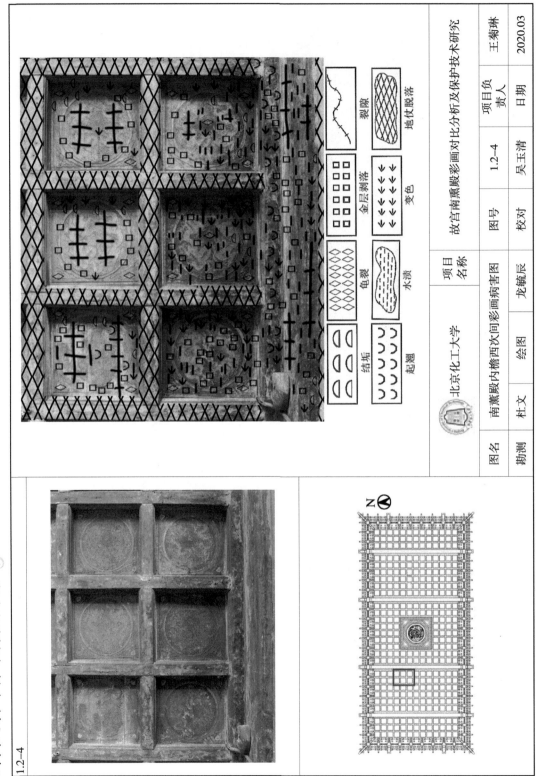

图名		项目 名称	故宫南薰殿彩画对比分析及保护技术研究			王菊琳
勘测	南薰殿内檐西次间彩画病害图	北京化工大学		图号	1.2-4	项目负 责人
				校对	吴玉清	日期	2020.03
杜文				绘图	龙毓辰		

图例: 裂隙, 地仗脱落, 金层剥落, 变色, 龟裂, 水渍, 结垢, 起翘

N

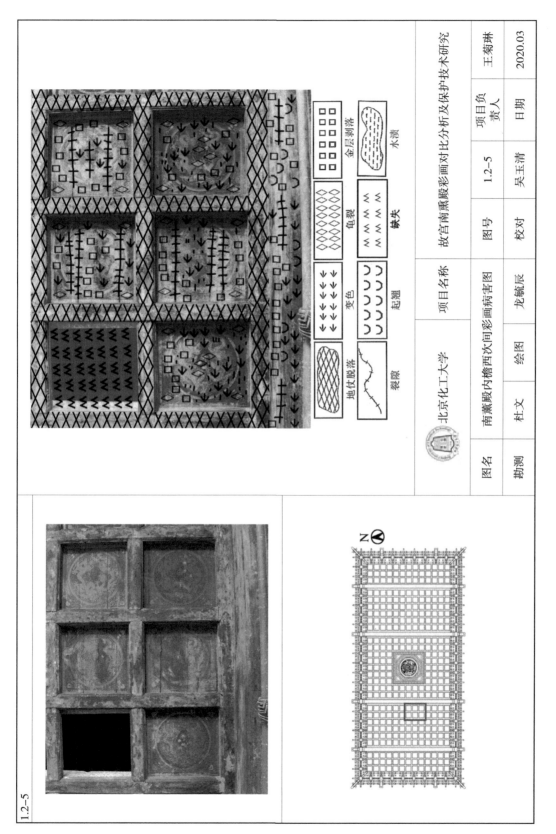

图例：金层剥落　水渍　龟裂　缺失　变色　起翘　地仗脱落　裂隙

		故宫南熏殿彩画对比分析及保护技术研究	项目负责人 王菊琳 日期 2020.03
	项目名称	图号 1.2-5　校对 吴玉清	
北京化工大学	南薰殿内檐西次间彩画病害图	绘图 龙毓辰	
图名	杜文		
勘测			

1.2-5

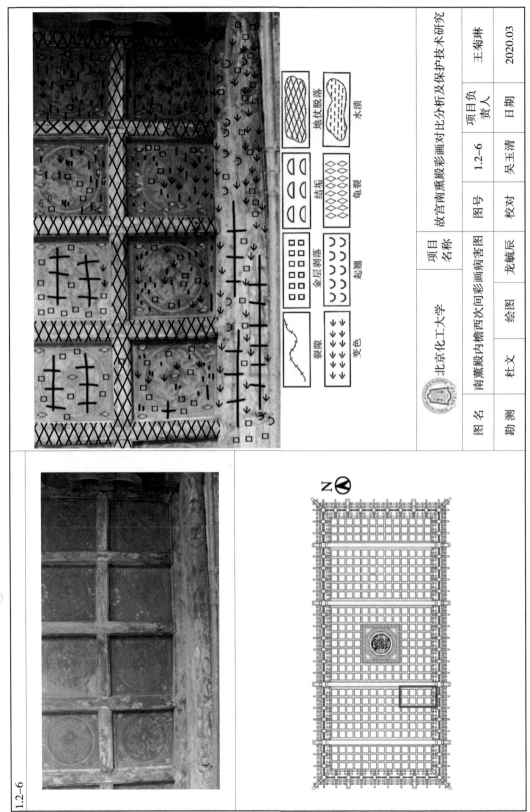

北京化工大学	项目 名称	故宫南薰殿彩画对比分析及保护技术研究		
		图号	1.2-6	项目负 责人	王菊琳
图名	南薰殿内檐西次间彩画病害图		校对	吴玉清	日期	2020.03
勘测	杜文	绘图	龙毓辰			

图例:
地仗脱落 水渍 结垢 龟裂 金层剥落 起翘 裂隙 变色

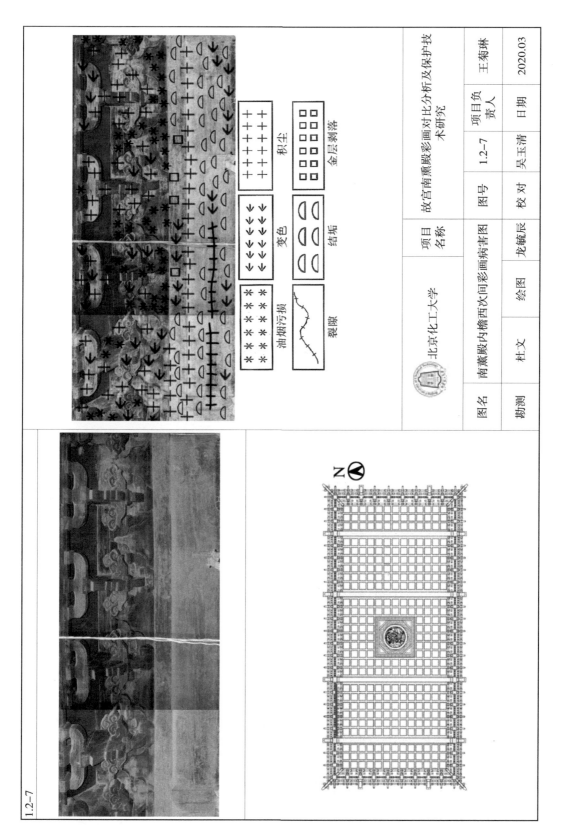

图名	南薰殿内檐西次间彩画病害图	项目 名称	故宫南薰殿彩画对比分析及保护技 术研究
勘测	杜文	绘图	龙毓辰	图号	1.2-7	校对	吴玉清	项目负 责人	王菊琳
								日期	2020.03

北京化工大学

积尘

金层剥落

变色

结垢

油烟污损

裂隙

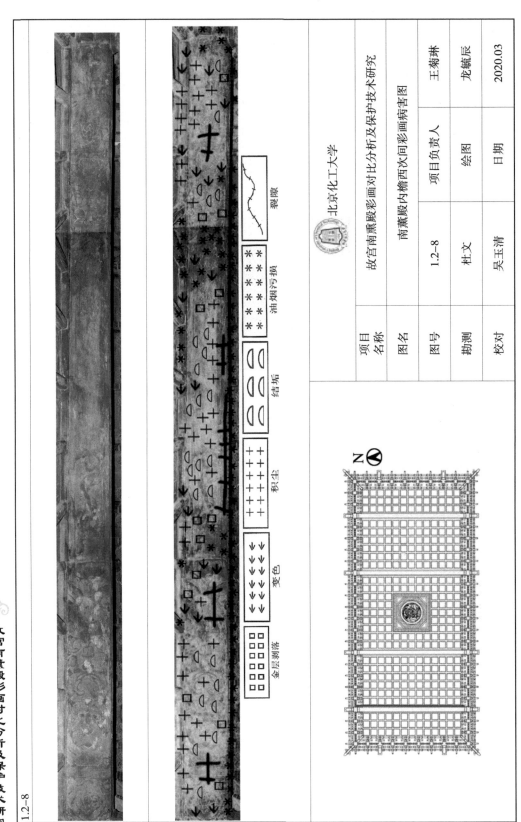

项目名称	故宫南熏殿彩画对比分析及保护技术研究		
图名	南熏殿内檐西次间彩画病害图		
图号	1.2-8	项目负责人	王菊琳
勘测	杜文	绘图	龙毓辰
校对	吴玉清	日期	2020.03

北京化工大学

裂隙

油烟污损

结垢

积尘

变色

金层剥落

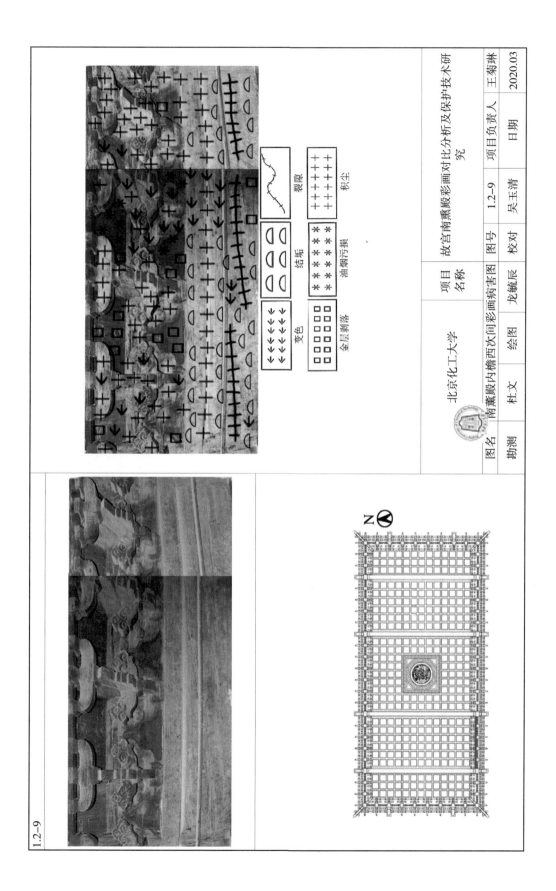

图名		项目 名称	故宫南薰殿彩画对比分析及保护技术研 究		
				项目负责人	王菊琳
				日期	2020.03
	南薰殿内檐西次间彩画病害图	图号	1.2-9	校对	吴玉清
北京化工大学		绘图	龙毓辰		
	杜文				
勘测					

图例：

裂隙 — 积尘 ++++

结垢 — 油烟污损 ＊＊＊

变色 ← 金层剥落 □□□

N

1.2-9

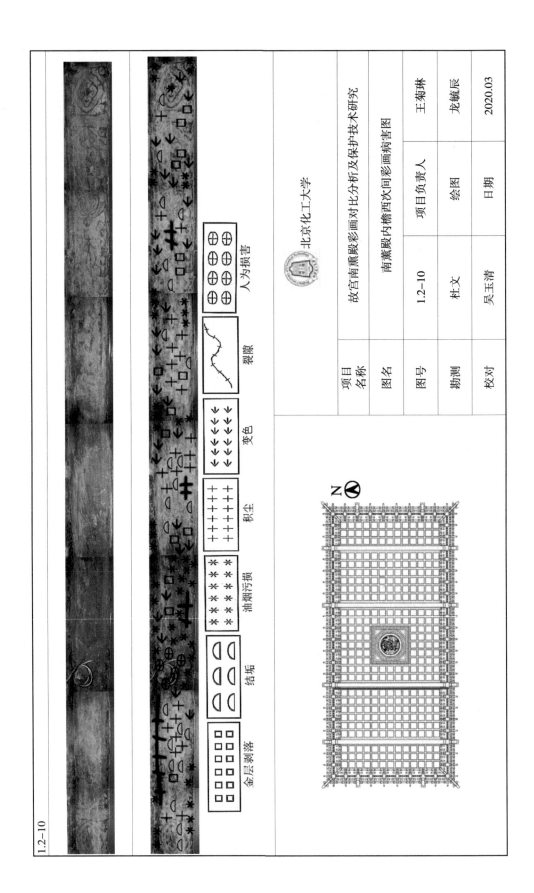

	北京化工大学		
项目名称	故宫南薰殿彩画对比分析及保护技术研究		
图名	南薰殿内檐西次间彩画病害图		
图号	1.2-10	项目负责人	王菊琳
勘测	杜文	绘图	龙毓辰
校对	吴玉清	日期	2020.03

图例：金层剥落　结垢　油烟污损　积尘　变色　裂隙　人为损害

1.2-10

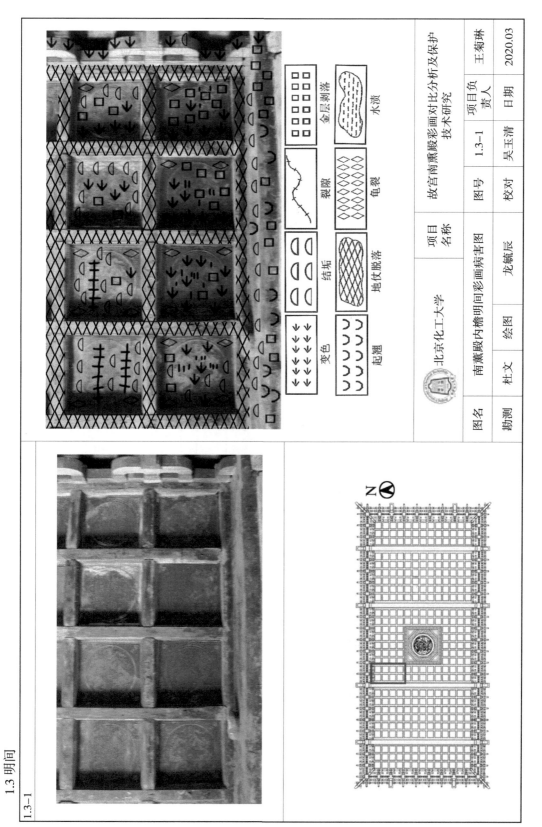

图名		项目名称	故宫南薰殿彩画对比分析及保护技术研究	项目负责人	王菊琳
				日期	2020.03
北京化工大学	南薰殿内檐明间彩画病害图			图号	1.3-1
				校对	吴玉清
	龙毓辰				
图名	绘图	杜文			
勘测					

金层剥落　水渍

裂隙　龟裂

结垢　地仗脱落

变色　起翘

N

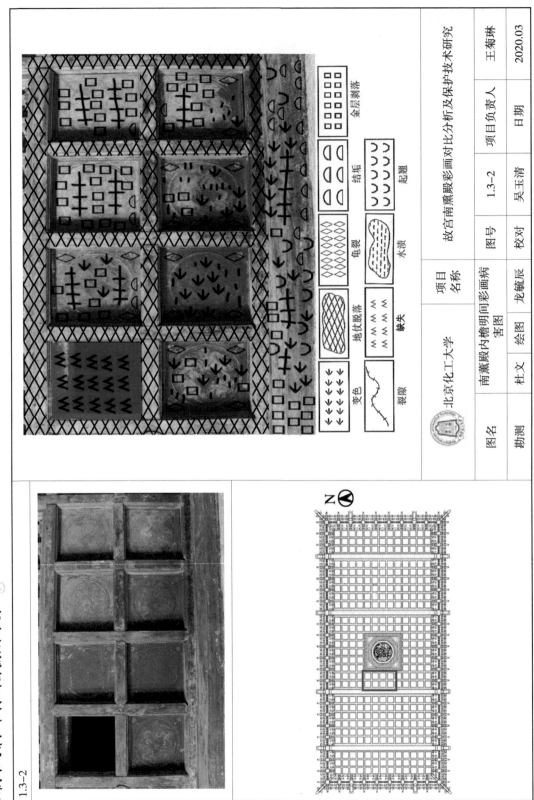

图名	勘测		项目名称	故宫南薰殿彩画对比分析及保护技术研究		
南薰殿内檐明间彩画病害图	杜文	龙毓辰		图号	1.3-2	项目负责人	王菊琳
	绘图			校对	吴玉清	日期	2020.03

北京化工大学

图例：金层剥落、结垢、起翘、龟裂、水渍、地仗脱落、缺失、变色、裂隙

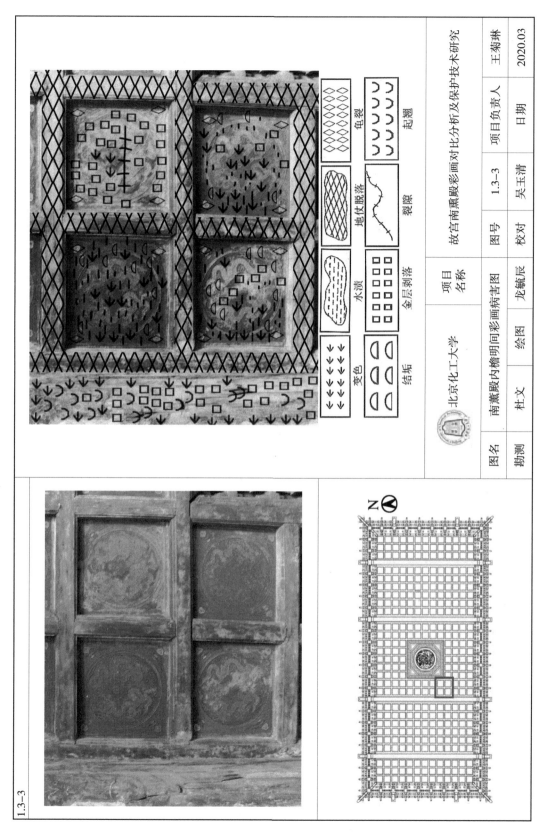

图名	南薰殿内檐明间彩画病害图			项目名称	故宫南薰殿彩画对比分析及保护技术研究		
勘测	杜文	绘图	龙毓辰	图号	1.3-3	项目负责人	王菊琳
北京化工大学					校对	吴玉清	日期	2020.03

龟裂　起翘　地仗脱落　裂隙　水渍　金层剥落　变色　结垢

1.3-3

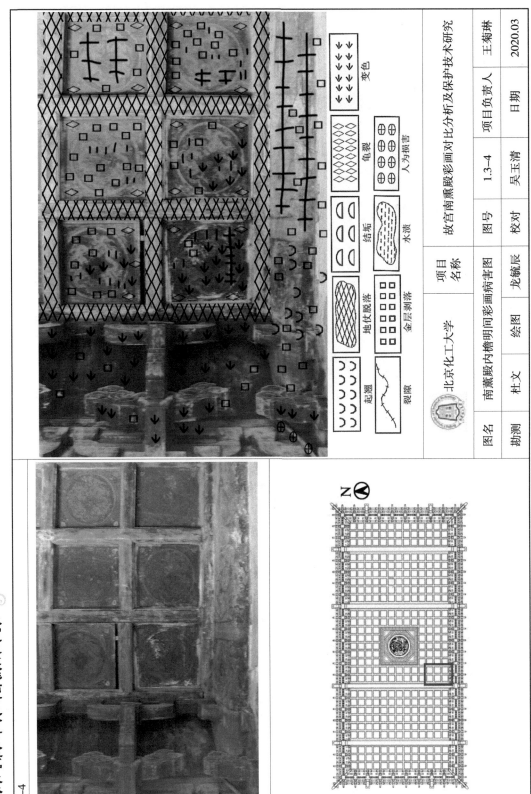

图名		勘测	杜文	绘图	龙毓辰	项目名称	南薰殿内檐明间彩画病害图	故宫南薰殿彩画对比分析及保护技术研究

北京化工大学						项目名称	南薰殿内檐明间彩画病害图	故宫南薰殿彩画对比分析及保护技术研究
						图号	1.3−4	项目负责人	王菊琳
						校对	吴玉清	日期	2020.03

变色
龟裂
人为损害
结垢
水渍
地仗脱落
金层剥落
起翘
裂隙

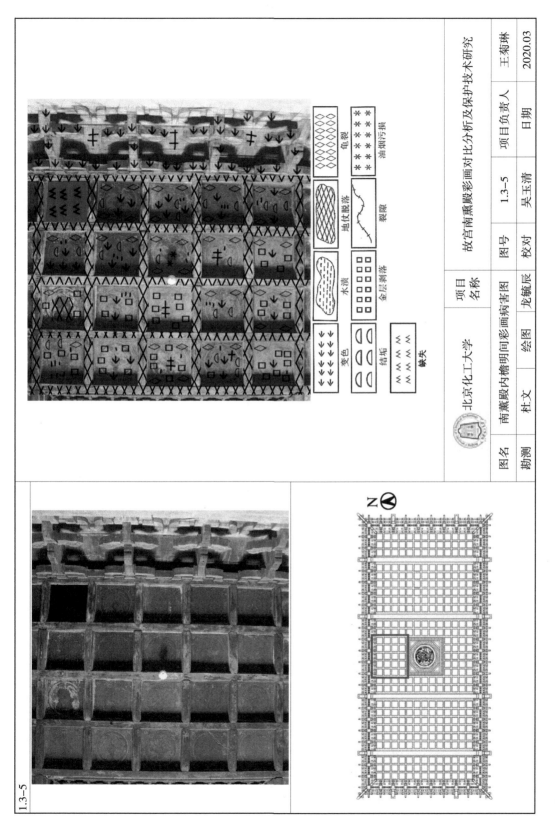

图名		项目 名称	故宫南薰殿彩画对比分析及保护技术研究		项目负责人	王菊琳
勘测	南薰殿内檐明间彩画病害图			图号	1.3-5	日期	2020.03
				校对	吴玉清		
北京化工大学	杜文		绘图	龙毓辰			

图例说明：
- 龟裂
- 油烟污损
- 地仗脱落
- 裂隙
- 水渍
- 金层剥落
- 变色
- 结垢
- 缺失

1.3-5

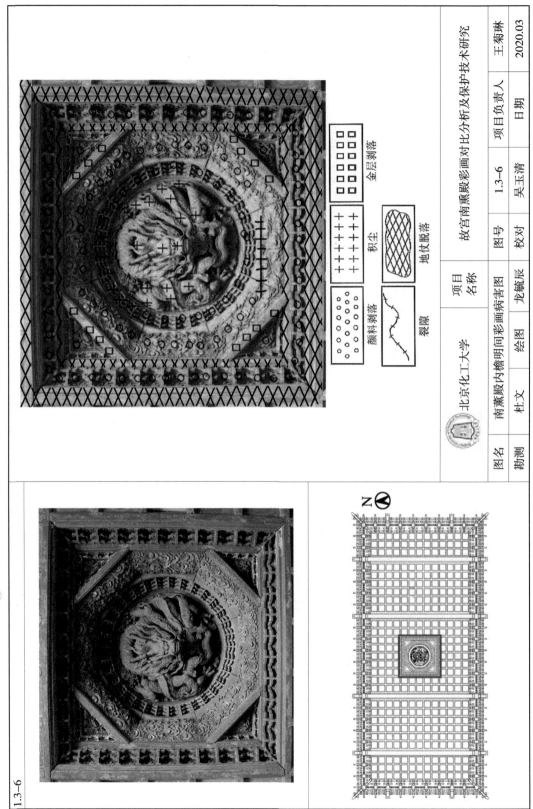

图名		南薰殿内檐明间彩画病害图			项目 名称	故宫南薰殿彩画对比分析及保护技术研究		王菊琳
勘测	杜文	绘图	龙毓辰		校对	吴玉清	图号	1.3-6

金层剥落

积尘

地仗脱落

颜料剥落

裂隙

北京化工大学

项目负责人

日期 2020.03

N

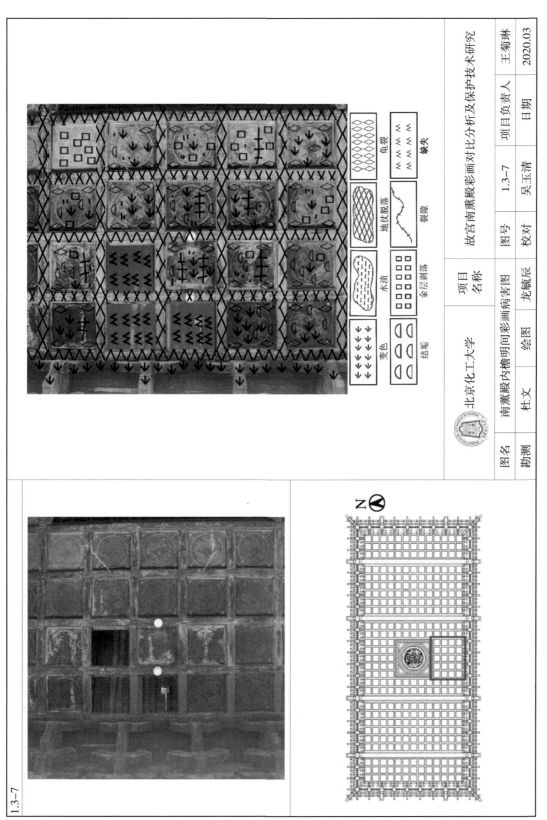

图名	项目名称	故宫南熏殿彩画对比分析及保护技术研究		项目负责人	王菊琳
勘测				日期	2020.03
		图号	1.3-7	校对	吴玉清
北京化工大学	南熏殿内檐明间彩画病害图	绘图	龙毓辰		
	杜文				

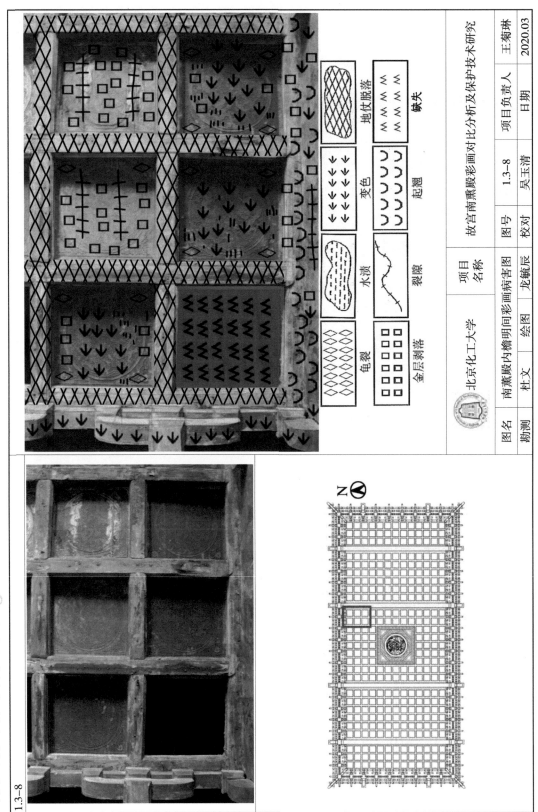

图名	南薰殿内檐明间彩画病害图	绘图	杜文	项目 名称	故宫南薰殿彩画对比分析及保护技术研究	项目负责人	王菊琳
勘测			龙毓辰	校对	图号	1.3-8	吴玉清	日期	2020.03

北京化工大学

地仗脱落　缺失　变色　起翘　水渍　裂隙　龟裂　金层剥落

故宫南薰殿彩画对比分析及保护技术研究

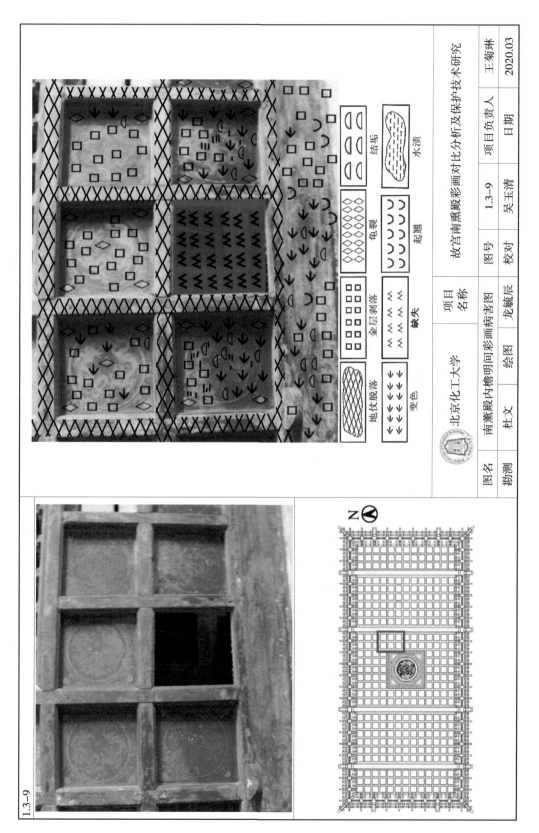

图名		项目名称		故宫南薰殿彩画对比分析及保护技术研究		
南薰殿内檐明间彩画病害图				图号	1.3-9	
勘测	杜文	绘图	龙毓辰	校对	吴玉清	
				项目负责人	王菊琳	
				日期	2020.03	

结垢　水渍　龟裂　起翘　金层剥落　缺失　地仗脱落　变色

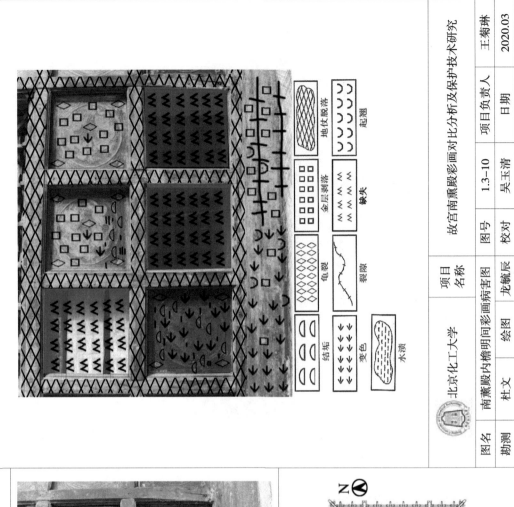

图名	勘测		项目 名称	故宫南薰殿彩画对比分析及保护技术研究		
北京化工大学	南薰殿内檐明间彩画病害图		图号	1.3-10	项目负责人	王菊琳
	图名	绘图			校对	日期	2020.03
	杜文	龙毓辰			吴玉清	

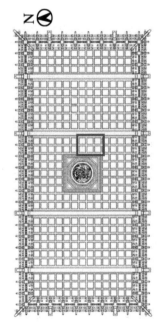

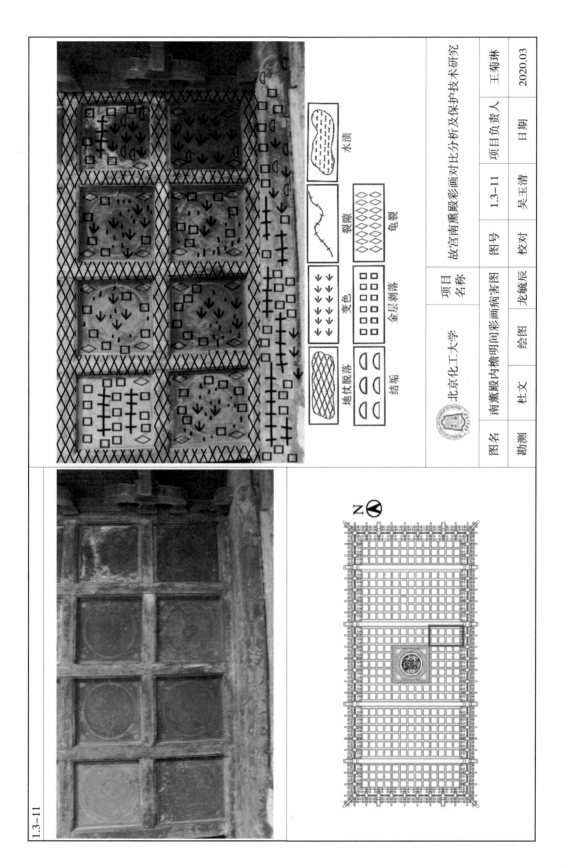

图名		南薰殿内檐明间彩画病害图		项目名称		故宫南薰殿彩画对比分析及保护技术研究	
勘测	杜文	绘图	龙毓辰	图号	1.3-11	项目负责人	王菊琳
	北京化工大学				校对	吴玉清	日期	2020.03

水渍
裂隙
龟裂
变色
金层剥落
地仗脱落
结垢

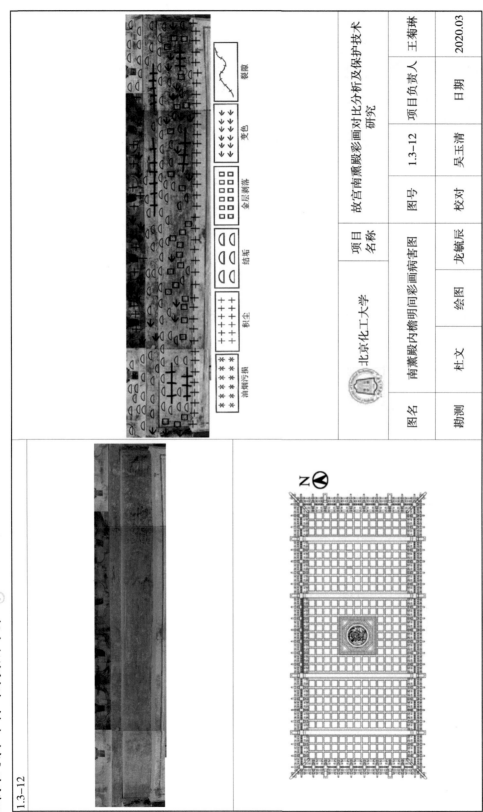

北京化工大学		项目名称	故宫南薰殿彩画对比分析及保护技术研究		
		图号	1.3-12	项目负责人	王菊琳
					2020.03
图名	南薰殿内檐明间彩画病害图			校对	吴玉清
		绘图	龙毓辰		
勘测	杜文			日期	

图例：裂隙　变色　金层剥落　结垢　积尘　油烟污损

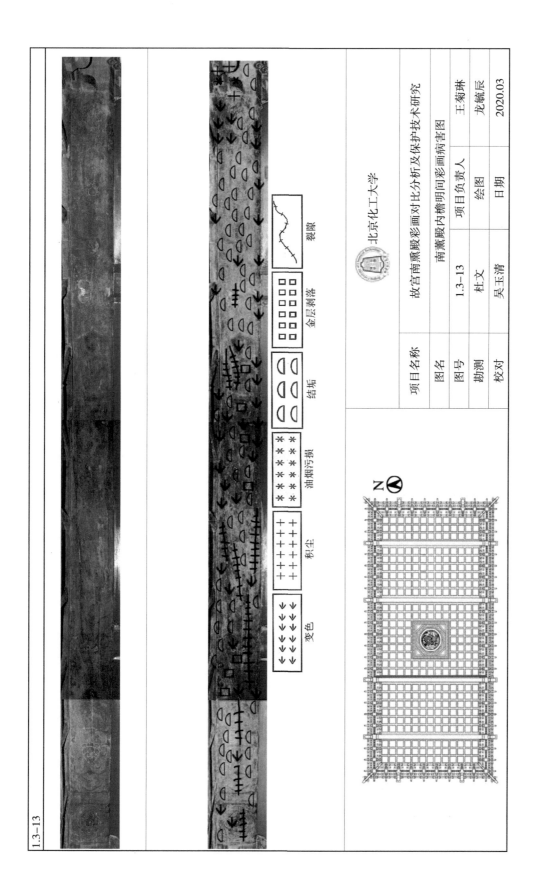

项目名称	故宫南熏殿彩画对比分析及保护技术研究		
图名	南熏殿内檐明间彩画病害图		
图号	1.3-13	项目负责人	王菊琳
勘测	杜文	绘图	龙毓辰
校对	吴玉清	日期	2020.03

北京化工大学

裂隙

金层剥落

结垢

油烟污损

积尘

变色

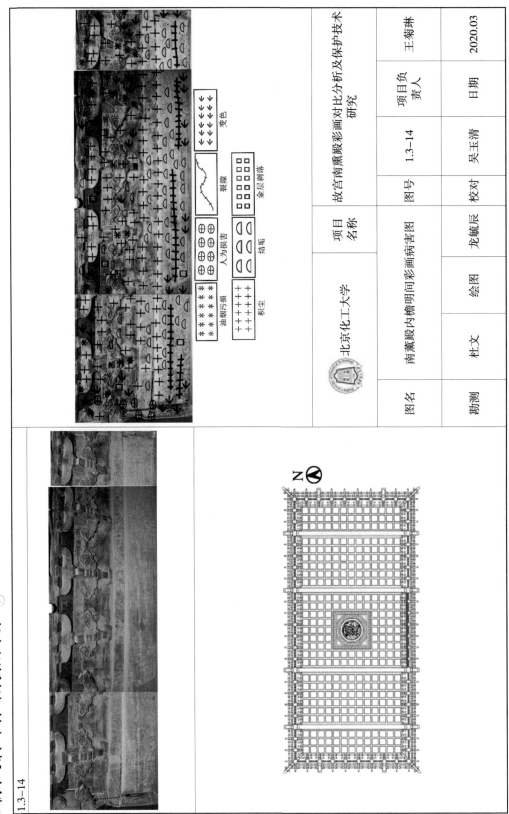

图名		北京化工大学	项目名称	故宫南薰殿彩画对比分析及保护技术研究
图名	南薰殿内檐明间彩画病害图		图号	1.3-14
勘测	杜文	绘图	龙毓辰	校对	吴玉清
			项目负责人	王菊琳
			日期	2020.03

变色

裂隙
金层剥落

人为损害
结垢

油烟污损
积尘

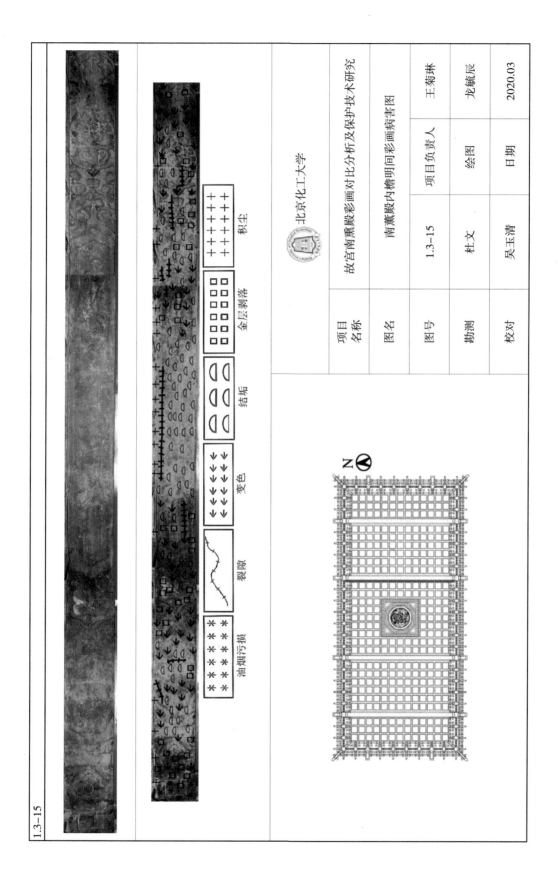

项目名称	故宫南薰殿彩画对比分析及保护技术研究		项目负责人	王菊琳
图名	南薰殿内檐明间彩画病害图		绘图	龙毓辰
图号	1.3-15		日期	2020.03
勘测	杜文			
校对	吴玉清			

北京化工大学

积尘 ++++

金层剥落 □□□

结垢

变色 ↙↙↙

裂隙

油烟污损 ＊＊＊＊

1.3-15

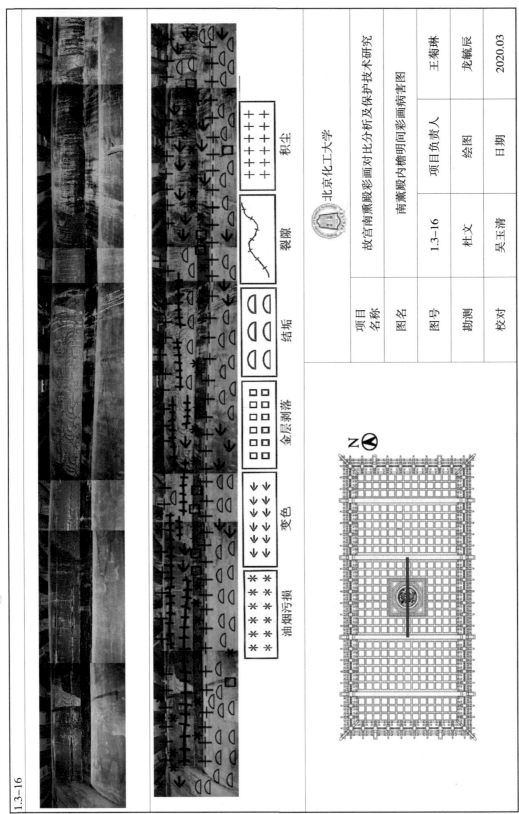

故宫南薰殿彩画对比分析及保护技术研究

1.3-16

北京化工大学

项目名称	故宫南薰殿彩画对比分析及保护技术研究		
图名	南薰殿内檐明间彩画病害图		
图号	1.3-16	项目负责人	王菊琳
勘测	杜文	绘图	龙毓辰
校对	吴玉清	日期	2020.03

积尘　裂隙　结垢　金层剥落　变色　油烟污损

1.4 东次间

1.4-1

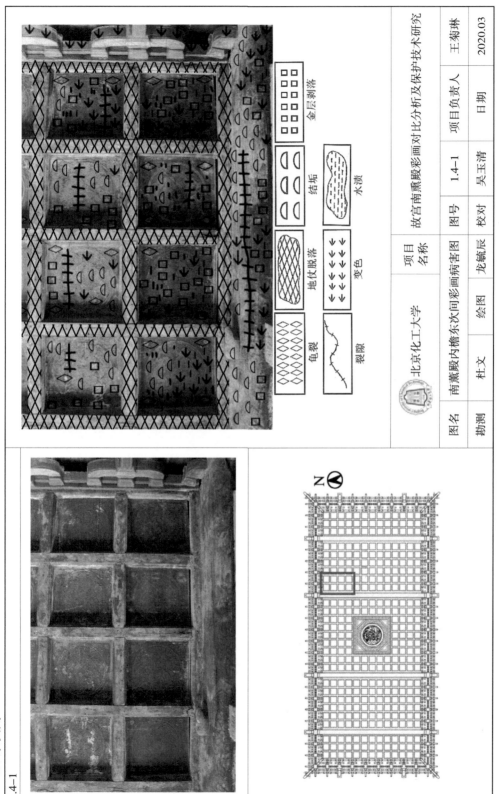

图名	南薰殿内檐东次间彩画病害图		项目名称	故宫南薰殿彩画对比分析及保护技术研究	
			图号	1.4-1	项目负责人	王菊琳
勘测	杜文	绘图	龙毓辰	校对	吴玉清	日期	2020.03

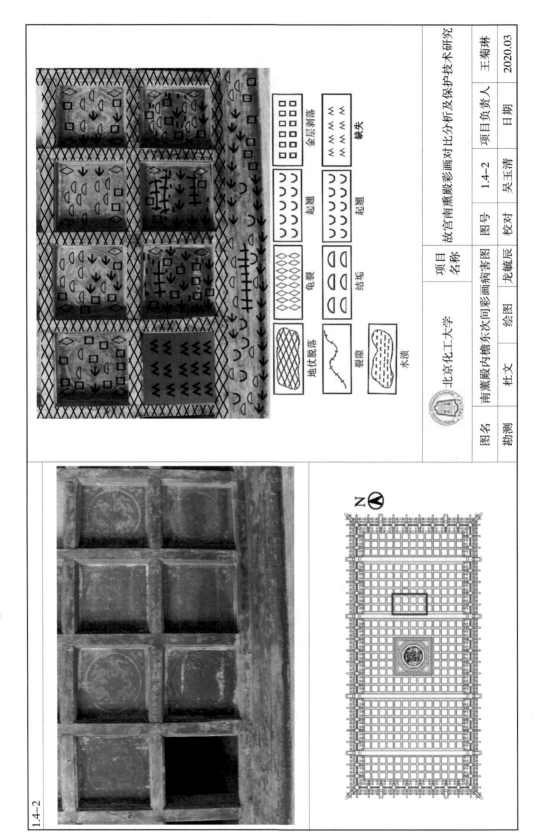

图名		南薰殿内檐东次间彩画病害图		项目名称	故宫南薰殿彩画对比分析及保护技术研究		
				图号	1.4-2	项目负责人	王菊琳
勘测	杜文	绘图	龙毓辰	校对	吴玉清	日期	2020.03

北京化工大学

图例说明：
金层剥落
缺失
起翘
起翘
龟裂
结垢
地仗脱落
裂隙
水渍

N

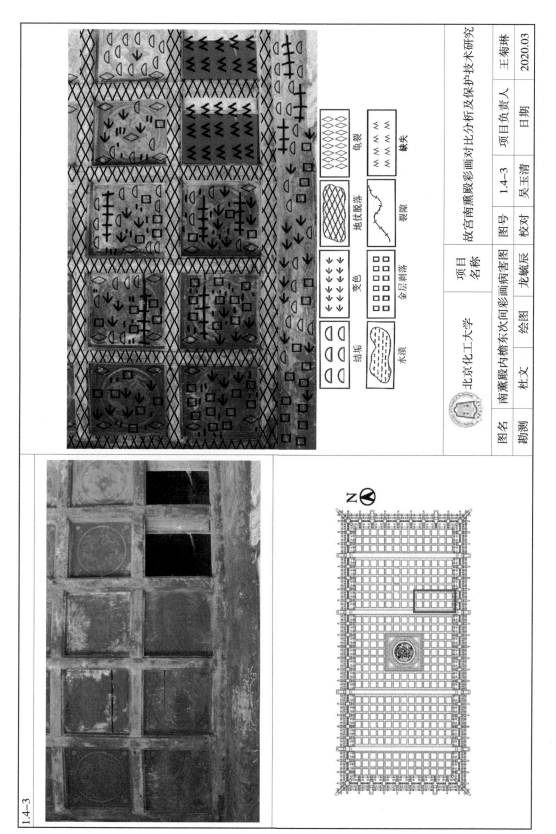

图名	南薰殿内檐东次间彩画病害图		项目 名称	故宫南薰殿彩画对比分析及保护技术研究	项目负责人	王菊琳
勘测					日期	2020.03
北京化工大学	杜文	绘图	龙毓辰	图号 1.4-3 校对	吴玉清	

1.4-3

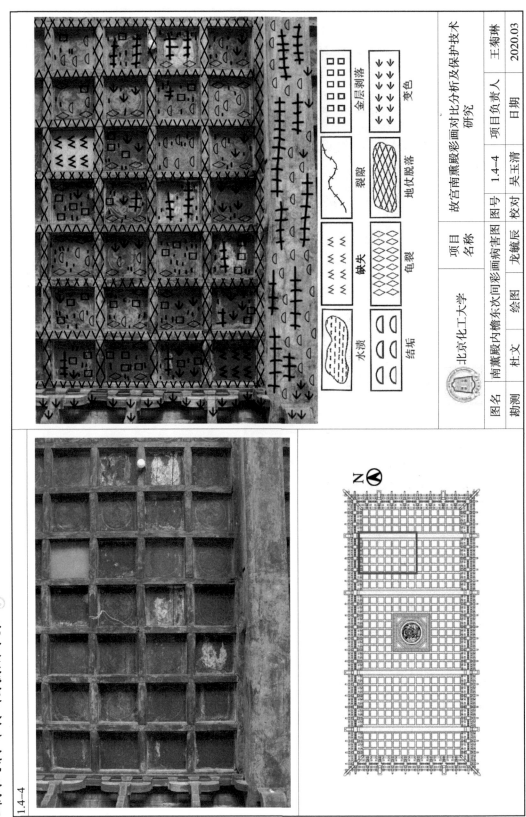

| 图名 | 南薰殿内檐东次间彩画病害图 | 绘图 | 龙毓辰 | 项目名称 | 故宫南薰殿彩画对比分析及保护技术研究 | 项目负责人 | 王菊琳 |
| 勘测 | 杜文 | | | | | 图号 | 1.4-4 | 校对 | 吴玉清 | 日期 | 2020.03 |

北京化工大学

图例：
金层剥落　变色
裂隙　地仗脱落
缺失　龟裂
水渍　结垢

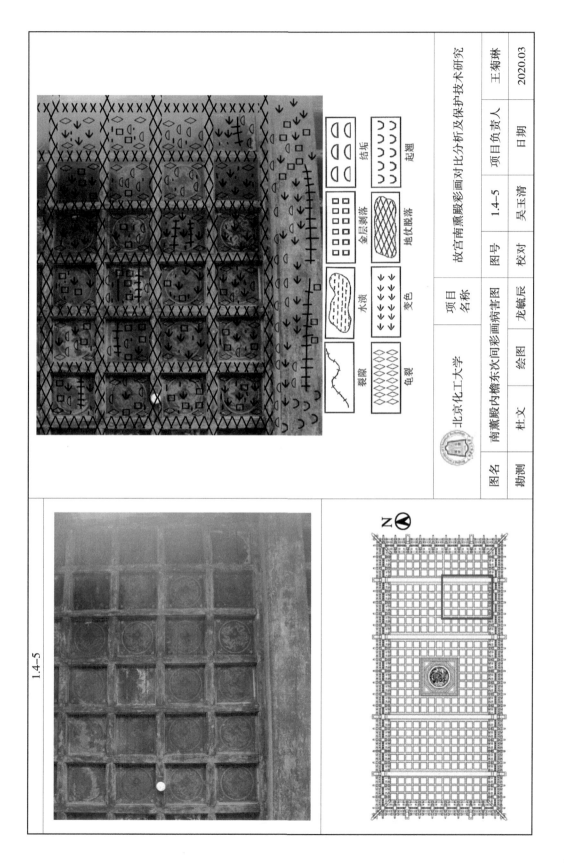

图名	勘测		图名	南薰殿内檐东次间彩画病害图			项目 名称	故宫南薰殿彩画对比分析及保护技术研究			
			勘测	杜文	绘图	龙毓辰		图号	1.4-5	项目负责人	王菊琳
								校对	吴玉清	日期	2020.03

北京化工大学

结垢　起翘

金层剥落　地仗脱落

水渍　变色

裂隙　龟裂

1.4-5

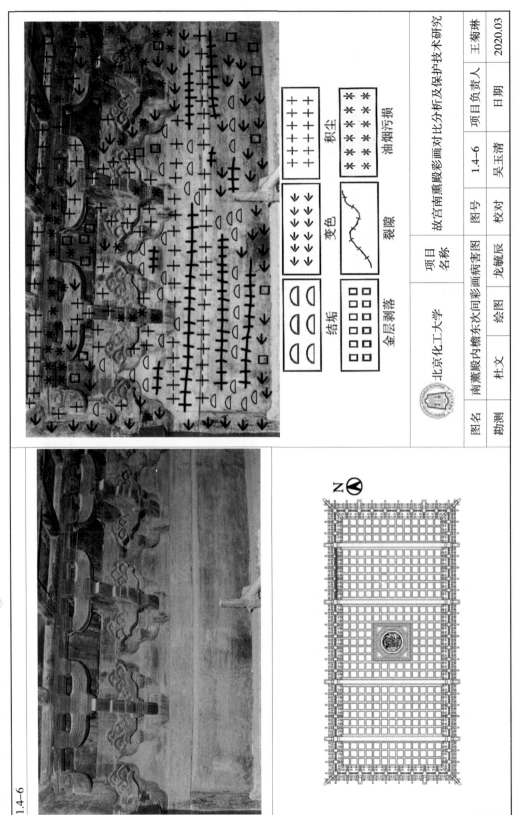

	积尘		油烟污损
变色		裂隙	
结垢		金层剥落	

N

北京化工大学	项目名称	故宫南薰殿彩画对比分析及保护技术研究	项目负责人	王菊琳
		图号	1.4-6	日期	2020.03

图名	南薰殿内檐东次间彩画病害图	绘图	龙毓辰	校对	吴玉清
勘测	杜文				

故宫南薰殿彩画对比分析及保护技术研究

1.4-6

270

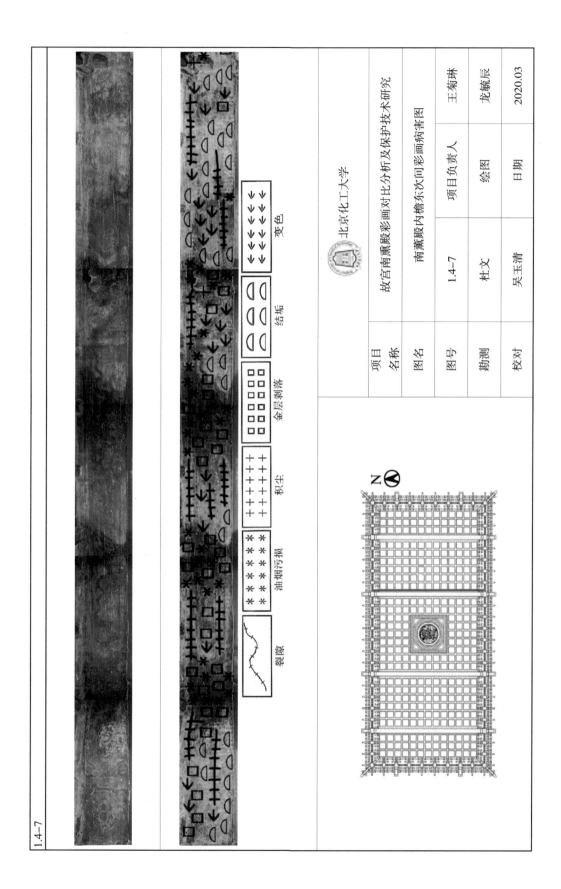

1.4-7

変色

結垢

金层剥落

积尘

油烟污损

裂隙

北京化工大学

项目名称	故宫南薰殿彩画对比分析及保护技术研究		
图名	南薰殿内檐东次间彩画病害图		
图号	1.4-7	项目负责人	王菊琳
勘测	杜文	绘图	龙毓辰
校对	吴玉清	日期	2020.03

N

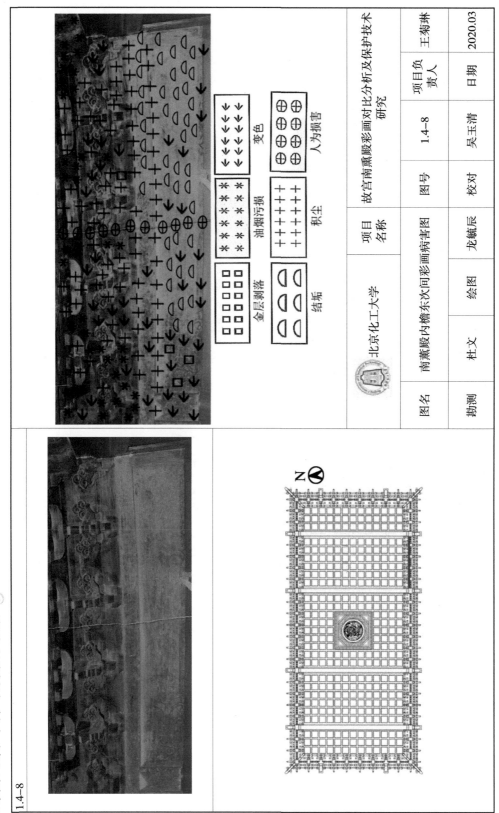

图名		项目 名称	故宫南薰殿彩画对比分析及保护技术 研究		项目负 责人	王菊琳
	南薰殿内檐东次间彩画病害图	图号	1.4-8		日期	2020.03
勘测	杜文	绘图	龙毓辰	校对	吴玉清	

北京化工大学

变色

油烟污损　积尘

金层剥落　结垢

人为损害

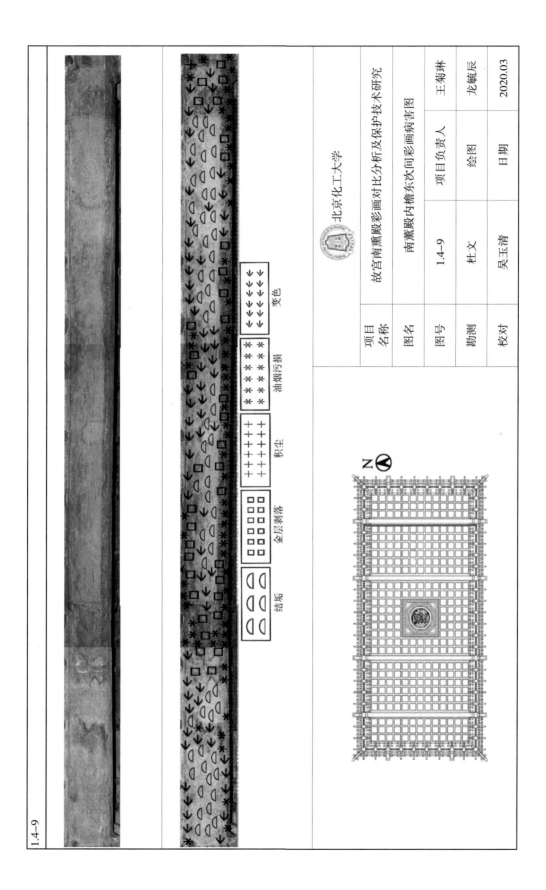

项目名称	故宫南熏殿彩画对比分析及保护技术研究	
图名	南薰殿内檐东次间彩画病害图	
图号	1.4-9	项目负责人	王菊琳
勘测	杜文	绘图	龙毓辰
校对	吴玉清	日期	2020.03

北京化工大学

变色

油烟污损

积尘

金层剥落

结垢

N

1.4-9

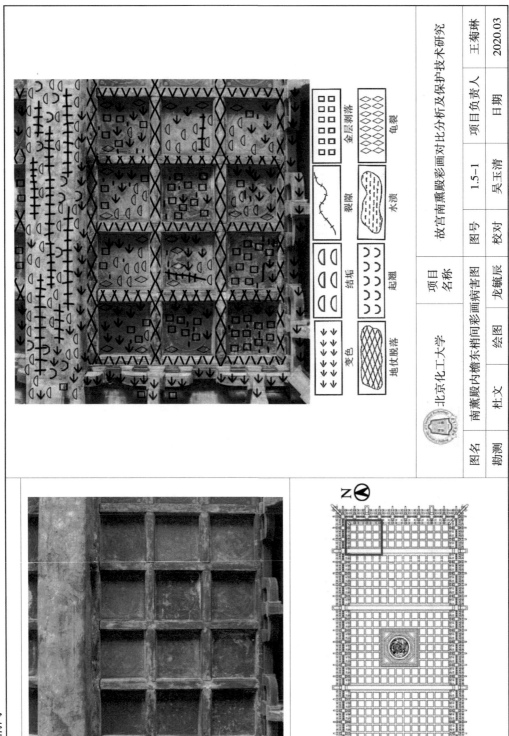

图例：
- 金层剥落
- 龟裂
- 裂隙
- 水渍
- 结垢
- 起翘
- 变色
- 地仗脱落

图名	南薰殿内檐东梢间彩画病害图	项目名称	故宫南薰殿彩画对比分析及保护技术研究		
			图号	1.5—1	项目负责人	王菊琳
勘测	朴文	绘图	龙毓辰	校对	吴玉清	日期	2020.03

北京化工大学

N

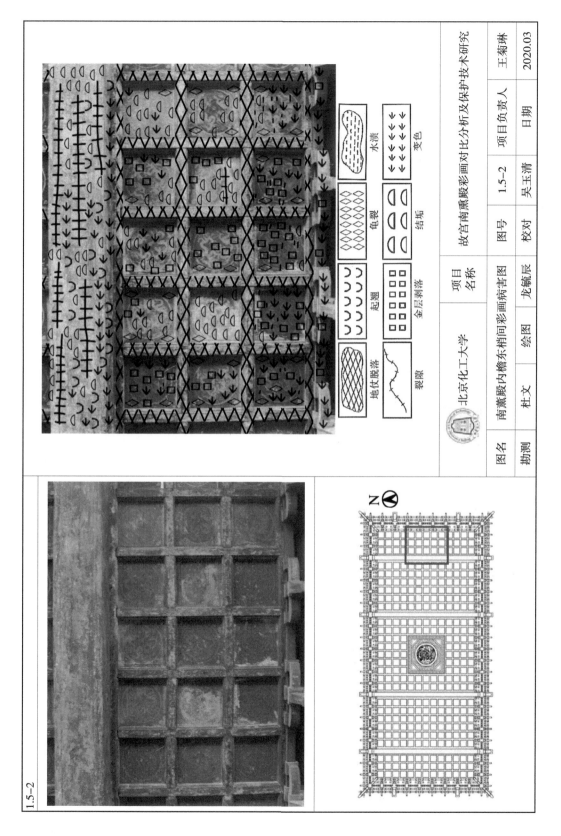

图名	南薰殿内檐东梢间彩画病害图		项目 名称	故宫南薰殿彩画对比分析及保护技术研究		
				图号	1.5-2	项目负责人	王菊琳
勘测	杜文	绘图	龙毓辰	校对	吴玉清	日期	2020.03

北京化工大学

图例：地仗脱落　起翘　龟裂　水渍　变色　金层剥落　结垢　裂隙

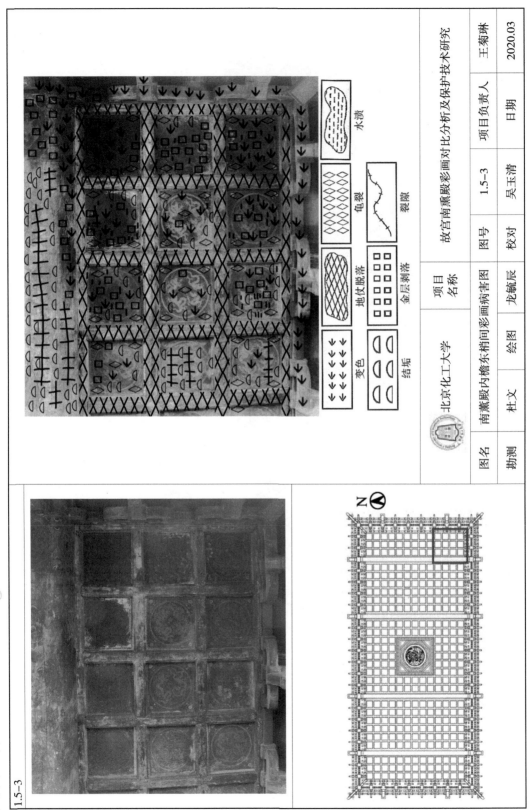

图名	项目名称	故宫南薰殿彩画对比分析及保护技术研究		
南薰殿内檐东梢间彩画病害图	图号	1.5-3	项目负责人	王菊琳
绘图	龙毓辰	校对	吴玉清	
杜文			日期	2020.03
勘测	北京化工大学			

图例：变色　结垢　金层剥落　地仗脱落　龟裂　裂隙　水渍

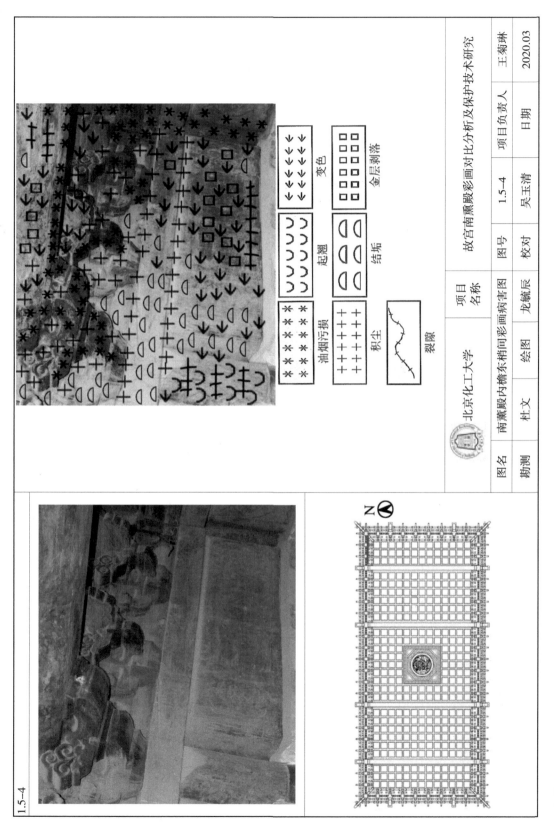

图名	南薰殿内檐东梢间彩画病害图		项目 名称	故宫南薰殿彩画对比分析及保护技术研究		
				图号	1.5-4	项目负责人	王菊琳
						日期	2020.03
北京化工大学						校对	吴玉清
勘测		绘图	龙毓辰				
		杜文					

1.5-4

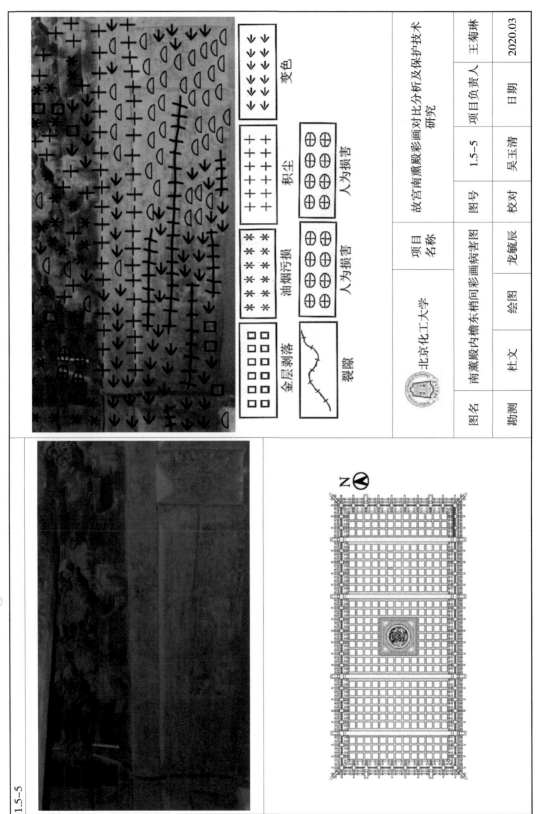

故宫南薰殿彩画对比分析及保护技术研究

1.5-5

图名		南薰殿内檐东梢间彩画病害图		项目名称	故宫南薰殿彩画对比分析及保护技术研究		项目负责人	王菊琳
勘测	杜文	绘图	龙毓辰	图号	1.5-5	校对	吴玉清	日期	2020.03

北京化工大学

变色

积尘

人为损害

油烟污损

人为损害

金层剥落

裂隙

N

1.5-6

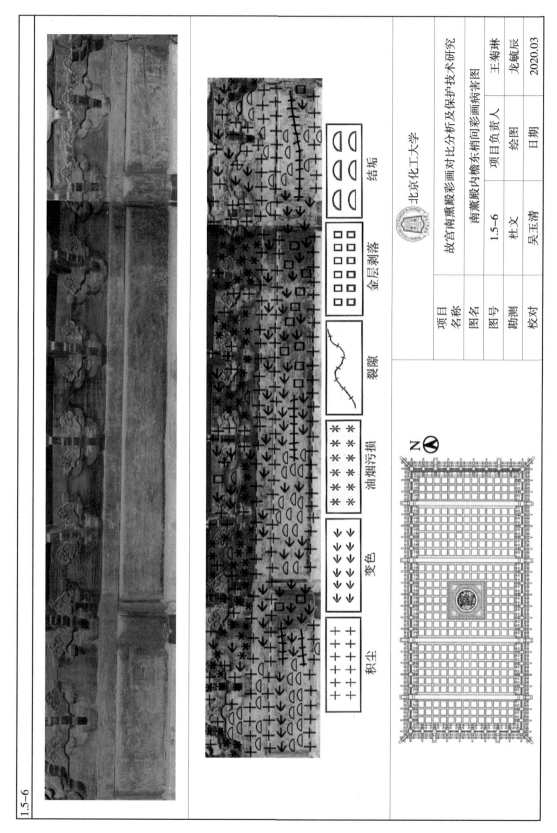

积尘	变色	油烟污损	裂隙	金层剥落	结垢

北京化工大学

项目名称	故宫南薰殿彩画对比分析及保护技术研究		
图名	南薰殿内檐东梢间彩画病害图		
图号	1.5-6	项目负责人	王菊琳
勘测	杜文	绘图	龙毓辰
校对	吴玉清	日期	2020.03

N

附
录

279

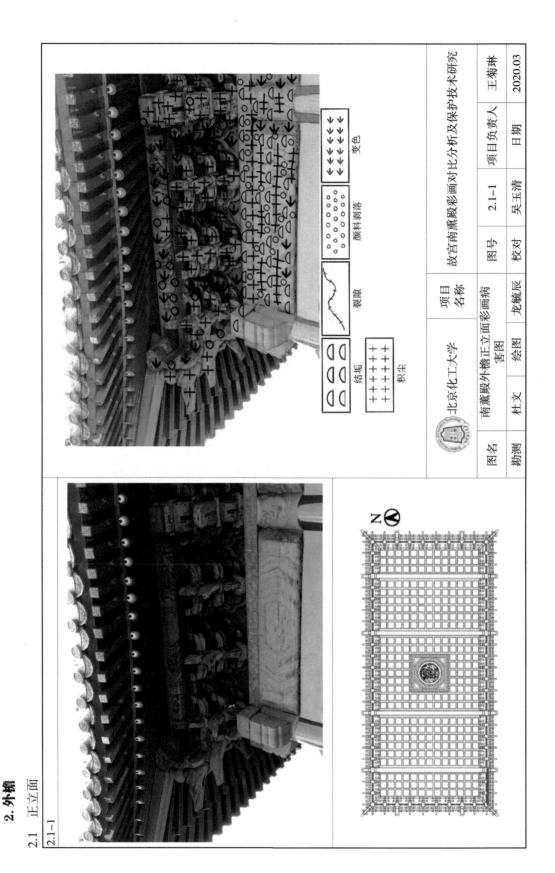

图名	南薰殿外檐正立面彩画病害图		项目名称	故宫南薰殿彩画对比分析及保护技术研究	
			图号	2.1-1	
勘测	杜文	绘图	龙毓辰	校对	吴玉清
			项目负责人	王菊琳	
			日期	2020.03	

北京化工大学

变色

颜料剥落

裂隙

结垢

积尘

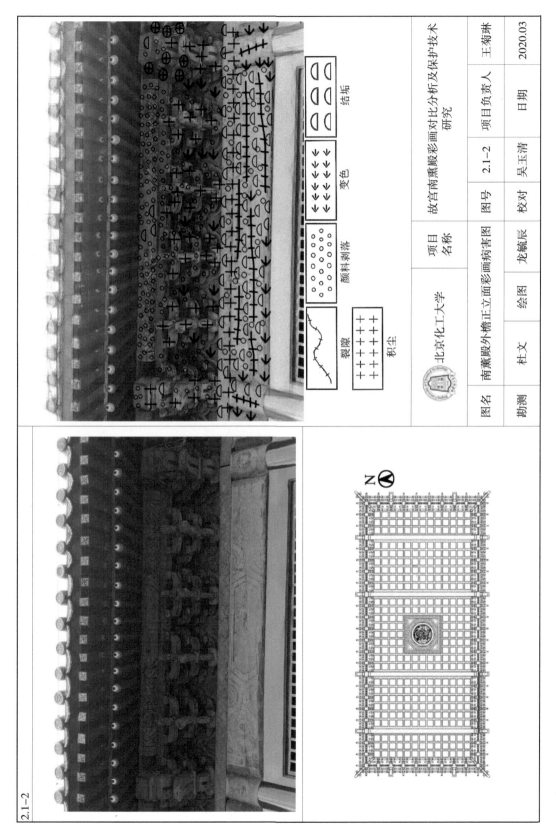

图名	南薰殿外檐正立面彩画病害图		项目 名称	故宫南薰殿彩画对比分析及保护技术研究		
			图号	2.1-2	项目负责人	王菊琳
					日期	2020.03
勘测	杜文	绘图	龙毓辰	校对	吴玉清	

图例:
- 结垢
- 变色
- 颜料剥落
- 裂隙
- 积尘

北京化工大学

N

2.1-2

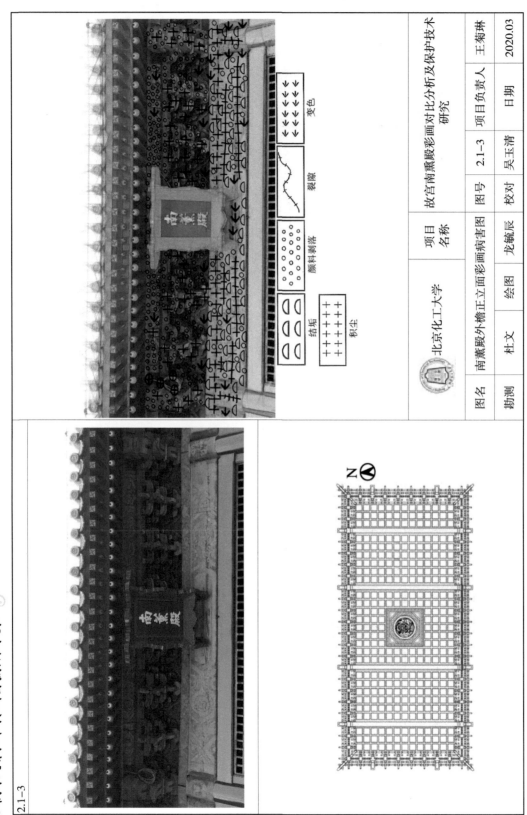

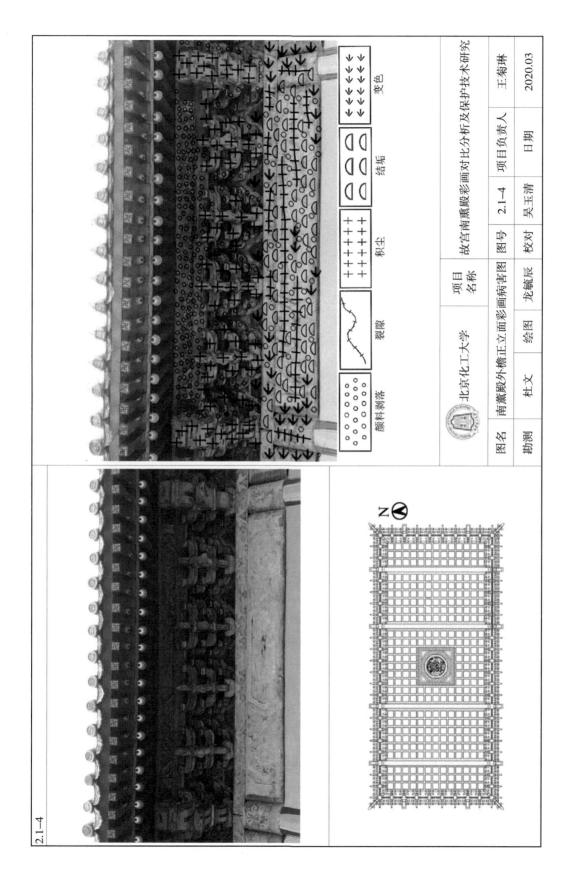

| 图名 | 南薰殿外檐正立面彩画病害图 | 绘图 | 杜文 | 项目名称 | 故宫南薰殿彩画对比分析及保护技术研究 | 项目负责人 | 王菊琳 |
| 勘测 | | 龙毓辰 | 校对 | 吴玉清 | 图号 | 2.1-4 | 日期 | 2020.03 |

北京化工大学

变色

结垢

积尘

裂隙

颜料剥落

2.1-4

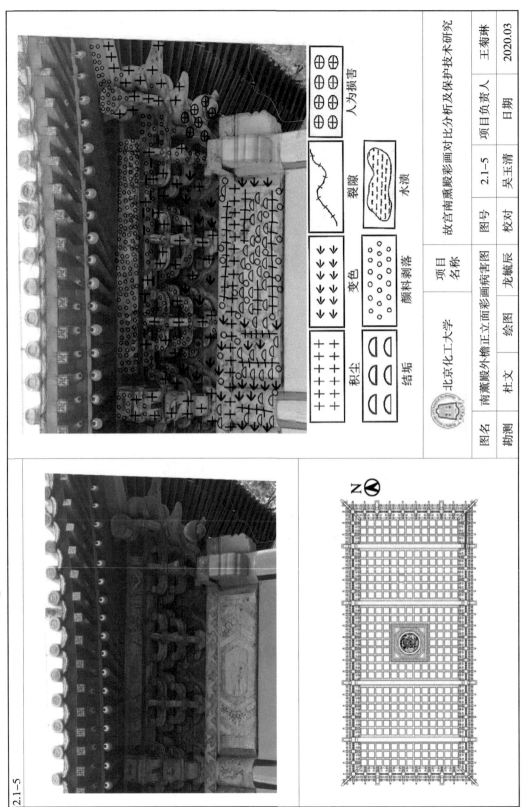

图名	勘测			南薫殿外檐正立面彩画病害图	杜文	绘图	龙毓辰	校对	吴玉清		北京化工大学

项目名称	故宫南薰殿彩画对比分析及保护技术研究
图号	2.1-5
项目负责人	王菊琳
日期	2020.03

人为损害

裂隙　　　水渍

变色　　　颜料剥落

积尘　　　结垢

故宫南薰殿彩画对比分析及保护技术研究

2.1-5

2.2 东山面

2.2-1

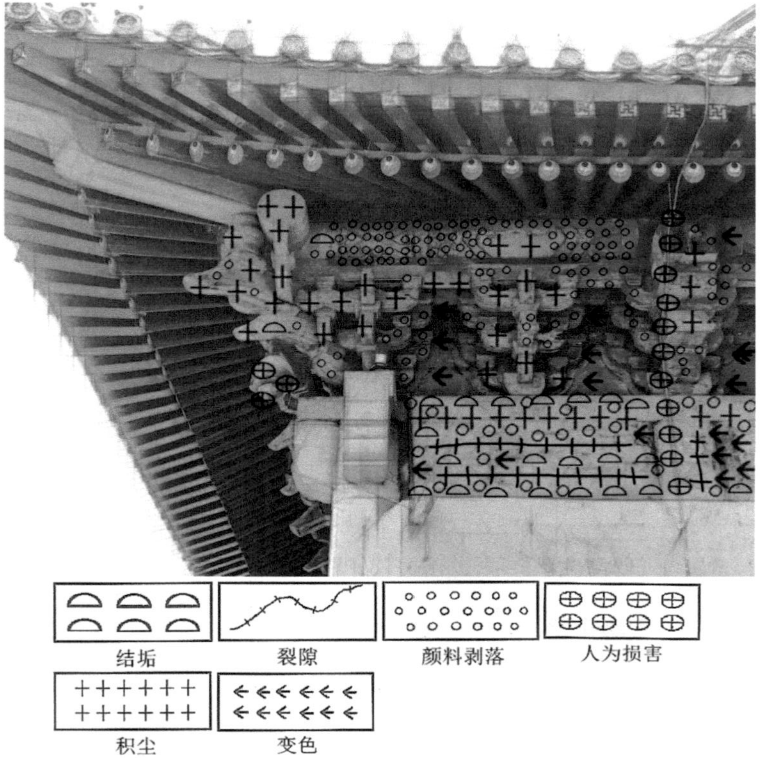

		结垢	裂隙	变色	人为损害
		积尘			
					颜料剥落

图名	南薰殿外檐东山面彩画病害图		项目名称	故宫南薰殿彩画对比分析及保护技术研究		项目负责人	王菊琳
						日期	2020.03
			图号	2.2-1			
			校对	吴玉清			
勘测	杜文	绘图	龙毓辰				

北京化工大学

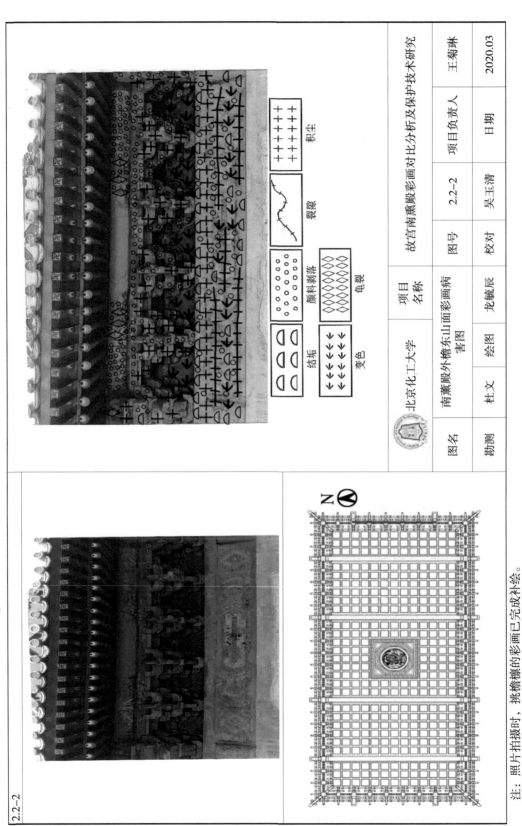

故宫南薰殿彩画对比分析及保护技术研究

286

图名	勘测		项目 名称	故宫南薰殿彩画对比分析及保护技术研究	
北京化工大学					
南薰殿外檐东山面彩画病害图	杜文	龙毓辰	图号	2.2-2	王菊琳
	绘图		校对	吴玉清	项目负责人
				日期	2020.03

图例：

++++++ ++++++	积尘
〰	裂隙
⊙⊙⊙⊙⊙	颜料剥落
◇◇◇	龟裂
ᑎᑎᑎ	结垢
↙↙↙ ↙↙↙	变色

N

注：照片拍摄时，挑檐檩的彩画已完成补绘。

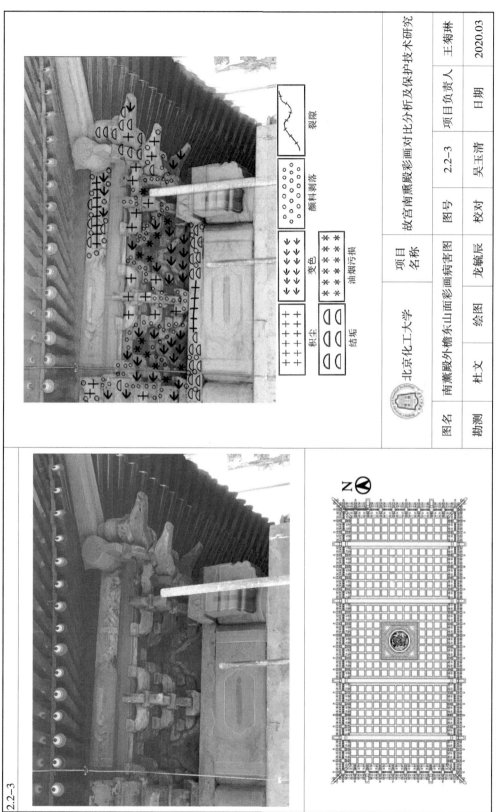

北京化工大学		项目名称	故宫南薰殿彩画对比分析及保护技术研究		项目负责人	王菊琳
					日期	2020.03
		图号	2.2-3	校对	吴玉清	
图名	南薰殿外檐东山面彩画病害图	绘图	龙毓辰			
勘测	杜文					

裂隙

颜料剥落

变色

油烟污损

积尘

结垢

注：照片拍摄时，额枋、平板枋、挑檐枋、挑檐檩的彩画已完成补绘。

2.2-3

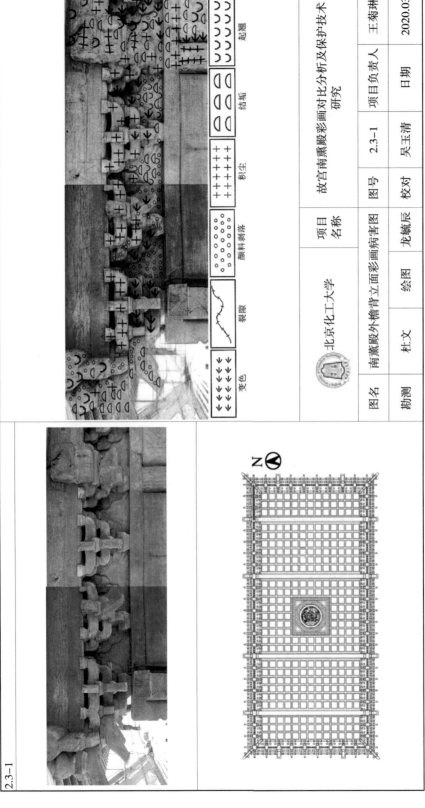

故宫南薰殿彩画对比分析及保护技术研究

288

北京化工大学		项目 名称	故宫南薰殿彩画对比分析及保护技术研究		
		图号	2.3-1	项目负责人	王菊琳
图名	南薰殿外檐背立面彩画病害图				2020.03
勘测	杜文	绘图	龙毓辰	校对	吴玉清
				日期	

注：照片拍摄时，背立面彩画正在修缮，该间挑檐檩、挑檐枋、平板枋、额枋等构件处彩画皆已欲斫，后续将进行随色补绘。

2.3-2

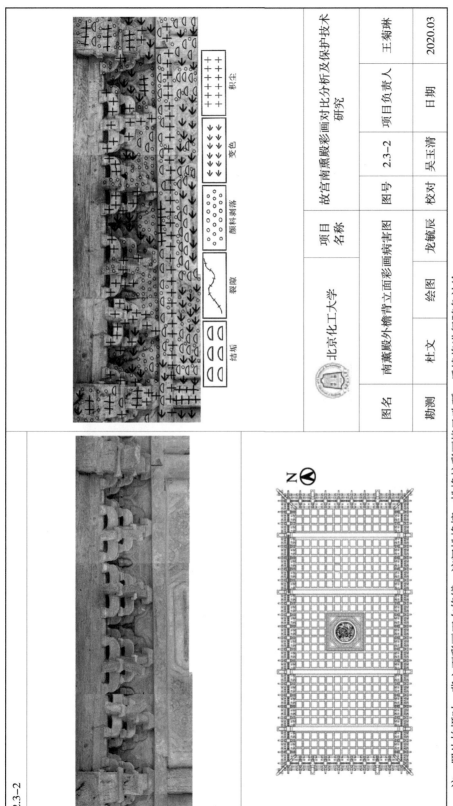

	积尘			
	变色			
	颜料剥落			
	裂隙			
	结垢			

N

		项目名称	故宫南薰殿彩画对比分析及保护技术研究		
北京化工大学				项目负责人	王菊琳
					2020.03
图名	南薰殿外檐背立面彩画病害图	图号	2.3-2	日期	
		绘图	龙毓辰	校对	吴玉清
勘测	杜文				

注：照片拍摄时，背立面彩画正在修缮，该间挑檐檩、挑檐枋彩画皆已揭取，后续将进行随色补绘。

故宫南薰殿彩画对比分析及保护技术研究

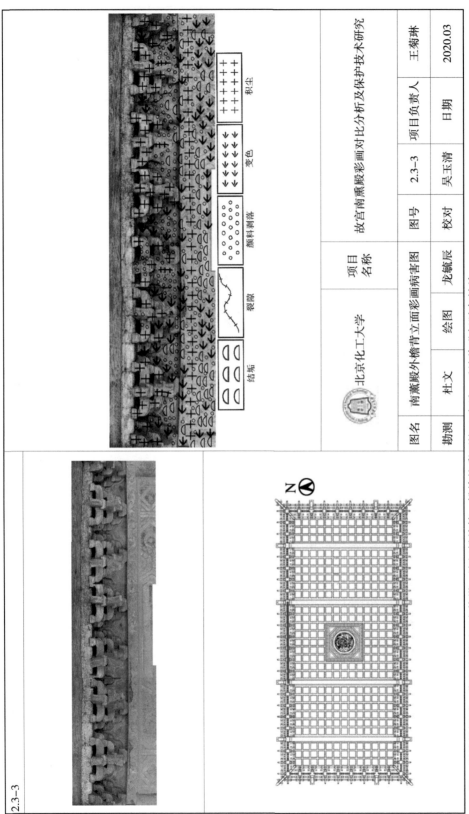

图名	南薰殿外檐背立面彩画病害图		项目名称	故宫南薰殿彩画对比分析及保护技术研究		
				图号	2.3-3	项目负责人	王菊琳
				校对	吴玉清	日期	2020.03
勘测	杜文	绘图	龙毓辰			

北京化工大学

注：照片拍摄时，背立面彩画正在修缮，该间挑檐檩、挑檐枋彩画皆已砍斫，后续将进行随色补绘。

2.3–4

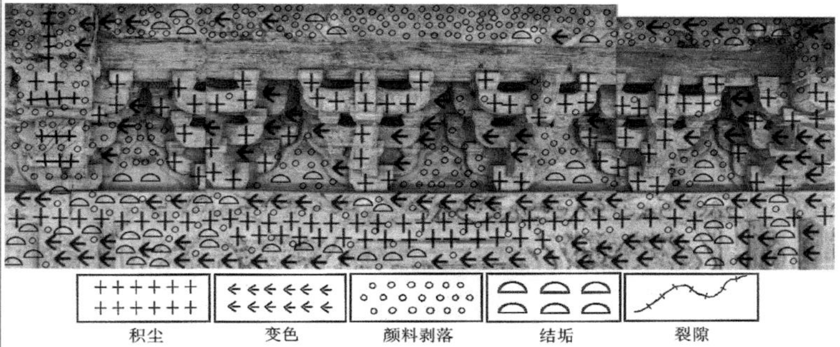

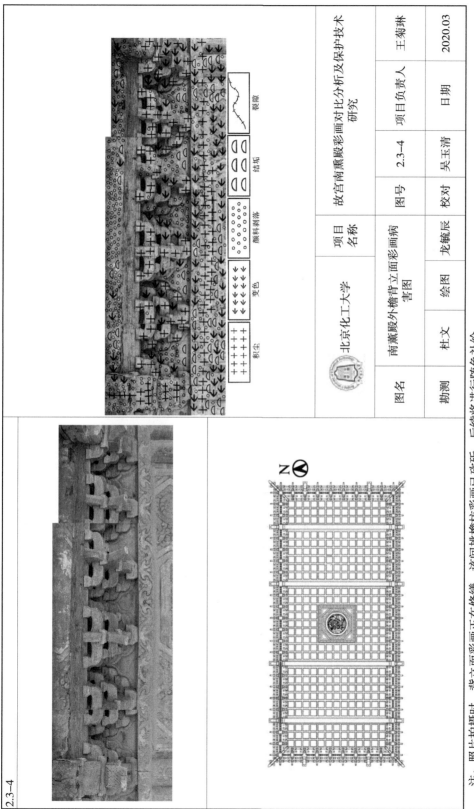

北京化工大学		项目名称	故宫南熏殿彩画对比分析及保护技术研究				
图名	南薰殿外檐背立面彩画病害图		图号	2.3–4	项目负责人	王菊琳	
勘测	杜文	绘图	龙毓辰	校对	吴玉清	日期	2020.03

注：照片拍摄时，背立面彩画正在修缮，该间挑檐枋彩画已砍斫，后续将进行随色补绘。

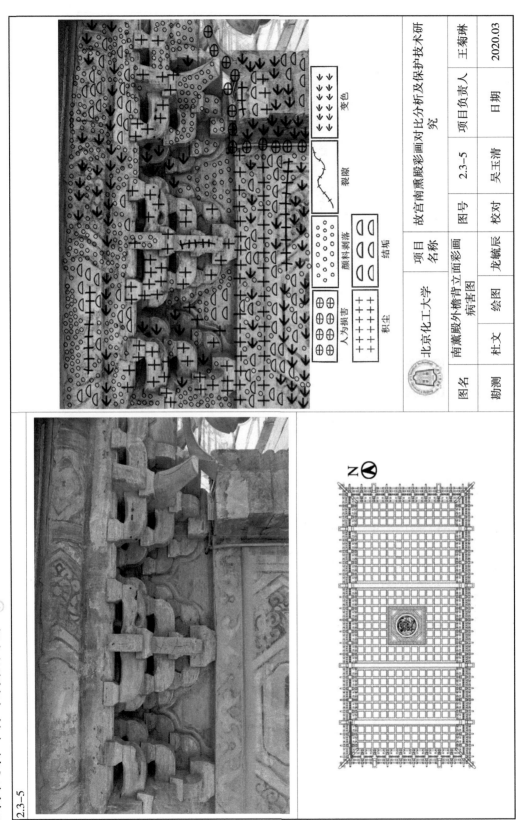

图名	南薰殿外檐背立面彩画病害图		项目名称	故宫南薰殿彩画对比分析及保护技术研究	
			图号	2.3-5	项目负责人	王菊琳
勘测	杜文	绘图	龙毓辰	校对	吴玉清	日期	2020.03

北京化工大学

变色

裂隙

颜料剥落

结垢

人为损害

积尘

2.4 西山面

2.4-1

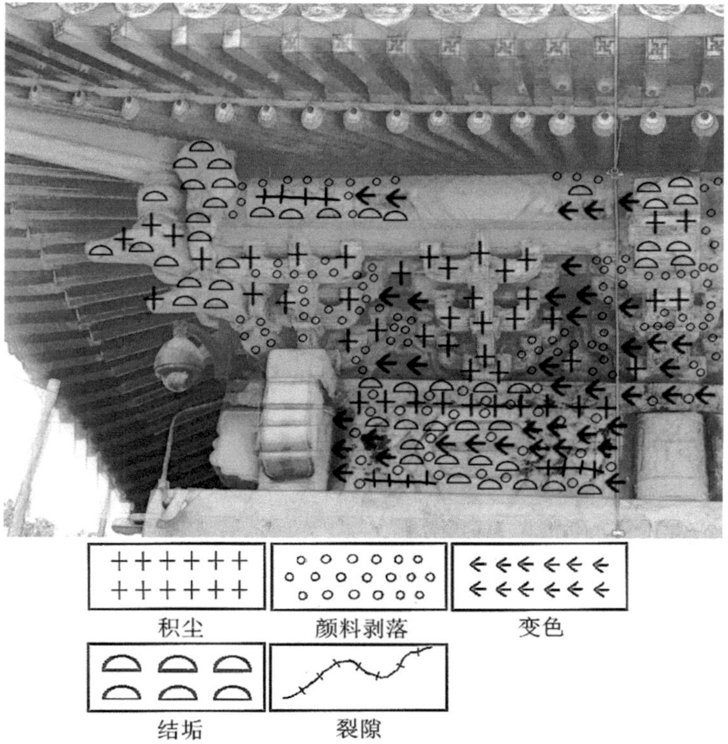

变色

颜料剥落

裂隙

积尘

结垢

图名	南薰殿外檐西山面彩画病害图	项目名称	故宫南薰殿彩画对比分析及保护技术研究	
勘测		图号	2.4-1	项目负责人	王菊琳
绘图	杜文 龙毓辰	校对	吴玉清	日期	2020.03

北京化工大学

N

附录

293

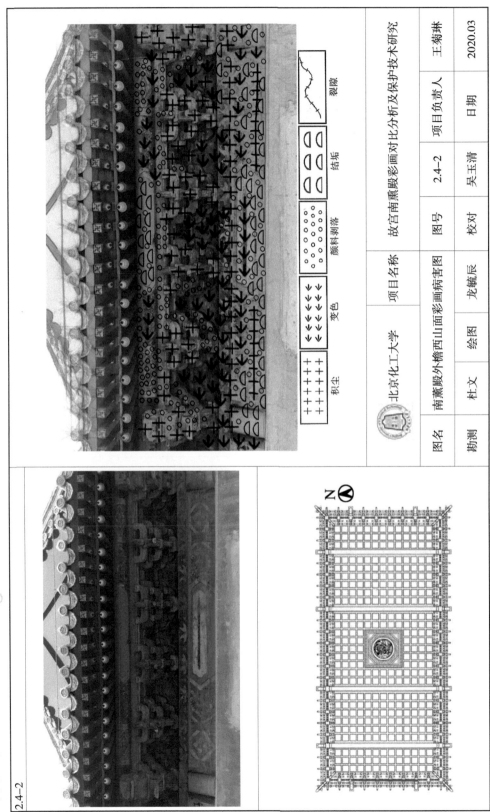

图名		项目名称	故宫南薰殿彩画对比分析及保护技术研究			北京化工大学
南薰殿外檐西山面彩画病害图		图号	2.4-2	项目负责人	王菊琳	
					2020.03	
勘测	杜文	绘图	龙毓辰	校对	吴玉清	
				日期		

积尘　变色　颜料剥落　结垢　裂隙

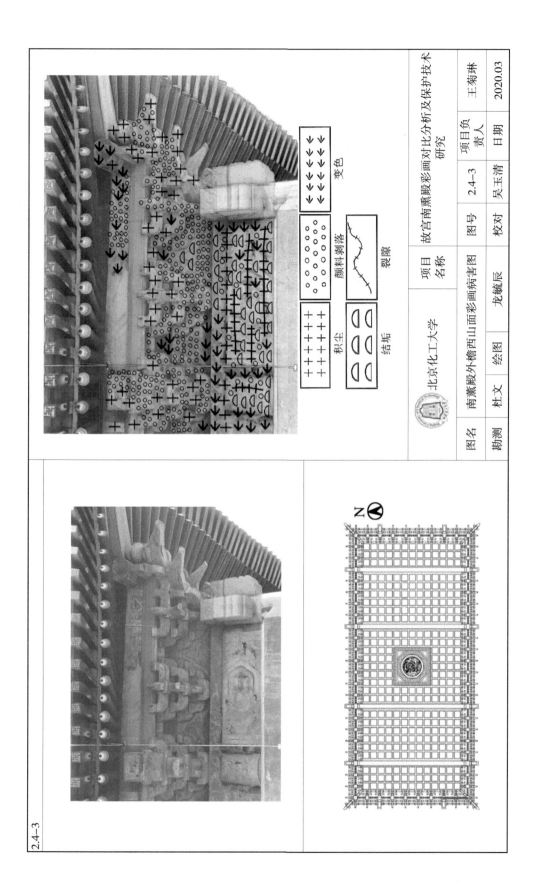

2.4-3

图名	南薫殿外檐西山面彩画病害图	项目 名称	故宫南薫殿彩画对比分析及保护技术 研究		
勘测	杜文	绘图	龙毓辰	图号	2.4-3	项目负 责人	王菊琳
北京化工大学				校对	吴玉清	日期	2020.03

图例:
- ↙↙↙ 变色
- ○○○ 颜料剥落
- ╳ 裂隙
- ┼┼┼ 积尘
- ▢▢▢ 结垢